科学出版社“十四五”普通高等教育本科规划教材

浙江省普通本科高校“十四五”重点教材

土壤生物与生物化学

何　艳　徐建明　主编

科学出版社

北　京

内 容 简 介

本教材是科学出版社"十四五"普通高等教育本科规划教材、浙江省普通本科高校"十四五"重点教材，包括绪论、土壤生物、根际生物与生物化学、土壤中碳的生物化学、土壤中氮的生物化学、土壤中硫的生物化学、土壤中磷的生物化学、土壤中毒害有机化合物的生物化学和土壤中金属/类金属的生物化学 9 章，面向耕地保护、污染防治、环境健康等国家重大需求，基于土壤学、生物学、化学和环境科学的基本原理，系统阐述了土壤中发生的基本生物化学过程、机制与效应，涉及多学科知识的交叉应用。

本教材可作为农业资源与环境专业本科高年级或土壤学专业研究生的相关课程配套教材，也可作为地学、环境科学、生态学、农学、林学及生物学等专业高年级本科生、研究生、教师、科研人员的参考书。

图书在版编目（CIP）数据

土壤生物与生物化学/何艳，徐建明主编. —北京：科学出版社，2024.3
科学出版社"十四五"普通高等教育本科规划教材 浙江省普通本科高校"十四五"重点教材
ISBN 978-7-03-077803-1

Ⅰ. ①土… Ⅱ. ①何… ②徐… Ⅲ. ①土壤学–生物化学–高等学校–教材 Ⅳ. ①S154.2

中国国家版本馆 CIP 数据核字（2024）第 013504 号

责任编辑：王玉时/责任校对：严 娜
责任印制：张 伟/封面设计：无极书装

科学出版社出版
北京东黄城根北街 16 号
邮政编码：100717
http://www.sciencep.com
北京中科印刷有限公司印刷
科学出版社发行 各地新华书店经销
*
2024 年 3 月第 一 版 开本：787×1092 1/16
2024 年 3 月第一次印刷 印张：12 1/4
字数：330 000

定价：49.80 元

（如有印装质量问题，我社负责调换）

《土壤生物与生物化学》编委会

主　　编　何　艳　徐建明

副 主 编　马庆旭　李　勇　吴良欢　罗　煜

　　　　　胡凌飞　唐先进　戴中民

参编人员（以姓氏笔画为序）

　　　　　刘亥扬　汤　胜　苏　心　苏世鸣

　　　　　李依阳　李淑瑶　杨雪玲　张华亮

　　　　　陈雨轩　黄燕兰　符颖怡

前　言

近年来，全球粮食安全、生态退化、环境污染、气候变化、人体健康等农业资源与环境问题日益凸显，耕地保护、污染防治、土壤健康受到前所未有的关注和重视，已成为重大国家需求。党的二十大报告提出要全方位夯实粮食安全根基，牢牢守住十八亿亩耕地红线，健全耕地休耕轮作制度，牢固树立和践行绿水青山就是金山银山的理念，加强生态环境保护和土壤污染源头防控。在这种形势下，一些在资源与环境领域开展工作的高校、科研院所，以及企业的从业者迫切需要学习土壤生物与生物化学知识。土壤生物与生物化学是土壤学的重要分支，涉及土壤生物、生物化学活性及其对土壤环境和植物生长影响的内容，主要基于土壤学、生物学、化学和环境科学的基本原理来描述和解释土壤系统中发生的基本生物化学特征及过程，不仅涉及许多学科知识的交叉应用，还涉及对土壤生物与生物化学领域研究的定量、分析和实验等方面的内容。

本教材是面向高等院校农业资源与环境专业本科高年级或土壤学专业研究生编写的专业课教材，入选科学出版社“十四五”普通高等教育本科规划教材、浙江省普通本科高校“十四五”重点教材。教材内容直接对标国际土壤学学科领域顶级期刊《土壤生物与生物化学》（*Soil Biology & Biochemistry*）的研究范畴。通过本教材学习，使读者：①了解土壤生物的组成和种类，明确土壤微生物数量、群落结构和多样性的相关表征方法；②掌握植物生长过程中根际界面（土壤-微生物-植物）养分吸收利用、植物生长发育、有益和有害微生物的存活与繁殖、植物的逆境适应性等交互作用及驱动机制；③掌握土壤中碳、氮、硫、磷等元素迁移转化的生物化学过程，理解这些过程对养分资源利用、生态环境效应的影响及驱动机制，认识土壤生源要素循环（特别是微生物驱动的形态转化）在固碳减排、全球气候变化、农业面源污染、矿山环境生态中的作用等；④掌握土壤中毒害有机化合物和金属（特别是变价金属）元素的生物化学过程，理解这些过程在调控污染物土壤环境行为中的作用，并能够基于对土壤污染生物化学过程的认知理解污染土壤的修复技术原理等。

全书共 9 章，由绪论（第 1 章），土壤生物（第 2 章）、根际生物与生物化学（第 3 章），土壤中关键元素（碳、氮、硫、磷）的生物化学（第 4 章至第 7 章），土壤中污染物的生物化学（第 8 章、第 9 章）构成。其中，第 1 章由浙江大学何艳、杨雪玲、徐建明撰写，第 2 章由浙江大学何艳、李淑瑶、陈雨轩、徐建明撰写，第 3 章由浙江大学胡凌飞、张华亮、李依阳、徐建明撰写，第 4 章由浙江大学罗煜、符颖怡撰写，第 5 章由浙江大学李勇、刘亥扬撰写，第 6 章由浙江大学马庆旭、吴良欢、汤胜撰写，第 7 章由浙江大学戴中民、黄燕兰、徐建明撰写，第

8 章由浙江大学何艳、苏心、徐建明撰写，第 9 章由浙江大学唐先进和中国农业科学院苏世鸣撰写。全稿由主编何艳和徐建明进行统稿、补充、修改和定稿。

土壤生物与生物化学是一个快速发展的前沿学科，涉及多学科交叉领域，由于编者水平有限，不足之处在所难免，敬请读者批评指正。

编 者

2023 年 12 月于杭州

目　录

第 1 章　绪　　论

本章彩图

土壤承载着地球元素与污染物源汇转化的关键调控功能，是人类赖以生存的物质基础，也是地球生态系统中有机生命体的重要载体。其中，土壤生物特别是微生物是主要驱动力，在土壤生态系统功能维持中扮演重要角色。理解土壤生物与生物化学，明确土壤系统中由生物的生命活动驱动的基本生物化学过程，对了解土壤质量、调节与拓展土壤功能、维护土壤健康、提升土壤支撑地球生态系统的服务功能、助力农业绿色发展等具有重要意义。

本章旨在通过对土壤生物化学研究的概述，总览土壤生物及其驱动的生物化学过程在调节土壤功能、支撑农业可持续性及生态系统服务等方面的作用；理解土壤中生物的生态和生物化学过程，以及它们对环境的影响、与植物的相互作用；了解如何借助当前最新先进分子生物学、微观尺度表征及生物信息技术来提升对土壤中微生物群落动态演替过程与功能的认知；等等。

1.1　研 究 范 畴

土壤生物化学最早的研究主要围绕土壤生物展开，重点研究生活在土壤中微小生物的代谢活动及其在物质循环和能量转换中的作用，后续研究逐渐延伸到更大的土壤生物体，如土壤中一些小型或中型的无脊椎动物，包括原生动物、环节动物、节肢动物、软体动物等。近代土壤生物化学在关注土壤中生物区系、多样性及其功能和活性的基础上，重点增加了对土壤腐殖质组成、结构及生物化学过程的探索。现代土壤生物化学已分化成为土壤学的重要分支学科，是土壤学各分支学科交叉融合快速发展的活跃领域，涉及的研究范畴很广，涵盖了土壤中所有生命体的生物学、生态学和生物化学等方面的内容，优势方向主要包括：土壤微生物生态、种类、数量、形态、类型及其分布规律和生理代谢等；土壤微生物与地上部高等植物相互关系及根际效应，包括根际微生物、根系分泌物和菌根等；土壤中碳、氮、磷、硫等生源要素的生物转化及生物地球化学循环等；土壤毒害有机化合物、重金属等污染物的生物化学过程及其与环境净化的关系和作用等。

1.2　研究发展历程

土壤生物化学是随着土壤学、生物学、化学及环境科学等领域的快速发展，逐渐完善其理论体系并成为土壤科学重要生长点的。20 世纪上半叶，国际土壤学会会刊（1927 年第一次会议）和美国土壤学会会刊（1937 年第 1 卷）首次将土壤微生物学列入独立版块进行出版。当时，氮肥工业迅猛发展，大量农业氮肥过度施用，土壤酸化、水体污染等负面问题逐渐显现。因此，土壤学界针对土壤氮循环转化过程的探索蓬勃兴起，并迅速成为农田氮素管理与调控的重要举措。在这一背景下，人们对土壤生物化学的认识主要体现在微生物参与氮循环的主要过程，包括共生固氮、硝化、反硝化和氮矿化等。20 世纪 60 年代后期，土壤生物学与土壤生物化学两个分支学科合并，美国土壤学会于 1968 年首先将出版物的第三部分名称由过去的《土壤微生物学》改为《土壤微生物学与生物化学》，紧接着在次年诞生了一本新的国际性杂志《土壤生物与生物化学》（*Soil Biology & Biochemistry*）。这时，随着分析手段的进步及土壤微生物生物量分析方法的建立，科学家逐渐揭开了复杂土壤微生物群落及其功能的神秘面纱，有力推动了土壤生物与生物化学过程的研究。1989 年，美国著名土壤微生物学家 Paul 和 Clark 两位教授共同编著了《土壤微生物学与生物化学》，系统、全面地介绍了当时国际上这一交叉新兴学科的研究动向和最新进展，并于 1993 年在国内译为中文版本发行。在 1967～2000 年，仅 Marcel Dekker 公司就先后出版了 10 卷土壤生物化学专著。至此，土壤生物与生物化学分支学科正式步入快速发展时期。半个多世纪以来，国内陆续翻译了几部国外土壤生物化学方面的论著，如《土壤微生物生物量测定方法及其应用》《土壤酶学》《土壤有机质热力学》等。2008 年，中国科学院南京土壤研究所林先贵教授等编著了《土壤微生物研究原理与方法》一书，涵盖土壤微生物的常规研究方法和新型实验技术等，成为土壤学、微生物学、农学等相关领域科技工作者学习土壤生物与生物化学的重要参考书。2015 年，黄巧云、林启美、徐建明三位教授联合华中农业大学、中国农业大学和浙江大学三所高校从事土壤生物化学领域研究的专家共同撰写了《土壤生物化学》论著，系统总结了半个多世纪以来的土壤生物化学领域的研究成果，涵盖了土壤生物化学的核心内容，如土壤微生物生物量，土壤酶和 DNA 等生物大分子的活性、功能与转化，土壤碳、氮、磷、硫、铁、锰等主要养分元素和铬、汞等重金属元素的生物化学过程，土壤外源有机污染物的生物残留与降解，以及根际微域土壤的生物化学等，为国内该学科的科教发展奠定了基础。2021 年，中国科学院生态环境研究中心朱永官院士和中国科学院南京土壤研究所沈仁芳研究员主编出版了《中国土壤微生物组》论著，汇编了中国科学院战略性先导科技专项“土壤–微生物系统功能及其调控”的研究成果，对土壤微生物研究的新技术开发与创新、微生物地理分布格局和资源发掘、微生物生态过程及其功能调控、植物–微生物相互作用及其应用等方向的最新研究进展进行了系统介绍，全面带动了土壤生物化学学科的跨越式发展。目前，土壤生物与生物化学已成为土壤学最活跃的研究领域之一，前面述及的系统介绍该领域学术前沿与研究成果的国际期刊 *Soil Biology & Biochemistry* 已成为世界土壤学领域的顶级学术刊物。

1.3 主流研究领域

土壤生物和生物化学的主流研究领域可系统归纳为三个方面：其一，土壤中的生物区系、多样性、活性及功能，如土壤微生物数量、种类、活性及生物地理学时空分布等；其二，微生物与植物的交互作用，如微生物与土壤地上/地下部高等植物的互作关系及其农业、生态、环境功能等；其三，微生物驱动的元素循环和污染转化过程等。这些内容会在后续章节中逐一展开并详细介绍。

1.3.1　土壤中生物区系、多样性、活性及功能

土壤作为地球上物种多样性最丰富的生态系统，存在大量不同种类的生命有机体，这些混居在一起的生物形成土壤生物群落。土壤生物包括微生物（细菌、真菌、古菌、病毒等）、动物（原生动物、节肢动物、环节动物等）和植物。其中，土壤微生物群落通过推动多种元素生物地球化学循环，在土壤生态系统过程中发挥着核心作用。微生物群落多样性与土壤生态系统功能之间的关系一直是土壤生物化学研究的热点和难点。

当土壤生态系统遇到外界环境扰动（如洪水、干旱、极端天气，以及土地利用变化或环境污染等）时，微生物可通过休眠或改变群落结构以响应环境变化，如干旱会导致全球土壤微生物多样性显著下降。长期以来，生物多样性下降对生态系统过程和功能的影响一直备受科学工作者关注，然而阐明生物多样性降低背景下生态系统功能对环境胁迫的响应及其作用机制的系统研究仍较缺乏。近 20 年，相关学者对生物多样性降低条件下生态系统功能响应及其作用机制的研究多集中在地上生态系统，主要包括生态系统生产力、稳定性和恢复力等方面，而对陆地生态系统中微生物群落功能多样性与关键土壤环境过程之间的关系知之甚少。

功能冗余是指在某一生态系统中不同物种可执行相同功能，这一概念的提出对生物多样性降低的重要性提出了挑战。一系列研究表明，当群落之间存在功能冗余时，物种多样性在一定范围内减少并不会对生态系统功能产生明显影响；在微生物多样性比水环境高几个数量级的陆地生态系统（如复杂的土壤生态系统）中，存在大量共存但系统发育分类不同的活性微生物，它们可以参与编码并执行相同的广谱代谢过程（如土壤碳矿化过程），因此会有较高的功能冗余；然而，对于特定土壤过程（如甲烷代谢、硝化-反硝化、毒害有机化合物降解等），由于执行该功能的微生物类群专一性较强，群落功能冗余程度较低。功能冗余源于物种功能分类而非其系统发育，是开放的微生物群落系统中资源代谢的必然属性，在外界环境干预下有利于维持生态系统功能稳定性。因此，关于微生物多样性降低对土壤环境过程的影响至今仍存在很多争议，这无疑增加了研究土壤微生物群落多样性变化如何影响生态系统服务功能的难度。迄今为止，针对自然条件下微生物多样性降低对土壤功能影响的研究，通常是通过设置不同微生物多样性梯度而展开的。其中，基于减绝稀释法（即通过土壤微生物悬液逐级稀释并重新回接到灭菌土壤的一种接菌方法）操纵土壤微生物多样性进行的多样性-功能关系研究，更能准确地反映两者之间的直接相互作用关系。由于这种方法从自然土壤微生物群落中获得多样性梯度，提供了更接近自然实际的物种丰富度水平，且可通过设置过滤条件定向选择微生物类群，因此成为当前研究普遍使用的一种方法。

1.3.2　土壤中微生物与植物之间的互作

土壤中微生物与植物之间的互作主要体现在根际界面。随着人们对根际环境过程认识的不断深入，目前已经明确根-土界面上的根系微生物组是土壤微生物与植物互作最直接的表现。根系微生物组包括根际土壤、根表面及植物根内的微生物。根际土壤中微生物聚集活跃在根系周围，根际微生物与根系共同组成了一个在理化和生物学特性上不同于非根际土壤的一个特殊的微生态系统，它们相互作用、相互促进。根际土壤中有益的生物互作可为植物提供有效养分，提高植物对土壤养分的利用效率，促进植物生长，增强植物抵御病虫侵害的能力等；而有害的生物互作则会对植物的生长产生负面影响，如通过寄生菌或病原菌侵染植物根系从而危害植物健康。根际土壤中根与微生物、微生物与微生物及根与根复杂的互作关系维持着土壤生态系统

功能，对土壤物质循环、作物生产及污染物去除等具有重要意义。

当植物生长受到逆境胁迫（如养分胁迫、污染胁迫等）时，根系微生物组可通过互作集群模式的响应变化更好地适应环境的变化。如图 1.1 所示，在淹水稻田土壤中，水稻为了适应淹水环境，可通过通气组织从地上部向根部输送氧气，由此改变水稻根际的氧化还原状况。有研究表明，生长在有机氯农药林丹污染土壤中的杂交稻和常规稻，其根系泌氧特性存在差异，致使它们根系微生物组的集群模式对污染胁迫的响应也表现出显著差异。其中，杂交稻的根系微生物组在污染胁迫条件下更稳定。污染胁迫也提高了根系微生物组的分区差异。

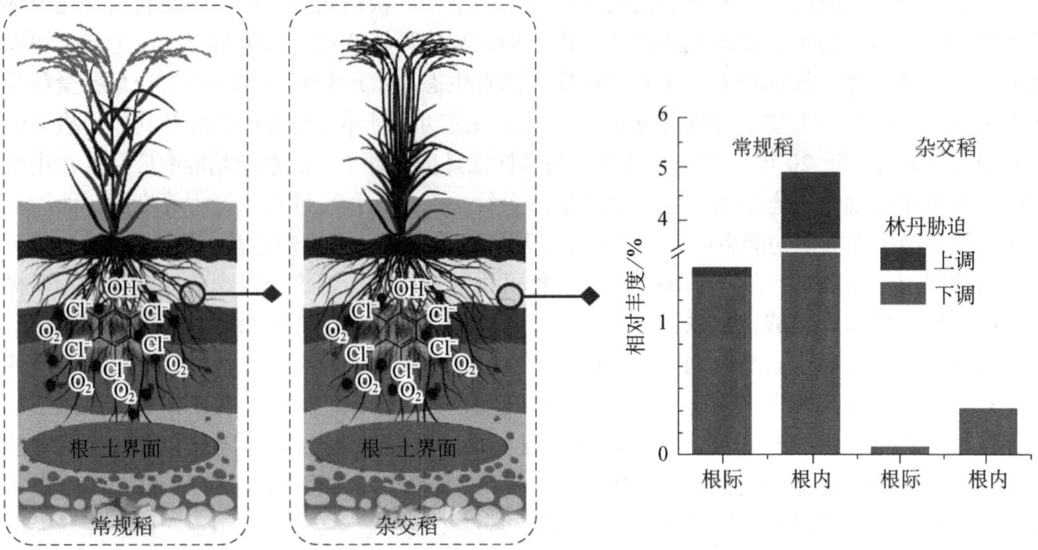

图 1.1 污染胁迫下根际土壤中水稻根系微生物组的响应模式［杨雪玲根据 Feng 等（2019）修改］

根–土界面微生物种类繁多，它们在参与土壤养分循环的同时可有效防御有害病原菌对植物的侵害。一般认为，有益微生物可以通过竞争、拮抗、重寄生 3 种方式影响土传病原菌的入侵。在病原菌侵染植物宿主过程中，植物根系会分泌特定化合物（如小分子有机酸）来富集有益微生物，从而维持宿主较高的活性氧水平，以抑制病原体的入侵。与此同时，招募的有益微生物在竞争和拮抗过程中可分泌病原菌抑制素，如铁载体、可溶性胞外酶等，致使病原菌缺铁或被溶解而无法正常生长繁殖，达到植物病害防御的目的。除此之外，微生物还可通过产生活性代谢物来诱导植物产生系统性抗性，从而降低病原菌对植物的危害。

植物还可通过各种形式将自身根部的有机和无机化合物释放到周围土壤，从而与土壤进行物质和能量交换。而释放的根系分泌物，如小分子有机酸、酶类及氨基酸等各种次生代谢物，能为根际微生物提供碳源、氮源和其他养分，使根际微生物数量和活性显著增加，对根际微生物群落的动态组装产生重要影响。同时，根系分泌物诱导的微生物共代谢或协同代谢降解途径在毒害有机化合物的根际脱毒过程中也发挥关键作用。大多数情况下，植物根部释放到土壤中的各种酶类及活跃的根际微生物可有效促进土壤中根系周围毒害有机化合物直接或间接的降解过程。

根–土界面上物质循环和能量转化受到根际微域中多种生物化学过程的调控。目前，相关不同土壤环境中根际生物化学与微生态的研究是比较热门的领域，探究根–土界面中这些生物与生物化学过程，以及其对植物根系养分周转和污染物质在土壤中环境行为的影响，可以帮助人们更好地了解植物适应逆境胁迫的主动调节机制，这对植物病害防治、污染土壤安全利用与土壤污染修复，以及农产品品质提升和农业增产均具有重要意义。

1.3.3 微生物驱动元素循环和污染转化的土壤生物化学过程

土壤是一个非常复杂的开放体系，土壤圈中的物质循环本质上多为生物化学过程。土壤微生物是驱动元素循环和污染转化的引擎，是维持养分供应、污染削减、病害防御等土壤功能的核心驱动力。

土壤中养分与土壤矿物、腐殖质、根系等组分有着密切的交互作用，其生物有效性因此会受到土壤条件的深刻影响。图 1.2 展示了养分的生物有效性在土壤中不同组分之间的差异。大部分营养物质被锁定在原生矿物、有机质、黏粒和腐殖质的结构框架中，一小部分被吸附在靠近土壤胶体表面的一群离子中。而植物根际大量的微生物构成了一个比较旺盛的生物活动区域，通过促进有机质的矿化分解释放出更多易于植物吸收的无机养分。土壤中微生物既可以通过分解有机质释放养分供植物及其他生命体利用，也可以通过同化土壤碳或固定土壤无机养分如氮、磷、硫等形成微生物生物量，从而驱动这些元素的周转与循环。

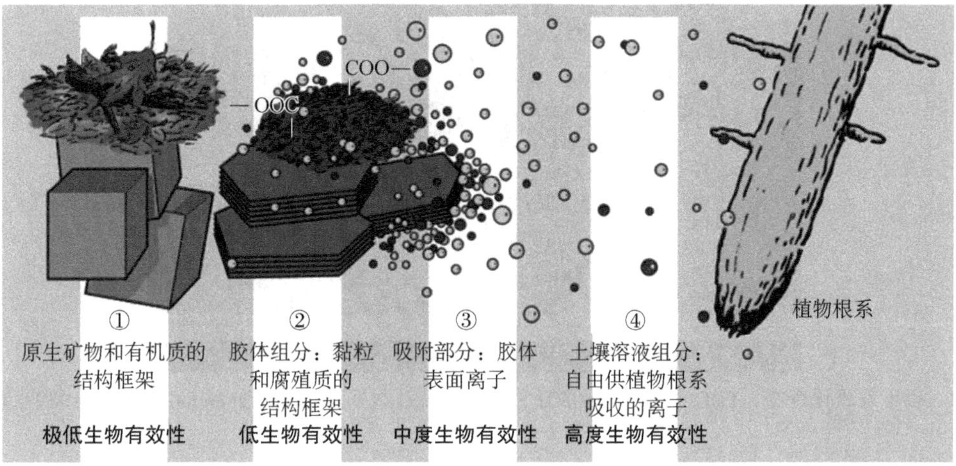

图 1.2 养分的生物有效性在土壤中不同组分之间的差异（Brady and Weil，2019）

土壤中氮的转化过程十分复杂，通常被描述为由 6 个有序进行的不同反应过程组成的一个循环。这种观点认为一个氮气分子首先通过固氮作用变成氨气，氨气经过同化吸收作用转变成生物有机氮，有机氮再经过氨化作用转变成铵盐，而铵盐通过硝化作用被氧化成硝酸盐（$NH_4^+ \rightarrow NO_2^- \rightarrow NO_3^-$），最终再经反硝化作用被还原为一个氮气分子（$NO_3^- \rightarrow NO_2^- \rightarrow NO \rightarrow N_2O \rightarrow N_2$），或经厌氧氨氧化（anaerobic ammonium oxidation）作用被还原为一个氮气分子（$NO_2^- + NH_4^+ \longrightarrow N_2$）。这些过程的进行都需要借助微生物参与才能完成。目前已知的氮转化有 14 个生物化学过程，微生物携带的酶可以执行 14 个氧化还原反应。其中，生物固氮作用是自然环境中氮素进入生命圈的唯一途径，是土壤乃至全球生态系统氮循环的重要组成部分。这部分内容将在第 5 章详细介绍。

此外，土壤中累积的污染物质如镉等重金属及农药、多环芳烃、多氯联苯等毒害有机化合物（TOC），通常具有毒性（部分具有致毒、致癌、致畸变的“三致”效应），对生态环境和人类健康存在潜在危害。以毒害有机化合物为例，它们因工业、农业生产等人为活动被释放进入土壤后，一般会经历光解作用、毒害有机化合物挥发、吸附、降解（包括化学降解、好氧生物降解、厌氧生物降解）、结合态残留、植物吸收、淋溶、径流等迁移转化途径（图 1.3）。其中，微生物参与的生物降解是实现土壤污染控制与修复的关键。有研究表明，在淹水稻田中，即使土壤微生物多样性被稀释 10^{-4} 倍，以兼性脱氯菌为主导的功能微生物菌群仍可通过还原脱氯的厌氧降解方式削减稻田中残留的有机氯农药林丹，从而降低残留有机氯农药的毒性。值得强调的是，吸附作用虽然由物理化学过程主导，但也可通过影响生物有效性间接影响毒害有机化合物的生物降解；而毒害有机化合物被土壤吸附固持后，随着时间延长，它们会逐渐与土壤中矿物质或有机质进一步紧密结合，发生“老化”效应，形成稳定的、生物有效性极低甚至无效的结合态残留。这部分内容将在第 8 章中详细介绍。

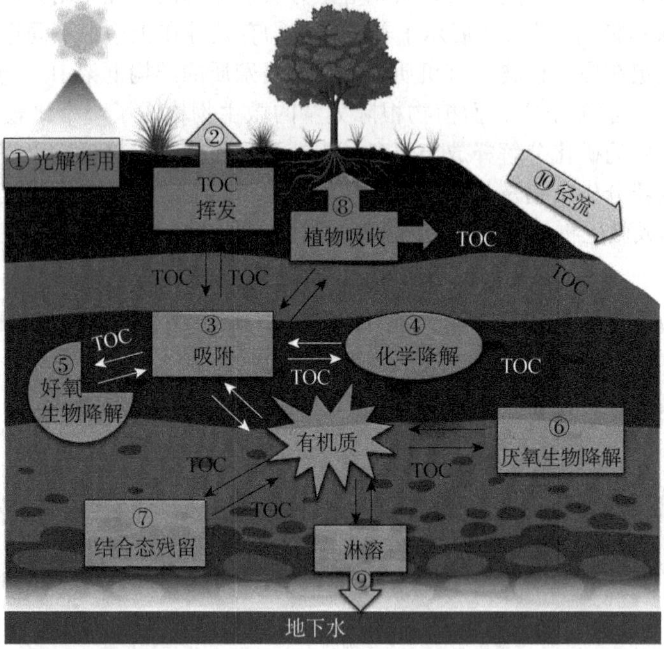

图 1.3 毒害有机化合物（TOC）在土壤中的迁移转化途径［杨雪玲根据 Weber and Miller（1989）修改］

1.4 先进方法和技术在土壤生物与生物化学研究中的应用

土壤微生物种类多样、数量庞大，是维持土壤生态系统物质循环和能量转换的基础。针对土壤微生物的研究大致分为 3 个阶段：①20 世纪 70 年代以前，人们利用传统的分离培养技术获得纯培养菌株，从而认识复杂多样的微生物群落。然而只有不到 1%的微生物能够在实验室条件下分离和培养。②到 70 年代后期，土壤微生物学家逐渐开展了对土壤微生物生物量的研究，进入了研究土壤微生物整体质量与生态环境过程关系的阶段。③近几十年，随着科学技术的不断发展，基于先进的分子生物学、表面化学、物理学等表征，结合生物信息分析和计算机模拟等技术，针对土壤微生物群落结构和功能的探究与挖掘已经形成了一套较为完善的研究方法体系。这些技术包括高通量测序、实时荧光定量聚合酶链反应（RT-qPCR）、宏基因组、宏转录组、蛋白质组、代谢组、基因芯片（gene chip）、稳定性同位素核酸探针（DNA-SIP）技术、荧光原位杂交技术、单细胞技术等。此外，还有在分子尺度上基于同步辐射技术研究土壤生物化学、化学过程及其相互作用的方法，如红外光谱分析、X 射线吸收精细结构光谱分析、驻波分析技术等。现有的先进技术和方法能够揭示土壤中微生物群落结构、多样性、功能及其稳定性，有助于丰富和完善对土壤生物与生物化学过程的认识，具有广阔的应用前景。下面分别以同步辐射技术、单细胞技术、基因芯片技术、稳定性同位素核酸探针技术（DNA-SIP 技术）、微电极技术为例，简单展开介绍。

1.4.1 同步辐射技术

同步辐射是指高速运动的带电粒子在磁场中做变速运动时发出的电磁辐射。同步辐射光源是一种从远红外到 X 射线范围内的连续光谱，是具有高强度、高准直性、高度极化和可精确控制等优异性能的脉冲光源，可实现对样品的原位无损分析，用以开展其他光源无法实现的许多前沿科学研究。因此，该技术在众多微尺度分析技术中具有独特优势。随着近年来分析技术的不断发展，同步辐射技术不仅测量时间变得更短，并可在纳米–亚微米尺度上开展细胞水平级别的元素分析，如元素组分、物质结构、化学形态及其空间分布等。例如，有研究者利用同步辐射 X 射线吸收精细结构谱（XAFS）技术分析了土壤和水稻不同组织中不同赋存形态的汞（Hg）和硒（Se）元素分布特征，以揭示水稻组织中 Hg-Se 分布模式及其两者之间的潜在相互作用关系。目前，该技术已被广泛应用于土壤学、环境科学、生物学和医学等多学科领域的研究中。

1.4.2 单细胞技术

单细胞技术是指以单个细胞为单位，借助特异性荧光标记、基因测序等手段解析细胞个体的形态、生理、分类及生化等特征的研究技术。随着现代生物学和物理化学技术的发展，传统研究中习惯以群落水平为单位的分析方法已不能满足科研人员的需要，因此，单细胞技术应运而生。它更能准确地反映微生物群落系统中单细胞的多样化和异质性，是未来土壤微生物组研究的重要内容。根据单细胞技术的研究路线可将其划分为上游的单细胞分选技术和下游的单细胞分析技术。单细胞分选，顾名思义是指利用先进的细胞分选技术从总体的微生物群落水平中分选出多种单细胞个体的过程。目前，细胞分选技术主要包括拉曼光谱分选、微流控及流式分选等手段。多种多样微生物分离培养的新技术、新方法对微生物资源开发、功能微生物利用具有至关重要的意义。单细胞分析技术，即利用多组学技术解析细胞遗传发育的多样性，绘制细胞水平的基因图谱，揭示细胞功能或代谢的异质性。在未来土壤微生物组研究中，应更加重视单细胞新技术在解决本领域科学问题中的应用，结合其他先进的物理化学及分子生物学方法，更好地揭示不同尺度（单细胞、种群、群落、土体、田块和流域等）土壤微生物组的演化规律及其环境功能变化特征。

1.4.3 基因芯片技术

基因芯片其实是一种生物芯片，也称为 DNA 芯片或 DNA 微阵列，是针对功能基因和系统发育标记而开发的一种高通量的 DNA 测序技术。它采用物理化学及生物学等微加工技术，将大量的基因探针有规律地排列在硅片、玻片或尼龙膜等载体上，并与标记的样品分子进行杂交，根据检测到的每个探针分子杂交信号强度，获取样品分子的数量和序列信息。因其具有针对性强、通量高、能定量等优点，被广泛运用到土壤多种元素的生物地球化学循环研究中，如研究碳循环、氮循环、磷循环、硫循环及有机污染物降解等相关功能基因。目前，GeoChip 和

PhyloChip 是两种最受欢迎的基因芯片技术，已有研究将两者结合同时探究环境样品的功能基因信息和系统发育关系。基因芯片作为一种具有高分辨率的生物技术工具，适合被应用于土壤微生物生态学领域的研究中，然而相对于土壤巨大的生物多样性，探针的覆盖率远远不能满足全面探索微生物群落结构与功能的需求，相信随着技术的发展，基因芯片会不断完善并具有广阔的发展前景。

1.4.4 DNA-SIP 技术

DNA-SIP 技术，是采用稳定性同位素示踪标记手段与分子生物学方法相结合追踪复杂环境中微生物基因组 DNA 的分子生态学技术。该技术可以在群落水平揭示复杂环境中关键微生物类群重要生理代谢过程的分子机制，从而深入研究有机化合物的微生物降解途径等。2000 年，英国 J. Colin Murrell 教授课题组为了研究甲醇生物降解过程，通过 ^{13}C-甲醇培养森林土壤来追踪以甲醇为碳源的功能微生物的多样性及它们的代谢途径，并首次成功获得了 ^{13}C-DNA，自此开拓了稳定性同位素示踪环境微生物基因组 DNA 的研究领域（图 1.4）。近年来，DNA-SIP 技术在研究复杂土壤环境中生源要素的生物地球化学循环及污染物微生物降解代谢通路等方面得到广泛应用，是目前研究土壤生物功能最重要的技术手段之一。现在的研究更倾向于将 DNA-SIP 与高通量测序技术相结合，通过分析活性微生物对 ^{13}C 标记底物的利用情况，准确解析功能微生物类群的系统发育关系及对外源有机底物的利用情况。

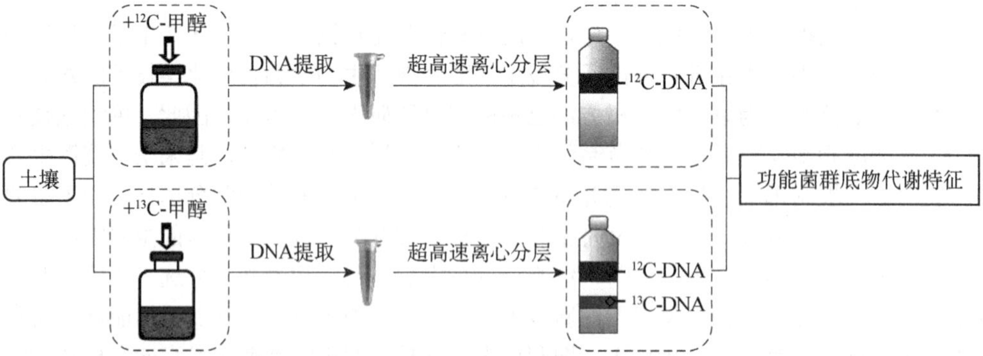

图 1.4　DNA-SIP 技术原理流程图（杨雪玲提供）

1.4.5 微电极技术

微电极技术是 20 世纪 70 年代发展起来的一门新兴电化学技术。微电极是一种超微结构电极，具有较高信噪比、超低检出限、高灵敏度及快速检测效率等优势，是探索物质微观结构的一种有效工具。这类电极可在无扰动情况下对测试对象进行原位监测，目前已成功应用到很多环境样品中，如沉积物、生物膜、食品和生物组织等。土壤中根–土界面上的生物化学过程受活跃的土壤–植物–微生物交互作用的影响，在这个界面上，微生物的生物化学过程变得更复杂，具有高度的时空动态异质性，微电极技术能很好地解决这一难题。如图 1.5 所示，借助微电极技术，可将微电极尖端无扰动地插入水稻根–土界面中的毫米级微域内，原位监测影响微生物生长的土壤环境参数的动态变化过程，如含氧量、pH、氧化还原电位（Eh）等，由此可在更高精度的微时空尺度上了解水稻根系表面土壤随水稻生长昼夜节律变化的特征，从而帮助人们更好地理解水稻根际的生物化学过程。

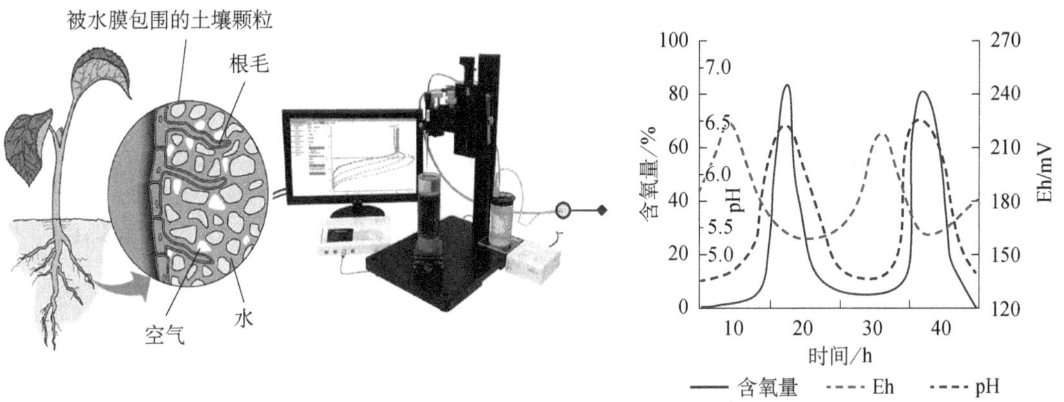

图 1.5　稻田土壤根–土界面生物化学过程（何艳、杨雪玲提供）

总的来说，土壤是一个涉及物理、化学和生物过程的有机–无机复合体，且不同物理、化学及生物过程在一定时间和空间范围内相互作用、共同影响，从而维持土壤生态系统的动态平衡。随着现代分子生物学、表面物理化学、数学模拟等分析技术手段的不断进步，针对土壤生物与生物化学的研究已进入了新纪元。先进的分析技术与宏/微观手段的联合应用，以及其与生物信息和数学统计的高度集成，将给土壤中生物及其与物理、化学过程的互作机制研究带来新突破。未来的研究更需要强调多学科交叉、实验室培养与田间验证相结合、微观过程机制与宏观规律效应相结合，以推进对土壤生物与生物化学过程认知的不断深入（图 1.6）。

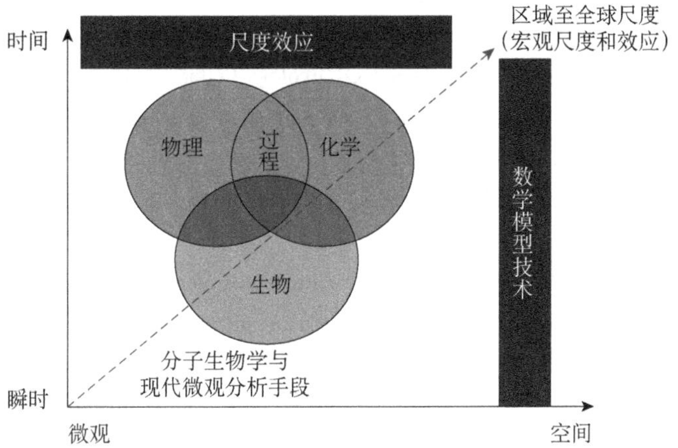

图 1.6　土壤生物与生物化学研究领域未来展望（何艳、杨雪玲提供）

主要参考文献

波尔 E A，克拉克 F E. 1993. 土壤微生物学与生物化学. 顾宗濂，李振高，林先贵，等译. 北京：科学技术文献出版社.

陈怀满. 2018. 环境土壤学. 3 版. 北京：科学出版社.

葛源，贺纪正，郑袁明，等. 2021. 稳定性同位素探测技术在微生物生态学研究中的应用. 应用生态学报，32（7）：8.

贺纪正，陆雅海，傅伯杰. 2021. 土壤生物学前沿. 北京：科学出版社.

黄巧云，林启美，徐建明. 2015. 土壤生物化学. 北京：高等教育出版社.

贾仲君. 2011. 稳定性同位素核酸探针技术 DNA-SIP 原理与应用. 微生物学报，51（12）：10.

宋长青，吴金水，陆雅海，等. 2013. 中国土壤微生物学研究 10 年回顾. 地球科学进展，10（10）：1087-1105.

王兴春，杨致荣，王敏，等. 2012. 高通量测序技术及其应用. 中国生物工程杂志，32（1）：109-114.

徐建明. 2019. 土壤学. 4 版. 北京：中国农业出版社.

朱永官，沈仁芳. 2021. 中国土壤微生物组. 杭州：浙江大学出版社：12.

Brady N C，Weil R R. 2019. 土壤学与生活. 14 版. 李保国，徐建明译. 北京：科学出版社.

Bardgett R D，van der Putten W H. 2014. Belowground biodiversity and ecosystem functioning. Nature，515：505-511.

Bell T，Newman J A，Silverman B W，et al. 2005. The contribution of species richness and composition to bacterial services. Nature，436：1157-1160.

Crowther T W，van den Hoogen J，Wan J，et al. 2019. The global soil community and its influence on biogeochemistry. Science，365：eaav0550.

Falkowski P G，Fenchel T，Delong E F. 2008. The microbial engines that drive Earth's biogeochemical cycles. Science，320：1034-1039.

Feng J Y，Xu Y，Ma B，et al. 2019. Assembly of root-associated 1010 microbiomes of typical rice cultivars in response to lindane pollution. Environment International，131：104978.

He Z，Xu M，Ye D，et al. 2010. Metagenomic analysis reveals a marked divergence in the structure of belowground microbial communities at elevated CO_2. Ecology Letters，13（5）：564-575.

Jurburg S D，Salles J F. 2015. Functional redundancy and ecosystem function-the soil microbiota as a case study. Rijeka：Intech Europe，DOI：10.5772/58981.

Louca S，Polz M F，Mazel F，et al. 2018. Function and functional redundancy in microbial systems. Nature Ecology & Evolution，2：936-943.

Maestre F T，Delgado-Baquerizo M，Jeffries T C，et al. 2015. Increasing aridity reduces soil microbial diversity and abundance in global drylands. Proceedings of the National Academy of Sciences of the United States of America，112：15684-15689.

Philippot L，Spor A，Hénault C，et al. 2013. Loss in microbial diversity affects nitrogen cycling in soil. The ISME Journal，7：1609-1619.

Radajewski S，Ineson P，Parekh N R，et al. 2000. Stable-isotope probing as a tool in microbial ecology. Nature，403（6770）：646-649.

Shendure J，Balasubramanian S，Church G M，et al. 2017. DNA sequencing at 40：past，present and future. Nature，550（7676）：1-9.

Torsvik V，Ovreas L，Thingstad T F. 2002. Prokaryotic diversity：magnitude，dynamics，and controlling factors. Science，296：1064-1066.

Trivedi C，Delgado-Baquerizo M，Hamonts K，et al. 2019. Losses in microbial functional diversity reduce the rate of key soil processes. Soil Biology & Biochemistry，135：267-274.

Weber J B，Miller C T. 1989. Organic chemical movement over and through soil. *In*：Sawhney B L，Prown K. Reactions and Movement of Organic Chemicals in Soils. Madison：SSSA Special Publication.

Yang X，Cheng J，Ashley E F，et al. 2023. Loss of microbial diversity weakens specific soil functions，but increases soil ecosystem stability. Soil Biology & Biochemistry，177：108916.

Yang X，Yuan J，Li N，et al. 2021. Loss of microbial diversity does not decrease γ-HCH degradation but increases methanogenesis in flooded paddy soil. Soil Biology & Biochemistry，156：108210.

Zhou J，Xue K，Xie J，et al. 2012. Microbial mediation of carbon-cycle feedbacks to climate warming. Nature Climate Change，2（2）：106-110.

第2章　土 壤 生 物

本章彩图

复杂而多样的土壤是一个生命大舞台，蕴含着世界四分之一的生物多样性，其中有成千上万的生物体相互作用，构成生生不息的大循环。每一撮土壤中就可能包含着数以百万计的生物体，代表着生物界几乎所有的类群。例如，在 1m^2 森林土壤中可发现超过 1000 种无脊椎动物。1g 健康的土壤中含有脊椎动物、蚯蚓、线虫、20～30 种螨、50～100 种昆虫、数百种真菌和数千种细菌及放线菌等各种生物体。从微小的细菌到蚯蚓，土壤生物在我们的环境中都是无名英雄，在全球生态系统功能如养分运转、有机质分解、土壤结构维持、温室气体产生、环境污染物净化的调节中发挥着重要的作用，是驱动土壤中发生的所有生物化学过程的引擎，甚至可以说是整个地球的引擎。然而，土壤生物存在于地下，其大多无法被人眼察觉，正如达·芬奇所言，我们对脚下土壤的了解，远不及对浩瀚天体运动了解得多。本章主要介绍土壤生物的组成、土壤生物指标及其表征、土壤生物的环境影响因素、土壤生物的作用与功能等。

2.1　土壤生物的多样性

2.1.1　土壤生物的类型与表征

2.1.1.1　土壤生物类型划分

土壤生物类型多样。根据构造细胞组分所需碳源的不同，土壤生物可分为自养型和异养型（表 2.1）。异养生物靠分解其他生物产生的有机质获得碳源，这些生物包括土壤动物、真菌、放线菌和大多数细菌，其数量远远高于自养生物。自养生物主要以二氧化碳或碳酸盐矿物等无机物质为碳源，通过光合作用（光能）或化学氧化作用（化学能）获得能量。自养生物主要有绿藻、蓝藻，以及某些细菌和古菌。自养和异养生物又可以根据其能量来源进一步划分。比如，自养生物中，我们把利用太阳光能获得能量的称为光能自养型。把另一些通过氧化 N、S、Fe 等无机营养元素获得能量的称为化能自养型。地球上生存的绝大多数，同时分布最广的生物都是化能异养型，它们以有机质为碳源和能源；同时也存在像含有叶绿素的藻类，以及含叶绿素结构类似物（细菌叶绿素）的细菌如紫色细菌、红色细菌、绿色细菌等，它们是和植物一样以太阳光能为能源，但却以有机质为营养物的光能异养生物。

表 2.1　土壤生物根据其代谢能来源和生化合成碳源的代谢分组

碳源来源	代谢能来源	
	生化氧化	太阳光能
结合有机碳	化能异养型：所有的动物、植物根、真菌、放线菌和大多数细菌，如蚯蚓、曲霉属、固氮菌属、假单胞菌属	光能异养型：一些藻类

续表

碳源来源	代谢能来源	
	生化氧化	太阳光能
二氧化碳或碳酸盐	化能自养型：一些细菌，许多古菌，如氨氧化细菌——硝基单胞菌、硫氧化菌——脱氮硫杆菌	光能自养型：植物嫩枝、藻类和蓝藻，如小球藻、念珠藻

土壤生物也可根据其食性划分类群，如以活的植物为食的植食性生物、以植物残体为食的食碎屑生物、捕食动物的捕食性生物、食细菌生物、食真菌生物和寄生性生物（图 2.1）。

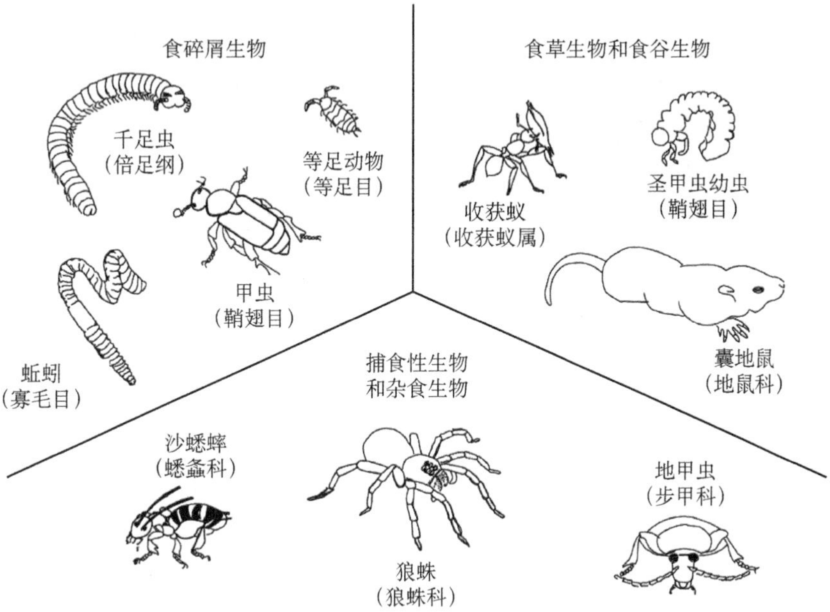

图 2.1 土壤生物根据其食性划分类群（Chesworth，2007）

也可简单地通过生物个体大小，将土壤生物划分为小型（<0.1mm）、中型（0.1～2mm）和大型（>0.2mm）生物。图 2.2 所示为土壤中一些代表性的微生物及其相对大小，并以黏粒、粉粒和砂粒尺寸作为参照，展示了各种土壤生物在对数尺度上的大小范围。生物个体大小与生物数量有很大的关系，一般较小的生物体数量更多。

2.1.1.2 土壤生物的表征

土壤生物驱动了土壤中养分等元素的转化和循环，影响了土壤结构的形成，从而影响了土壤质量和土壤健康水平。由于土壤生物复杂多样，在土壤中形成复杂的生物群落，不同生物之间存在随机性和确定性的相互关联与相互作用，共同影响土壤生物的多功能性。土壤生物的表征指标包括微生物生物量、活性和多样性，以及土壤动物数量和多样性等。

1. 土壤微生物生物量 土壤微生物生物量一般指土壤中体积小于 $5\times10^3\mu m^3$ 的生物总量，包括细菌、真菌和小型动物，但不包括植物体。目前土壤微生物生物量通常是以生物量碳的含量来表示。除含碳以外，微生物体内还含有较多的氮、磷和硫，因此广义的微生物生物量还包括微生物生物量氮、微生物生物量磷及微生物生物量硫，它们与微生物生物量碳统称为微生物物质。测定土壤微生物生物量的方法很多，传统的方法是直接镜检观察一定面积微生物的数目、大小，再根据假定密度（一般采用 $1.18g/cm^3$）及干物质含碳量（通常为 47%）换算成微

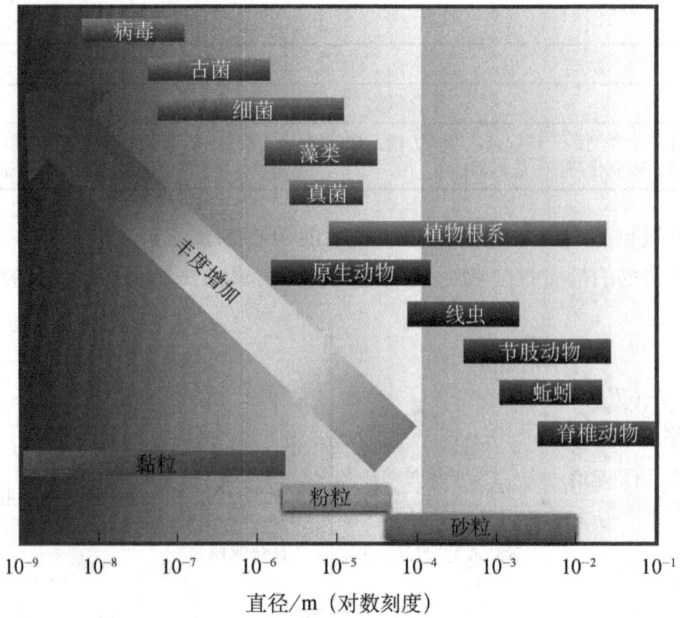

图 2.2 土壤中一些代表性的微生物及其相对大小（Chesworth，2007）

生物生物量。这种方法费时且不准确，不适于大量样品分析。目前常用的测定方法按其测定原理分为三大类：成分分析法、底物诱导呼吸法及熏蒸培养法。

（1）成分分析法　成分分析法是根据微生物中某种特定成分的含量来确定微生物生物量的方法。理想的成分分析法应满足以下条件：所提取的成分仅存在于活细胞中，死细胞和非生命物质中都没有；所有细胞中所含该成分的浓度均匀一致；测定必须方便、迅速，适于大量样品的分析。目前应用成分分析法的有蛋白质、磷脂脂肪酸（PLFA）、三磷酸腺苷（ATP）等，后两种为常用。由于磷脂是细胞结构的稳定组成部分，细胞死亡后，磷脂会迅速转化成糖脂，因此磷脂总量能对微生物生物量做出准确衡量。近年来，DNA 提取技术日益经济高效，且大量研究表明土壤微生物 DNA 浓度与土壤微生物生物量碳和氮含量呈正相关，因此土壤微生物 DNA 浓度作为一种重要的生物标志物已越来越多地被用于表征土壤微生物生物量。但是，由于生态系统的复杂性和 DNA 提取方法不统一，目前还不清楚土壤微生物 DNA 浓度与土壤微生物生物量碳和氮含量是否有一致性的关系。利用土壤微生物 DNA 浓度作为指标估测微生物生物量仍然需要在更大范围和更多土壤样品中进行验证，但这一方法可以作为现有微生物生物量测定方法的良好补充。

（2）底物诱导呼吸法　底物诱导呼吸法的基本原理是通过添加底物（如葡萄糖、麦芽糖等）刺激土壤微生物的呼吸作用，从而间接测定土壤微生物生物量。该方法起源于纯培养研究，微生物对易利用底物的反应强度与微生物生物量存在线性关系，可用于土壤微生物生物量的测定。在自然环境中，土壤微生物的呼吸活动一般很低，但是当在土壤中加入有机质时，土壤微生物的生命活动加强，此时其呼吸量与微生物数量密切相关。因此，有研究者认为诱导呼吸量可以转化为微生物生物量。该方法适用的土壤范围比较宽，但受土壤 pH 及含水量的影响较大。对于碱性土壤，由于 CO_2 在土壤液相发生溶解，其测定结果偏低。

（3）熏蒸培养法　熏蒸培养法是将土样经过氯仿熏蒸后，在好氧条件下培养，然后测定培养期间 CO_2 的释放量，根据 CO_2 的增量计算土壤中的微生物生物量碳。该方法的原理是土壤微生物被氯仿熏蒸杀死后，其细胞溶解释放的可溶性有机碳能够被 0.5mol/L K_2SO_4 等溶液所提取，提取量与微生物生物量碳之间存在较稳定的比例关系。氯仿熏蒸法是国际上应用最普遍的测定方法，被公认为是土壤微生物生物量测定的标准方法，但该方法具体应用到某些土壤，如可变电荷土壤、淹水土壤、新鲜有机质含量较高的土壤时，研究者对该方法中的转换系数、熏蒸时间、土壤含水量等问题存在不同看法。此外，已有研究表明在极端干旱区，由于微生物生物量含量非常低，以至于难以确定熏蒸与未熏蒸土壤样品中土壤微生物生物量的差异。

2. 土壤微生物活性 土壤微生物活性指土壤微生物在某时间段内所有生命活动的总和，或在环境介质中微生物介导的所有过程的总和。从定义来看，直接测定土壤微生物活性几乎无法实现。然而任何生命活动都需要通过代谢进行能量供给，因此与能量供给、生命代谢活动相关的指标可以间接反映微生物的活性。这些指标主要包括微生物的 ATP 含量、呼吸速率等。土壤微生物活性测定方法主要有成分分析法中的土壤微生物呼吸测定法、放射性同位素标记法、RNA 直接表征法、土壤酶活法等。

（1）土壤微生物呼吸测定法 土壤微生物呼吸是微生物分解有机质产生能量的过程，是微生物绝大部分生命活动的能量来源。测定微生物呼吸既能反映土壤微生物总活性，又能表征其在碳素转化中的生态功能，且技术要求较低，至今仍是土壤微生物活性最常用的测定方法之一。目前，主要通过测定 CO_2 生成速率、O_2 消耗速率或呼吸引起的温度变化来表征土壤微生物呼吸速率，其中尤以前两种方法最为常用。一般使用气相色谱仪、红外气体分析仪、氧电极或专门的呼吸仪等进行测定，温度变化的测定则需要高精度测温装置。微生物呼吸测定法也存在明显缺陷：①CO_2 生成速率或 O_2 消耗速率实际上反映的是有机碳矿化速率和有氧呼吸速率，与真实的微生物呼吸速率之间可能会有较大偏差；而测定土壤温度的变化又难以排除环境温度变化的影响，应用范围较窄。②要准确测定土壤微生物呼吸必须消除植物根系呼吸和土壤中、大型动物呼吸的影响，导致该方法难以实现原位测定。③该方法不能获得活性微生物种类的信息，不能建立微生物总活性与活性微生物种类之间的联系。因此，土壤微生物呼吸测定法适用于土壤动、植物干扰较少，又不需要了解土壤活性微生物种类的研究。基于 CO_2 生成速率的土壤微生物总活性测定适用于有机碳作为微生物主要能源的土壤；基于 O_2 消耗速率的方法则更适用于通气性良好、微生物以有氧呼吸为主的土壤；而基于温度变化的测定方法，因为需要设置无呼吸对照，所以更适用于室内培养实验。

（2）放射性同位素标记法 通常认为，生长速率快的微生物具有更高的代谢活性，因此生长速率也可以表征微生物的总活性。由于放射性同位素测定的灵敏度高，在环境中只需添加痕量放射性同位素标记的大分子前体物质，经过短时间，通过测定微生物体内相应大分子物质的放射性活度，就可以反映微生物的生长速率。常用的大分子前体物质有胸腺嘧啶核苷、亮氨酸和乙酸盐，前两个常用于测定土壤细菌的生长速率，乙酸盐则常用于测定真菌的生长速率。放射性同位素标记法具有灵敏度高、方法简便快速等特点，但由于放射性标记物质的购买、运输、环境释放和测定等受到极大限制，该方法的生态学应用非常困难；此外，放射性物质可能会对待测微生物造成伤害，影响测定结果；同时，微生物活性由生长活性和非生长活性两部分构成，而微生物生长速率仅能反映微生物的生长活性，直接用微生物生长速率表征微生物活性有时会产生较大偏差。因此，放射性同位素标记法测定的指标为生长速率，适用于表征微生物的总体生长活性，也可用于近似表征营养供应及其他环境条件良好、微生物生长占主导的土壤中微生物的总活性。

（3）RNA 直接表征法 RNA 与生物体内各种酶的合成密不可分，而酶是生命活动的主要承担者，随着 RNA 提取和定量方法的发展，用微生物胞内 RNA 浓度来表征微生物总活性的方法逐步完善，并被推广应用。RNA 分为信使 RNA（mRNA）、转运 RNA（tRNA）和核糖体

RNA（rRNA）。RNA只存在于活性微生物中，因此可以通过定量聚合酶链反应或宏转录组的方法对mRNA进行测定，了解土壤微生物某特定代谢过程或所有代谢过程的活性，获取相对应微生物类群的信息；通过定量聚合酶链反应（qPCR）或扩增子测序对rRNA进行测定，可以表征微生物的总活性，后者还可获取微生物类群的信息。相较于前两个方法，RNA直接表征法可以在表征微生物活性的同时获取相对应的微生物信息，且不需要过程，原位测定简单易行。但在实际操作过程中，RNA直接表征法的难度会远高于前两个方法，其原因为：RNA极易降解，样品需要在特殊保护液中保存；RNA含量较低，容易被DNA污染，提取难度较高；由于rRNA存在多拷贝现象，无法准确反映实际的土壤微生物总活性，需要通过其他测定方法辅助进行；使用宏转录组或扩增子测序的方法需要有一定的生物信息学基础，且RNA保存、提取和分析成本较高。

（4）*土壤酶活法*　土壤酶是存在于土壤中所有酶的总称，来源于土壤微生物、植物根系、土壤动物的分泌物及其残体的分解物等，其中土壤中的微生物数量庞大且能快速繁殖，是土壤酶最主要的来源。土壤酶是土壤生态系统代谢的一类重要动力，参与催化土壤生物化学过程中许多有关物质循环和能量流动的反应。因此，土壤酶活的高低能够表征土壤中微生物活性的高低，同时也能够反映出土壤养分转化及其运移能力的强弱。

土壤酶种类繁多，已经被鉴定出的土壤酶有60多种。根据酶在土壤中的分布规律，土壤酶可以分为：①主要与游离的增殖细胞密切相关，包括细胞质中的胞内酶、细胞表面的酶和外周质空间的生物酶；②与活细胞不相关的非生物酶，主要包括在细胞生长和分裂过程中分泌的酶、细胞碎屑和死细胞中的酶、从细胞内渗透到土壤中的酶。按照酶的催化反应类型和功能，可将土壤酶分为氧化还原酶、水解酶、转移酶、裂合酶、异构酶和连接酶6类。其中，土壤酶活性研究主要涉及四大类：①土壤氧化还原酶，指土壤中催化氧化还原反应的酶，在生物能量传递和物质代谢方面具有重要作用，主要包括土壤过氧化物酶、土壤过氧化氢酶、土壤硝酸还原酶、土壤脱氢酶等；②土壤水解酶，是土壤中能将蛋白质、多糖等大分子物质裂解成简单的、易于被植物吸收的小分子物质的一类酶，在土壤碳、氮循环中发挥重要作用，主要包括土壤淀粉酶、土壤蛋白酶、土壤磷酸酶、土壤脲酶等；③土壤转移酶，是土壤中催化某些化合物中基团的分子间或分子内转移且伴随能量传递的一类酶，在核酸、脂肪和蛋白质代谢及激素合成转化过程中具有重要意义，主要有土壤转氨酶、土壤转移氨酶、土壤葡聚糖蔗糖酶等；④土壤裂合酶，是土壤中催化有机化合物化学键非水解裂解或加成反应的酶，主要包括土壤谷氨酸脱羧酶、土壤天冬氨酸脱羧酶等。

目前，常见的土壤酶活测定方法包括分光光度法和荧光分析法。分光光度法也称比色法，其基本原理是酶与底物混合经培养后产生某种带颜色的生成物，可在某一吸收波长下产生特征性波峰，再用分光光度计测定设定的标准物及生成物的吸光值，由此确定酶活。荧光分析法以荧光团标记底物作为探针，通过荧光强度的变化来反映酶活。荧光分析法的测定步骤与比色法基本一致，但荧光分析技术具有灵敏度高、耗时短等优点，它也存在分析成本较高、底物难溶解等缺点。

3. 土壤微生物多样性　土壤微生物多样性是指微生物群落的种类和种间差异，包括生理功能多样性、细胞组成多样性及遗传物质多样性等。微生物多样性能较早反映质量的变化过程，并揭示微生物的生态功能差异，因而被认为是最有潜力的敏感性生物指标之一。但微生物的种类庞大，使有关微生物区系的分析工作十分耗时费力。因此，微生物多样性的研究主要通过微生物生态学的方法来完成，即通过描述微生物群落的稳定性、微生物群落生态学机制，以及自然或人为干扰对群落的影响，揭示质量与微生物多样性的关系。从技术层面可以将土壤微生物多样性研究方法分为两大类：生物化学技术层面的研究方法和分子生物学技术层面的研究方法。

（1）生物化学方法　生物化学方法是传统的较为常规的研究方法，主要包括分离培养法、碳素利用法和生物标记法。

1）分离培养法：流行于20世纪70年代，即将一定浓度的微生物稀释液接种到特定选择性培养基上，然后对菌落进行计数，以此测定微生物的多样性。该方法获得的数据在一定程度上取决于提取的方法和选用的培养基类型。虽然出现了诸如高通量培养技术、土壤基质膜培养和细胞微囊包埋技术等新的微生物培养技术，但是土壤中微生物的可培养率仍然只有0.1%～1.0%，该方法逐渐被淘汰。

2）碳素利用法：基于土壤微生物对碳源利用程度的不同，对土壤进行微生物多样性分析，通常用BIOLOG测试板来实现。常用的BIOLOG测试板含有96个小孔，除1个小孔为对照不含碳源外，其余95个小孔分别含不同的有机碳源。测试时将微生物稀释液接种到各个小孔内，在一定温度下培养后，根据微生物利用碳源引起指示剂的颜色变化情况，鉴定微生物或分析微生物多样性。这种方法相对简单、快速，并能得到大量原始数据；其缺点是仅能鉴定快速生长的微生物。当然，BIOLOG测试板内近中性的缓冲体系、高浓度的碳源及有生物毒性的指示剂均可能影响测试效果。

3）生物标记法：基于细胞的结构特点，对土壤微生物的某种成分进行提纯，然后通过化学手段进行成分鉴定，常见的有磷脂脂肪酸分析法。磷脂脂肪酸分析法通过测定磷脂脂肪酸的种类及组成比例来测定微生物的多样性。该方法的原理是：首先用适合的提取剂提取样品中的脂类，用柱色谱法分离得到磷脂脂肪酸，然后经甲酯化后用气相色谱分析各种脂肪酸（C9～C20）的含量。这个方法无须进行生物培养就能评价微生物的多样性，但分类水平较低，且测试结果常受有机质等因素的干扰。

（2）分子生物学方法　涉及土壤微生物多样性的现代分子生物学研究方法种类多样。

1）核酸复性动力学技术、（G+C）%含量法：核酸复性动力学技术是通过测定微生物基因的复杂程度，对土壤微生物多样性进行评价，此方法因受细菌拷贝影响，灵敏度较低。（G+C）%含量法是基于DNA链上（G+C）%的含量不同来分析土壤微生物多样性的，该方法只能大致测定，因为即便是不同种类的微生物，其（G+C）%含量也有可能相等。

2）核酸杂交技术：该技术是从土壤样品中提取DNA或RNA，将提取出来的DNA或RNA与已知序列杂交，基于对杂交信号的检测、分析，定性、定量地解析土壤微生物多样性的变化规律。例如，实时荧光定量PCR技术通过荧光染料或荧光标记的特异性探针，对PCR产物进行标记跟踪，以定性和定量样本中特定微生物类群；荧光原位杂交（FISH）技术利用荧光标记的特异性探针，可直接在土壤中观察和鉴定某些土壤微生物的种类和数量。

3）DNA多态性图谱分析：该技术包括DNA成分多态性图谱分析和DNA长度多态性图谱分析，现已不常使用。DNA成分多态性图谱分析的原理是将DNA分子长度相同而碱基序列组成不同的PCR扩增产物利用序列特异性寡核苷酸探针，通过杂交的方法进行扩增片段的分析鉴定。共有3种研究方法，即变性梯度凝胶电泳（DGGE）、温度梯度凝胶电泳（TGGE）和时间温度梯度凝胶电泳（TTGE），其中DGGE曾被广泛使用。DNA长度多态性图谱分析中常用的是末端限制性片段长度多态性（T-RFLP）技术，其所采用的荧光标记大大简化了条带图谱，能更准确地反映土壤微生物多样性。

4）高通量测序技术：它是近年来各种类型土壤微生物多样性研究中应用最为广泛的技术。该技术对直接从土壤样品中获得的16S/内转录间隔区（ITS）rRNA基因片段进行序列分析，具有通量高、信息量大、操作简便、成本低、耗时短等优点，极大地促进了土壤微生物物种多样性、结构多样性、功能多样性和遗传多样性研究的迅猛发展。常用的高通量测序技术是以罗氏（Roche）公司的454焦磷酸技术、因美纳（Illumina）公司的Solexa技术、应用生物系统（ABI）公司的SOLiD技术和生命科技（Life Technologies）公司的PGM测序技术为主的第二代测序技术。目前，第三代测序技术得到快速发展。第三代测序技术是指单分子测序技术，也叫从头测序技术，即单分子实时DNA测序。DNA测序时，不需要经过PCR扩增，实现了对每一条DNA分子的单独测序。第三代测序技术将主要应用在基因组测序、甲基化研究、突变鉴定［单核苷酸多态性（SNP）检测］等方面。值得注意的是，该技术也存在海量数据分析难和数据去伪存真难的问题，需要结合土壤微生物学及统计学、生物信息学和计算机学这些基础学科进行交叉研究。

5）宏基因组学（metagenomics）：或称元基因组学，它是一种以环境样品中的微生物群体基因组为研究对象，以功能基因筛选和（或）测序分析为研究手段，以微生物多样性、种群结构、进化关系、功能活性、相互协作关系及与环境之间的关系为研究目的的新微生物研究方法。一般包括从环境样品中提取基因组DNA，进行高通量测序分析，或克隆DNA到合适的载体，导入宿主菌体，筛选目的转化子等工作。宏基因组研究紧密依靠高通量测序技术，包括宏基因组测序和扩增子测序，数据分析内容包括全基因组测序分析和扩增子测序分析。目前已有专门用于宏基因组分析的流程化软件和工具及云计算平台等，这极大地促进了宏基因组的发展和应用。宏基因组学处于生物学和信息科学的交界，未来可期。由于其有望揭示微观生物界的许多未解之谜，可谓是微生物学的新焦点。但是宏基因组学的研究手段既复杂，又昂贵，还隐藏着许多绊脚石。在开展相关研究之前，必须提出明确的假设，尽可能详尽地设计实验方案，否则获得的是毫无头绪的数据。

4. 土壤动物数量和多样性 土壤中物种多样性非常丰富，以至于仅了解微型节肢动物和线虫这两组物种的数量（物种丰富度）就可以大大增加对全球生物多样性的估计。土壤动物的表征指标主要包括：①多样性指标，包括丰富度指数、香农-维纳（Shannon-Wiener）指数、Pielou均匀度指数等。这些指标可以用来描述土壤动物群落的物种多样性、均匀度和丰富度等特征。②生物量指标，包括土壤动物的总生物量、种群密度等，这些指标可用来反映土壤动物的数量和生物量。③功能指标，包括土壤动物的功能分组、功能群落等，这些指标可以用来描述土壤动物的功能特征和生态作用。常用的技术手段有：直接抽样法，通过手动或机械方法，直接从土壤中取样；陷阱法，通过设置不同类型的陷阱，如蚯蚓陷阱、埋土板、粘虫纸等，来捕捉土壤动物；分离法，通过分离土壤样品中的土壤动物，如用筛子、离心机等方法分离土壤动物；分子生物学方法，如PCR、DGGE、T-RFLP等，可通过分析土壤样品中的DNA序列来鉴定土壤动物的种类、数量、多样性等信息。

2.1.2 土壤微生物

土壤微生物是地球地表下数量最巨大的生命形式。按照形态学特征，土壤微生物可分为原核微生物，包括古菌和细菌；真核微生物，如真菌和原生动物；以及无细胞结构的分子生物，如病毒（图2.3）。

2.1.2.1 细菌

土壤细菌占土壤微生物总数的70%～90%，其数量巨大，每克土壤中有10^7～10^{11}个，是土壤中最常见的居民，但生物量并不是很高，每公顷鲜重400～5000kg。其特点是个体小，代谢快，繁殖迅速，与土壤接触面积大。细菌体积与玉米根细胞体积相对大小如图2.4所示。土壤中常见的细菌有节杆菌属、芽孢杆菌属、假单胞菌属、土壤杆菌属、产碱杆菌属和黄杆菌属细菌，以及放线菌、蓝细菌、黏细菌等。下面主要从功能和特性角度简单介绍这几类细菌。

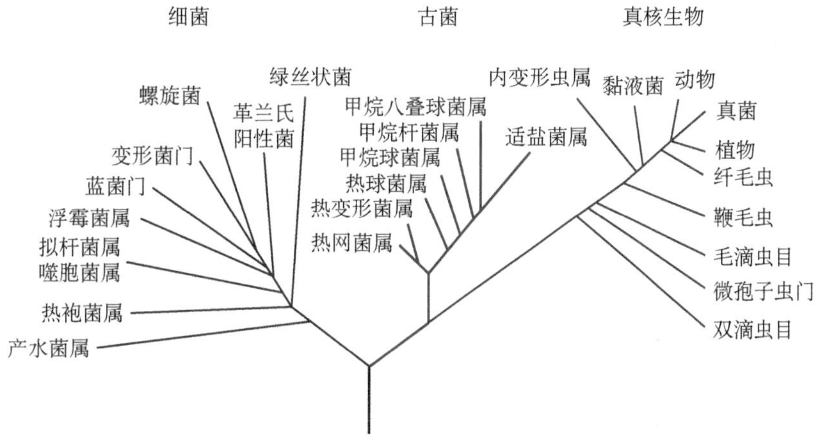

图2.3 基于比较rRNA基因测序的通用生命树（Chesworth，2007）

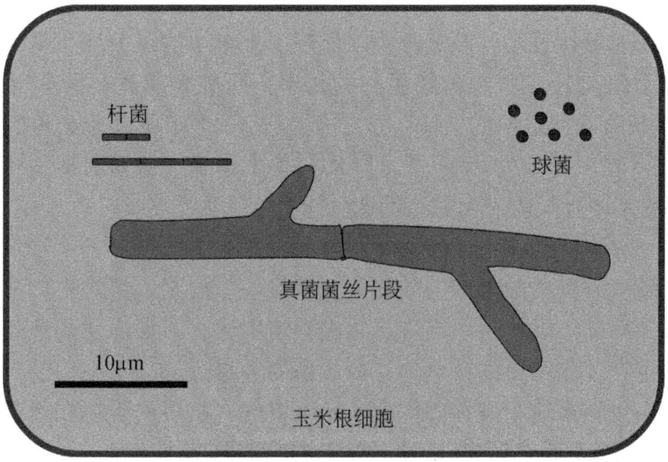

图2.4 玉米根细胞上土壤微生物的相对大小（何艳提供）

（1）节杆菌属（*Arthrobacter*） 是一类广泛分布于农业土壤中的细菌，节杆菌属对各种环境压力具有良好的耐受性，如干旱条件、长期饥饿、渗透压变化、重金属及毒害有机污染物等。其非凡的耐受能力使得它们成为在复杂和易变环境中降解污染物的优秀候选者。经研究发现，节杆菌属具有较好的三嗪类农药降解功能，主要包括阿特拉津、西玛津等，在节杆菌属的质粒上也发现了阿特拉津的降解基因。

（2）芽孢杆菌属（*Bacillus*） 是土壤中发现的主要细菌属之一，具有巨大的遗传性和代谢多样性，其具有多种有益特性，在促进土壤养分循环及增强植物抗性过程中发挥着重要作用。研究表明，不同种类的芽孢杆菌，包括蜡状芽孢杆菌、环状芽孢杆菌、枯草芽孢杆菌、短小芽孢杆菌、地衣芽孢杆菌、巨大芽孢杆菌等都能固定大气中的氮。此外，有些芽孢杆菌，如环状芽孢杆菌、蜡状芽孢杆菌、梭状芽孢杆菌等被报道具有促进土壤中磷增溶的功能，增加土壤中有效磷的含量。值得一提的是，芽孢杆菌在促进植物生长和抵御植物病害方面扮演着重要角色，许多不同田间作物和园艺作物施用芽孢杆菌作为植物促生菌。一些芽孢杆菌能通过调节植物生长基因增强植物根中生长素的累积，与未接种的对照组相比，芽孢杆菌处理增加了水稻侧根的数量、厚度、面积。同时，芽孢杆菌属细菌也是用于生物控制病虫害最广泛的一类微生物群之一，其产生的代谢物可以抑制一些病原微生物的生长，芽孢杆菌属细菌还能够通过特定细菌诱导剂间接地触发植物免疫反应。

（3）假单胞菌属（*Pseudomonas*） 是一类分布极广的细菌属，在土壤、淡水、海洋等环境中均有这类细菌的存在。这类细菌性质差异较大，有一部分假单胞菌能引发植物病害，如青枯假单胞菌能引起茄科植物的青枯病。还有一部分假单胞菌广泛存在于植物根际，发挥植物对病原菌第一道防线的作用，保护植物免受病原体的定植和侵染。假单胞菌属有巨大的生防潜力，主要是因为它能够利用各种底物作为营养物质，在各种极端环境中生存，同时它还能产生各种化合物如抗生素、多糖、铁载体等，假单胞菌产生的铁载体可以吸收铁进而降低其他生物对铁的利用，从而限制了潜在病原菌的生长。

（4）土壤杆菌属（*Agrobacterium*） 分为致病种和非致病种，土壤中致病型与非致病型农杆菌的比值为1∶13～1∶500。能导致植物病害的农杆菌主要是根癌农杆菌，可侵染多种高等植物，如樱桃，根癌农杆菌会阻碍植物根系的生长从而导致植物生长缓慢甚至死亡。

（5）产碱杆菌属（*Alcaligenes*） 是一种广泛分布于土壤和水生环境的革兰氏阴性菌，大多数为专性好氧菌，主要利用有机酸和氨基酸为碳源，通常不分解糖类。有少数菌株能在硝酸盐和亚硝酸盐存在的条件下进行厌氧呼吸，促进了土壤中的氮循环。另外，在土壤环境中存在的一些产碱杆菌属细菌还有促进植物生长的作用，研究表明此类菌株可通过溶解营养物质（磷或铁）及产生生长素来促进植物生长，提高植物抵御生物和非生物胁迫的能力。

（6）黄杆菌属（*Flavobacterium*） 广泛存在于土壤、植物及水体环境中，是一种化能异养菌，在固体培养基中生长能产生典型的黄色或橙色色素。

（7）放线菌 放线菌通常是丰度最高的原核生物，其广泛分布于地球的各个角落。其中土壤中栖息着数量最多、种类最丰富的放线菌，放线菌呈丝状，经常密集分枝（图2.5）。放线菌对于营养的要求并不高，因此可以在许多极端环境中生存，如深层的地壳中。放线菌能够在较为干旱的土壤中生存，在干旱的土壤中，放线菌的数量远远大于细菌的数量。放线菌大多为好氧腐生菌，在土壤生态系统中发挥着重要作用。富含有机质的土壤和新开垦的土壤散发出泥土的芳香，就主要来源于放线菌产生的土臭素和萜类挥发性衍生物。放线菌是土壤有机质（SOM）的重要分解者，特别是在有机质分解后期。在森林生态系统中，放线菌能将大气中的氮气固定为铵态氮供植物利用，其在土壤生物地球化学循环和生态系统中扮演着重要角色。除了能够维持土壤生态系统的稳定，放线菌还具有一定的应用价值和经济价值，放线菌能产生多种具有生物活性的次级代谢产物，被广泛应用于农业、医药、食品等各个行业。其在农业生产中可以用作杀虫剂、杀菌剂及除草剂；在医疗方面可用作心血管疾病药物及各类抗肿瘤药物；在食品加工过程中应用的防腐剂和食品添加剂也来源于放线菌活性物质。

（8）蓝细菌 蓝细菌是一类光能营养菌，过去科学家都将其归为藻类进行研究，统称为蓝（绿）藻。由于其原核特征，目前将其与真核藻类进行区分，改称为蓝细菌，并将其划分到蓝细菌门。区别于绿色植物，蓝细菌没有叶绿素b，但其能通过光合作用产生氧气和叶绿素a。蓝细菌中存在具有固氮功能的种类，这些种类在热带和亚热带地区维持土壤氮素平衡中发挥了重要作用。在农田土壤中，蓝细菌可以作为生物肥料，增加土壤中氮元素的含量，提升土壤肥力。

（9）黏细菌 黏细菌广泛存在于土壤环境中，是一种高级的原核生物，科学家发现其具

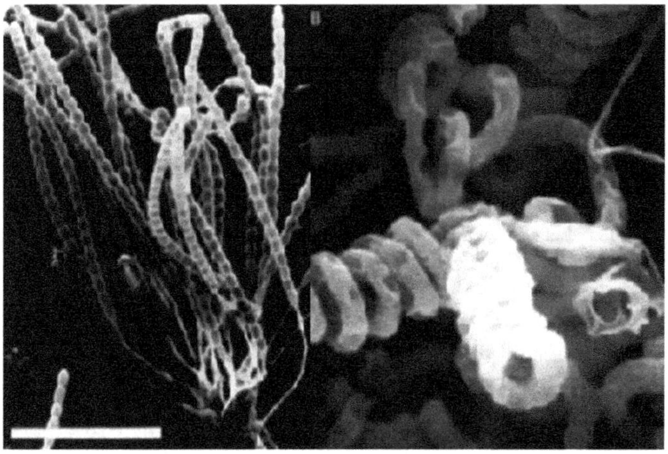

图 2.5 放线菌（Chesworth，2007）

有多细胞的群体行为特征，能够通过捕食细菌和真菌来获取自身需要的营养。同时，黏细菌可以自动评估外界的营养阈值并进行自我调整，这种“特性”赋予了黏细菌超强的环境适应能力。因具有特殊的捕食特性和优越的生存策略，黏细菌被科学家列为优秀的生防剂候选者。有研究者评估了珊瑚球菌（黏菌门）对黄瓜枯萎病的防治效果，通过温室盆栽试验和田间试验发现施用珊瑚球菌（*Corallococcus* sp.）能够显著降低黄瓜枯萎病的发病率，珊瑚球菌通过趋化作用向黄瓜植株根部迁移，通过捕食作用改变了根际土壤的微生物结构并减少了土壤中尖孢镰刀菌的数量。

2.1.2.2 真菌

土壤真菌是一个极其多样化的微生物群组，按照菌落的形态可以划分为酵母菌、霉菌和伞菌（蘑菇）3 类（图 2.6），主要通过寄生和腐生的方式获取营养。有些真菌在极端环境下会产生孢子，孢子对不利环境有极强耐受性，可在适宜条件下发芽形成菌丝。相比于细菌和放线菌，真菌的耐酸性更强，因此真菌能够在酸性土壤中更好地生长。

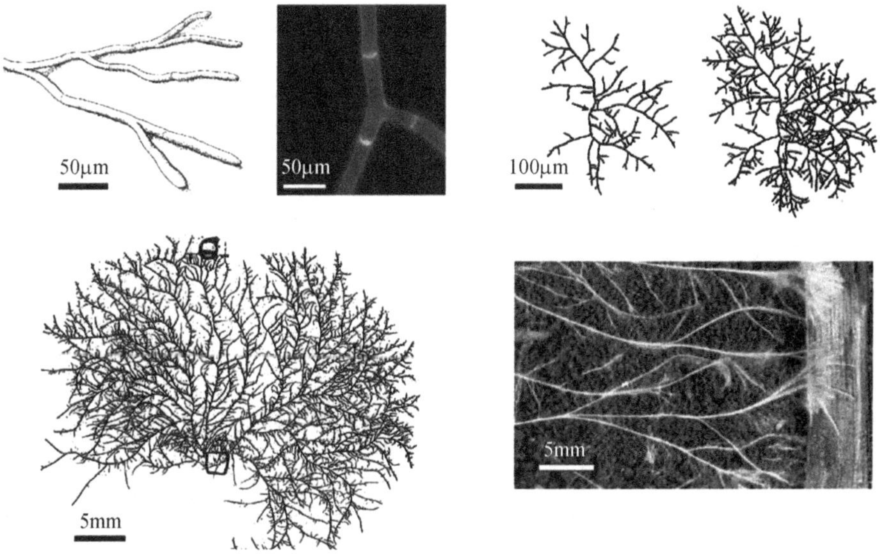

图 2.6 不同尺度土壤真菌菌丝体特征（Chesworth，2007）

许多真菌呈丝状，在某些极端情况下，每克土壤的菌丝可长达2km，一块典型的耕地每克土壤中也含有几米长的菌丝（图2.6）。土壤中的真菌多为好氧性，因此常存在于土壤表层，有助于土壤团聚体的形成。一些真菌能与植物形成共生关系，真菌的菌丝能够接触到更大面积的土壤，可帮助共生植物吸收水分和营养。丝状真菌的菌丝通过顶端的延伸和周期性的分枝形成丛状菌丝，并渗透到其生长的环境中。有些真菌也与植物病害密切相关，如镰孢菌属，包括尖孢镰刀菌、茄腐镰刀菌、禾谷镰刀菌等，能够造成小麦、大豆、番茄、黄瓜等多种植物根腐病害。除此之外，真菌也被证明能够降解土壤中的有机污染物，缓解有机污染物对土壤环境的胁迫。例如，有研究证明，木霉属（*Trichoderma*）真菌与土壤矿物相互作用，可以促进双酚A（BPA）降解。同时，真菌在有机质降解过程中也扮演着重要角色，是土壤营养物质循环重要的参与者。例如，丛枝菌根真菌（arbuscular mycorrhiza fungi，AMF）能与植物形成共生体，在从植物获取营养物质的同时也帮助植物吸收养分，特别是能有效地促进土壤中难溶性磷养分的吸收。

2.1.2.3 古菌

古菌是从细胞结构、遗传物质到代谢形式都与细菌有很大区别的一类单细胞微生物，其具有独特的基因结构，大多生活于地球上高温、高盐、高酸碱度及严格厌氧等极端土壤环境中。根据古菌对极端环境的适应模式，可将其划分为3个类别：产甲烷古菌、嗜盐古菌和嗜热古菌。产甲烷古菌是地球上生命起源最早的一类原核微生物，在陆地生态系统中主要分布于湿地、沉积物、水稻田及土壤局部厌氧微域中，是全球大气甲烷的主要贡献者，也是缺氧环境有机质降解产甲烷的关键功能微生物。过去的观点认为，产甲烷古菌能通过乙酸发酵、二氧化碳还原、甲基裂解和氧甲基转化4条途径产生甲烷，一些反应过程如表2.2所示。根据底物利用类型差异，产甲烷古菌可分为3类：①氢型，利用氢气和CO_2产生甲烷，如产甲烷短杆菌（*Methanobrevibacter*）；②甲基营养型，以甲基化学物（甲醇、二甲基硫、二甲基胺等）为底物生成甲烷，如产甲烷球菌（*Methanococcus*）；③乙酸型，利用乙酸和CO_2产生甲烷，如产甲烷丝菌（*Methanosaeta*）。产甲烷古菌广泛分布于自然界中的厌氧环境中，特别是在有机质含量充足、氧化还原电位低于−200mV的厌氧环境中，如水稻田。乙酸型产甲烷古菌在水稻田中广泛存在。例如，甲烷八叠球菌属能够在乙酸充足的条件下快速生长。另外，水稻田中还生存着丰富的氢型产甲烷古菌，对氢具有高亲和力，能够适应根际的特殊环境，是根际甲烷释放的主要贡献者。

表2.2 产甲烷反应

底物		产物
$4H_2+CO_2$	→	CH_4+2H_2O
$4H_2+HCO_3^-+H^+$	→	CH_4+3H_2O
4甲酸盐$+4H^+$	→	$CH_4+3CO_2+2H_2O$
4(2-丙醇)$+CO_2$	→	CH_4+4丙酮$+2H_2O$
2乙醇$+CO_2$	→	CH_4+2乙酸$+2H^+$
4甲醇	→	$3CH_4+CO_2+2H_2O$
4甲醇	→	$3CH_4+HCO_3^-+H^++H_2O$
4甲胺$+2H_2O$	→	$3CH_4+CO_2+4NH_4^+$
甲醇$+H_2$	→	CH_4+H_2O
乙酸$+H^+$	→	CH_4+CO_2
乙酸$+H_2O$	→	$CH_4+HCO_3^-$

极端嗜盐菌是一种在高盐度环境中生产的古菌，在低盐环境中不生长，因为其产生的嗜盐

酶只有在高盐浓度下才具有活性，主要包括嗜盐杆菌和嗜盐球菌两个属。极端嗜酸热古菌主要在40℃以上的环境中生存，包括嗜酸硫杆菌属（*Acidithiobacillus*）、硫化杆菌属（*Sulfobacillus*）和铁质菌属（*Ferroplasma*）古菌，硫酸盐还原古菌能在极端高温、酸性条件下还原硫酸盐，以及介导氨氧化作用等。古菌在物质转化中扮演着重要角色，其具有多种生态、环境和能源应用价值，对生态环境的保护和可持续发展具有重要意义。

2.1.2.4　藻类

藻类是一类能够利用光合色素进行光能自养的真核生物，分布于土壤、岩石和水生环境中。相比细菌和真菌，土壤中存在的藻类并不算多，只占土壤微生物总数的1%。但藻类却可以在土壤中发挥多重作用。藻类通常生活在土壤的表层，利用CO_2进行光合作用生成有机质，提高了土壤肥力。除此之外，藻类在土壤形成的初期发挥了重要作用，藻类的存在积累了有机质，同时藻类代谢过程中产生的碳酸有助于矿物颗粒的矿化。另外，藻类产生的胞外多糖有助于形成土壤团聚体，这些都为之后其他微生物和植物的定植创造了条件。藻类还被证明可以与固氮菌共生，农田土壤中藻类的存在能够增加土壤中氮元素含量，为作物生长提供养分。

2.1.2.5　病毒

病毒是一种由蛋白质和核酸组成的结构简单的非细胞型生物实体，土壤是病毒重要的储存库。据估计，土壤中约含有4.80×10^{31}个病毒颗粒，这个数量远高于具有细胞结构的微生物。土壤中的病毒对调控微生物群落、促进地球生物化学循环、推动宿主进化等过程都具有非常重要的作用。虽然目前人们已经意识到病毒对土壤各个生态过程具有重要的调控作用，但由于土壤的异质性及目前分析手段的限制，人们对土壤病毒的了解远不如对海洋和水体环境中的病毒。目前，人们主要通过噬菌体斑计数、流式细胞仪计数等手段对土壤病毒的丰度进行测定。新兴技术的发展使得基于宏病毒组学对土壤病毒进行功能注释成为可能，正在极大地丰富对土壤病毒的认知。

2.1.3　土壤动物

土壤动物种类繁多，数量庞大，栖息于多样的陆地生态系统中，在森林、草原、湿地、荒漠和农田，甚至是冰川覆盖的地区也有它们的踪迹，是地球生物多样性的重要组成部分。根据体型或体宽可以将土壤动物划分为小型动物（meiofauna）、中型动物（mesofauna）和大型动物（macrofauna）。土壤大型动物中最有代表性的是蚯蚓，蚯蚓被称为“生态系统中的工程师”，主要以凋落物为食，通过在土壤中的活动影响其他土壤动物生存并塑造土壤环境，进而影响生态系统地上–地下多物种之间的关系，在陆地生物多样性维持中起重要作用。土壤中、小型动物通常指螨类、跳虫、线虫及原生动物等，与土壤大型动物相比，它们在土壤生态系统中的物种数量更丰富、形态特征更多样，并具有更高的遗传多样性和更复杂的食性组成，且其与土壤微生物关系密切，共同构成复杂的土壤微食物网，是生态系统中养分循环等功能实现的主要推动者之一。

2.1.3.1　小型动物

一般将直径小于0.1mm的动物称为小型动物，一般生活在土壤水膜和充水孔隙中。对土壤过程影响最大的两个组群是原生动物和线虫。

原生动物是单细胞、异养、真核生物，可以根据运动方式将其划分为纤毛虫、变形虫、鞭毛虫3类。其中，纤毛虫依靠舞动发状结构移动，变形虫靠伸缩伪足移动，而鞭毛虫靠移动鞭状附属物移动。原生动物是土壤中多样性和数目最多的小型动物，已知现存的原生动物大约有23 000种，其中大约有1600种生活在陆地环境中。每克干重土壤中有1万～10万个原生动物，生物量普遍在0.1～5.0g/m^2。原生动物是土壤食物网中的消费者，大多数土栖原生动物以细菌为食，还有部分以真菌、腐烂有机质或其他原生动物为食，因此原生动物通常在0～10（30）cm富含树叶凋落物和根系的表土中丰度和多样性最高。

原生动物体型小，繁殖速度快，在土壤生态系统的物质循环转化、微生物数量调节及种群稳定性维持中发挥着重要作用。原生动物呼吸代谢了总碳输入量的10%，贡献了田间净氮矿化量的20%～40%，显著减少了土壤磷的淋溶。研究表明，通过直接增加土壤和淋洗水中氮的有效性，或间接通过非营养效应（如选择性摄食），原生动物可对微生物种群产生影响；改变根际植物激素浓度和抑制致病菌等，原生动物可显著促进植物生长。此外，原生动物在蚯蚓的生长和发育过程中发挥着重要作用。作为重要的土壤居民，研究它们的动态和群落结构为评估与监测生物和非生物土壤条件的变化提供了有力手段。

线虫一般长1.0～4.5mm，每平方米土壤中的数量可高达700万个，全球线虫有8万～100万种，是生物数量最多、功能类群最丰富的土壤多细胞动物，存在于土壤食物网的所有营养水平。最新研究表明，全世界有（4.4±0.64）×10^{20}只线虫（总生物量约为0.3Gt）居住在表层土壤中，北方森林和苔原地区的线虫丰度（占总量的38.7%）比温带地区（占总量的24.5%）、热带和亚热带地区（占总量的20.5%）更高。

由于在土壤生态系统中线虫种类繁多，而目前针对土壤线虫的分类知识匮乏，因此，利用营养类群作为分类单元来评价土壤线虫群落的生物多样性已成为一种重要方法。利用土壤线虫的食性特征，可将其划分为捕食性线虫、寄生性线虫、腐生性线虫3种功能类群。捕食性线虫捕食真菌、细菌和藻类，或捕食其他线虫、原生动物和昆虫幼虫。常见的捕食性线虫有草履虫、刺吻线虫、猪肠绦虫等。这些线虫在土壤食物链中处于较高位置，能够控制其他线虫和微生物的数量，维持土壤生态系统的平衡。寄生性线虫以植物根为食，使植物生长缓慢。常见的以植物根为食的寄生性线虫有根结线虫、根瘤线虫、孢囊线虫等。这些线虫会在植物根系内寄生，导致植株生长发育受阻，产量下降，严重的甚至会导致植株死亡。例如，孢囊线虫就是大豆的主要害虫，而根结线虫会对玉米、烟草等作物造成大范围破坏。因此，人们需要采取有效的措施防止和控制寄生性线虫的侵害，如合理施肥、轮作、选用抗虫品种等。腐生性线虫也被称为分解者，它们分解土壤中的有机质，释放养分供植物利用，并改善土壤结构、提升土壤保水和排水能力，通常是土壤中最丰富的线虫种类。也可以根据线虫的口器形态来区分不同类型的线虫：刺吻型口器是指一个尖锐的刺吻，可以用于刺穿和吸取食物，这种口器主要出现在捕食性线虫和寄生性线虫中；剪刀型口器是指两个剪刀状的齿板，它们可以在一起运动，用于撕咬食物，这种口器主要出现在植食性线虫中；钩型口器是指一组钩状的结构，可以用于抓住和固定食物，主要出现在寄生性线虫中。

土壤线虫的分离及定量方法均比较成熟，种类鉴定相对简单，而且其体型较小、分布广泛、世代周期短，对生境变化反应敏捷，其种类和取食类型能比其他土壤动物提供更多的信息，因而成为典型的、应用最为广泛的土壤指示动物类生物，在森林、草地、农田等多种生态系统中用以指示环境污染状况、人为或自然干扰强度、植被演替阶段、土壤环境质量优劣、生态系统营养状况和土壤食物网结构等。目前基于土壤线虫的物种多样性、生活史特征及取食类型，研究人员提出了一系列相对成熟的土壤健康评价指标，其中物种多样性指标主要包括土壤线虫的物种组成、多度、生物量及均匀度等。

2.1.3.2 中型动物

中型动物的直径一般为0.1～2.0mm，包括小型节肢动物如螨虫、弹尾虫（跳虫），以及小型环节动物如蠕虫。它们一般栖息在土壤已有的充气和充水孔隙中。弹尾虫和螨虫是土壤中型动物中的典型代表，它们通过直接取食土壤微生物来调节其群落结构，同时还可取食凋落物并对凋落物进行破碎，增大微生物与凋落物的接触面积，间接促进凋落物分解和养分循环。

螨虫是节肢动物门蛛形纲广腹亚纲的一类体型微小的动物，直径0.1～3.0mm。某些螨虫直接取食有机碎屑，另一些则以生长在碎屑上的真菌或细菌为食，甚至有些螨虫还取食捕食真菌的螨虫。螨虫在土壤生态系统中扮演着分解者、捕食者、寄生者等多种角色，也是土壤小型动物和大型动物之间联系的纽带。

弹尾虫是弹尾纲（Collembola）动物的俗称，因腹部自带弹跳"神器"（第4节腹面的弹器）而得名，是一类种类和个体数量丰富、分布极广的微型至小型的节肢动物。它们取食碎屑有机质及附在其上的真菌和某些类型的植物，同时它们也是大多数肉食性节肢动物的口粮，是食物链中不可缺少的一环。弹尾虫主要分布在土壤上层凋落物、凋落物与土壤的交界面及矿质土层中，虽然个体较小（直径通常1～7mm），但在分解有机质、疏松和活化土壤过程中发挥着重要作用。

2.1.3.3 大型动物

土壤大型动物的身体直径一般大于2mm，包括脊椎动物如地鼠、鼹鼠和蛇，大型节肢动物如蚂蚁、白蚁、甲壳虫、蜈蚣、千足虫、蜘蛛等，以及蚯蚓等大型环节动物。土壤大型动物在生态系统的养分循环、景观的形状和结构，以及生态系统中地下部与地上部的能量流动和物质循环中发挥着重要作用，因此被称为土壤生物群落相互作用的"促进者"和"调节者"。土壤大型动物可划分为4种功能类群。

1）食腐动物和食碎屑动物：以死亡和腐烂的物质和相关的微生物为食，如千足类（倍足纲）、等足类（等足目），以及蟑螂（蜚蠊目）、白蚁（等翅目）、蚯蚓（环节目）、部分蚂蚁（膜翅目蚁科）、甲虫（鞘翅目）和蝇（双翅目）等。它们广泛分布在温带和热带森林、草原和沙漠等各种类型的栖息地。根据物种、季节和地点不同，密度从每平方米不到10只到数百只。一般认为蚯蚓是土壤中最重要的大型动物。全世界已报道的蚯蚓有7000多种。根据其穴居习性和栖息地差异，可以划分为不同类型。例如，生活在土壤表层体型较小的表栖型蚯蚓，以植物残体和土壤为食、能够形成垂直洞穴的内栖型蚯蚓，以及上食下栖型蚯蚓（图2.7）。

2）食草动物和食谷动物：以植物和种子为食，包括甲虫、苍蝇、蚂蚁和穴居脊椎动物。许多土壤食草动物是重要的农业害虫，但在自然群落中，它们可能通过调节植物的种群数量而在植物群落结构和物种多样性中发挥重要作用。

3）捕食性动物：包括蜘蛛、蝎子、蜈蚣，以及一些种类的甲虫、蚂蚁和苍蝇等。

4）杂食动物：包括蝼蛄（蟋蟀总科蝼蛄科）和直翅目的其他成员，这些物种以活的植物、其他土壤动物为食，也以死去的植物碎屑为食。

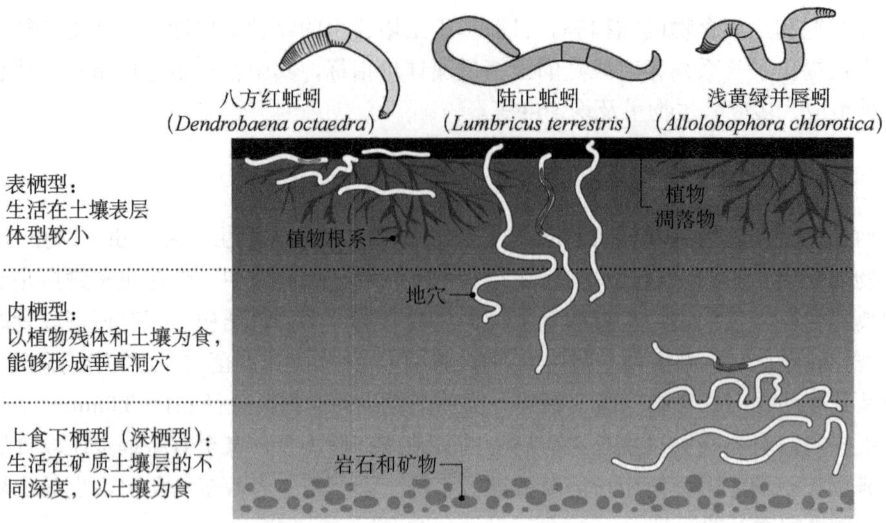

图 2.7 蚯蚓（Noah，2019）

2.1.4 土壤植物根系

尽管植物根系只占土壤体积的 1%，但其呼吸作用却占土壤呼吸的 1/4～1/3。植物根系不仅起着支撑和固定地上部的作用，还是吸收、运输和储存水分、碳水化合物和营养物质及合成一系列有机化合物的重要器官，在生态系统物质循环和能量流动中发挥着十分重要的作用。

根的活性会极大地影响土壤的理化性质，同时对根际微生物的活动造成影响。根会与其他土壤生物竞争氧气，也能为它们提供所需的大部分碳和能源。根系所释放的分泌物能对根际中的微生物产生刺激或抑制作用。土壤、植物根系、生物在根际区域中会产生多样且复杂的互作。

2.1.4.1 根系类型、组成和结构

当种子萌发时，胚根发育成幼根突破种皮，与地面垂直向下生长为主根。当主根生长到一定程度时，从其内部生出许多支根，称侧根。除了主根和侧根外，在茎、叶或老根上生出的根，称不定根。反复多次分枝，形成整个植物的根系。

一株植物所有根的总体称根系，根系依据形态分为直根系和须根系（图 2.8）。大部分双子叶植物（拟南芥、番茄、豌豆）都具有直根系，根系由明显的主根和各级侧根组成。大部分单子叶植物（水稻、玉米）都是须根系，植物的根系由许多形态相近的不定根组成，在复杂的根系中无法区分出明显的主根。

根分为根尖结构、初生结构和次生结构 3 部分。根尖是主根或侧根尖端，是根的最幼嫩、生命活动最旺盛的部分，也是根生长、延长及吸收水分的主要部分。根尖分成根冠、分生区、伸长区和成熟区。根冠是根尖最前端的部分，主要起保护分生组织的作用。分生区的组织具有很强的分裂能力，其中的细胞可以不断地进行分裂以补充根尖细胞数量。位于分生区稍后的伸长区是根尖中生长最快的部分，此部分多数细胞已经停止分裂，但细胞中存在的液泡能够吸收水分，使细胞体积增大。

植物根系生长受植物内源激素调控，包括生长素、细胞分裂素、乙烯、赤霉素、脱落酸和油菜素甾醇。除此之外，植物根系的生长和发育与土壤环境息息相关，受多种生物与非生物因

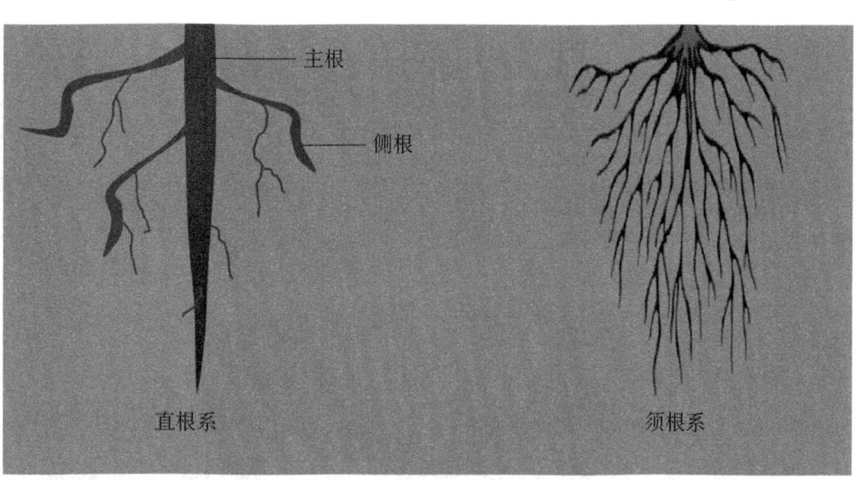

图 2.8 植物根系（何艳提供）

素的影响，即使是基因相同的植物也可能因为生长环境不同而表现出不同的性状。有研究表明，水分会影响根系生长，水分的限制会抑制植物侧根的发生，这主要是受到植物脱落酸调控。除了水分，氮、磷、铁及光照等非生物元素也会影响根系的生长发育。据报道，在磷饥饿条件下，植物会在叶片中累积糖类，这种向韧皮部增加的蔗糖负荷起到了将碳资源重新分配到根的作用，根通过启动改变的糖信号级联来增加根系的大小。另外，根系的发育和生长还受到生物因素的影响，土壤中存在许多会抑制根伸长的病原微生物。例如，在感染青枯病之后，矮牵牛的侧根伸长受到抑制。

2.1.4.2 根际

植物根系影响根际（rhizosphere）土壤的物理、化学和生物条件，将受活根影响显著的土壤区域称为根际。根际受植物根系分泌物的影响从而表现出强烈的生物活性，该区域土壤的理化性质与原土迥异。根际微区范围因不同的植物种类、年龄和根的形态而异，根据植物种类的不同，受植物根系影响最为显著的区域是距离根面 1～2mm 的土壤，特别是根系表面黏附的土壤。在该区域内，增加的根系分泌物和土壤理化性质的变化可能会增加大多数土壤生物的活性和数量，根系能够通过不同方式向根际输送有机质（图 2.9）。根系分泌物是根际沉积的重要组成部分，其介导了根际生物的相互作用（相关内容详见第 3 章），按分子量可分为高分子量分泌物与低分子量分泌物。前者主要包括黏胶和胞外酶，其中黏胶有聚多糖和多糖醛酸；后者主要是低分子有机酸、糖、酚及各种氨基酸（包括非蛋白质氨基酸，如植物铁载体）。其分泌会受到光照、温度及土壤环境的影响。根系分泌物在调节土壤环境、胁迫植物应对非生物胁迫及生物胁迫方面发挥了重要作用。

同时，根际也是生物地球化学循环的一个关键热区，它是土壤形成、碳循环和地球陆地生态系统最终生产力的基础。在根际，植物与生物网络，特别是微生物之间形成了复杂而动态的相互作用，其是由超过 4.5 亿年的共同进化形成的（相关内容详见第 3 章）。“根际效应”描述了生长根附近微生物细胞的富集和活性，并已被证明涉及系统发育相关微生物的“选择”，不同物种、地理位置、气候和植物显示出不同的根际微生物。了解不同根际中植物-微生物-土壤环境三者的相互作用关系，能更好地管理微生物、促进植物生长、减少植物生产和农业对环境的影响。

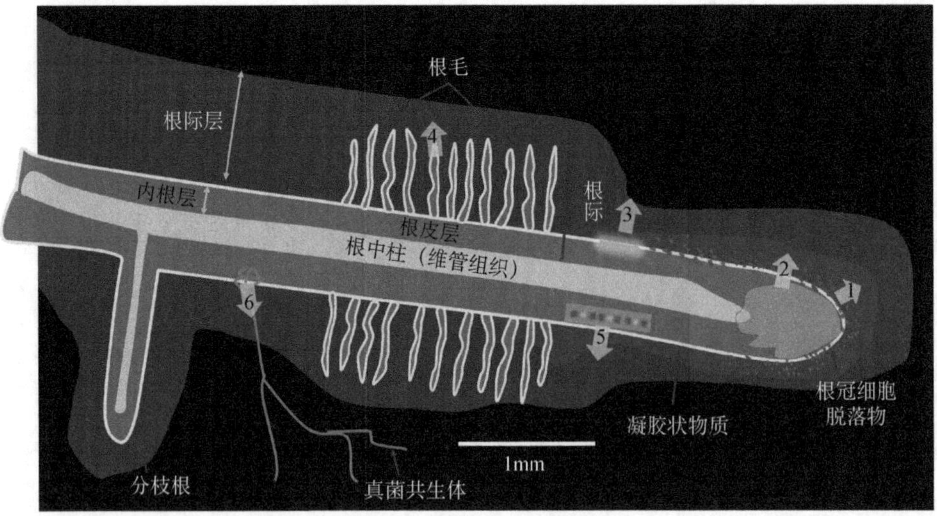

图 2.9 根际微区（Brady and Weil，2019）

根系主要通过 6 种方式向根际输送有机质，包括：1. 根冠细胞脱落；2. 根尖附近细胞分泌的凝胶状物质；3. 表皮细胞破裂溢出的细胞内容物；4. 根毛分泌的特定化合物；5. 根部细胞在代谢过程中产生的各种分泌物；6. 某些皮层细胞会直接将有机化合物输出到共生真菌中

2.2 影响土壤生物的因素

尽管微生物能在各种环境中生存，但环境变化会极大地影响土壤生物的代谢繁殖，甚至影响微生物的遗传进化。如图 2.10 所示，土壤生物需要一个适宜自己生长的环境，如果环境条件低于它们所需的阈值，其活性就会被削弱；如果过高，土壤生物甚至会死亡。这些影响土壤生物的环境因素主要包括温度、水分及其有效性、pH、氧气和氧化还原电位等非生物因素，以及生物因素，生物因素中将重点介绍生物互作。

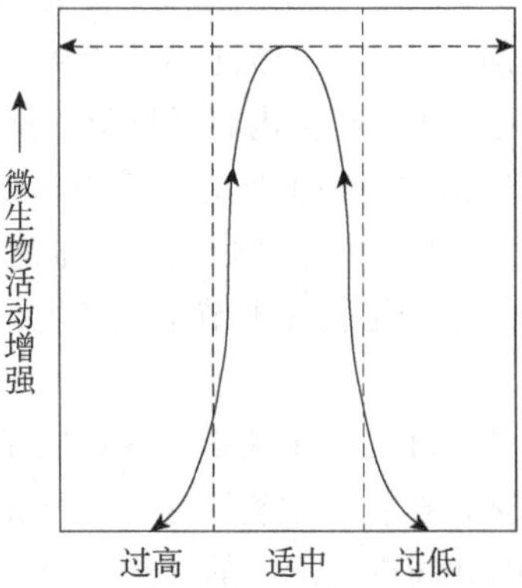

图 2.10 土壤生物对关键土壤环境因素的响应模式（Chesworth，2007）

2.2.1 温度

众所周知，温度能极大地影响微生物的生长代谢，因为温度会影响微生物的酶活性，对微

生物呼吸作用有很大影响。同样，环境温度升高会导致土壤温度也升高，并改变根际微生物组的结构。尽管有些微生物能够在比较极端的温度条件下生存，但大多数微生物只能在比较狭窄的温度范围内生存。基于微生物生长的最适宜温度范围，可以将微生物分为嗜冷微生物、嗜温微生物和嗜热微生物（表 2.3）。土壤中大多数微生物都是嗜温微生物，一般来说，在适宜范围内温度升高会提高微生物的代谢水平，超过了适宜温度，微生物的活动又会减慢，当温度超过微生物能承受的最高温度时，微生物的活动停止直至死亡。与高温不同的是，低温一般不会导致微生物死亡，只会使微生物的代谢活动降低甚至停止。温度对细菌、真菌、放线菌的影响是不同的，当土壤温度处于 0～35℃时，微生物的整体丰度会随着温度的上升而增加，但细菌一般在夏季达到数量最高值，真菌和放线菌的数量在春季达到最高值，这可能与微生物的相互作用相关。

表 2.3 根据生长温度划分的微生物类型（Brady and Weil，2019）

种类		温度范围/℃			栖息地
		最低	适宜	最高	
嗜冷微生物	专性	<0	<15	<20	极地或深海
	兼性	约 0	20～30	35	海水或冰柜，寒冷地区的冻土
嗜温微生物	—	约 0	25～40	50	哺乳动物生存的地方，土壤耕层
嗜热微生物	嗜热性	30	45～60	70	温泉、堆肥和表土，温泉和地热出口
	极端嗜热性	30	80～90	>100	海底火山和热带土壤表面

相比于土壤中的微生物，很少有人研究占据较高营养水平的土壤动物对温度的响应。事实上，细菌和真菌以外的土壤生物也被证明对温度的变化很敏感。温度的变化会影响土壤动物的繁殖、生长发育及迁移活动。一般来说，土壤温度越高，土壤动物的多样性就越高，但是温度过高也不利于土壤动物存活，超过了最适温度之后，动物的种类也会减少。温度变化造成的土壤动物群落的变化会改变整个土壤生态的食物网结构。研究表明，全球气候变暖会导致表生蠕虫物种（即表层生活的蚯蚓）完全消失，较大的寡毛虫和原生蠕虫减少，寄生蠕虫（以细菌和真菌为食的小蠕虫）向更深的土壤移动，以及食真菌蠕虫的增加。这反映出一种地下食物网的转变。土壤中的生物通过改变食物网来适应全球土壤变暖，这反过来又可能降低整个土壤群落的温度敏感度。

温度的变化还会影响植物与土壤微生物的相互作用。研究表明，气候变暖可通过直接刺激真菌生长和间接通过刺激寄主植物的生长来增加菌根对植物的定植，且这些真菌对温度变化可能比寄主植物更加敏感。在高温胁迫下，丛枝菌根真菌可以改善植物的光合作用，保持植物的光合性能，提高作物对水分的利用效率，从而提高植物耐热性。

2.2.2 水分及其有效性

水分是影响土壤微生物活动重要的因素之一，是影响土壤呼吸的关键因素，水分对微生物的影响不仅取决于土壤中的水分含量，还取决于土壤中水分的有效性，水分的有效性可以用水活度（a_w）来表示，不同微生物水活度的差异较大（表 2.4），大多数微生物在水活度 0.90 以上才能够保持较好的代谢活性，但有些生物如地衣和一些丝状真菌可以在水活度低于 0.6 的条件下生存。不耐旱的微生物在干旱条件下会很快死亡，但细菌的芽孢还有真菌的孢子可以在缺水条件下产生，当环境中的水分适宜时继续萌发生长。一般来说，土壤湿度能够增加微生物的呼吸强度，增加土壤微生物量，但土壤水分含量过多会导致土壤的透气性下降，从而降低土壤微生物群落多样性。

表 2.4 微生物生存环境和水活度（Brady and Weil，2019）

水活度（a_w）	环境（材料）	微生物（代表物种）
1.00	纯水	柄杆菌属，螺菌属
0.90～1.00	一般的农用土壤	大部分微生物
0.98	海水	假单胞菌属，弧菌属
0.95	特定的土壤环境	大部分革兰氏阳性芽孢杆菌属
0.90	特定的土壤环境	革兰氏阳性球菌属，镰刀菌属
0.80	一些特殊的土壤环境	酵母菌属，青霉菌属
0.75	一些特殊的土壤环境	蓝细菌，嗜盐球菌属，曲霉属
0.70	一些特殊的土壤环境	耐干旱真菌

土壤中的水分也会影响土壤动物的生存状况。研究表明，贵州喀斯特高原山区土壤中动物的个体数量随着降水的减少而减少，蜱螨目和弹尾目抗干扰性、抗旱性较强，因此在土壤中成为优势动物类群。

土壤中水分对植物生存至关重要，植物处于干旱环境中会通过改变根的导水率从而增加对土壤水分的吸收。另外，植物还可通过改变根系结构以便最大限度地捕获土壤水分。干旱还会影响植物与根际有益微生物之间的互作，植物自身会通过各种途径来应对干旱，同时与植物相关的根际细菌也在干旱胁迫中起到了重要作用。例如，与植物根系有密切联系的根际细菌，如假单胞菌、固氮螺菌、固氮菌和芽孢杆菌等，在水分充足条件下对植物的生长有一定的促进作用，特别是当水分不足时，这种促进作用变得更加明显。此外，根际微生物在面对干旱胁迫时会重新组装。有研究人员在干旱土壤中培育了多代植物，在持续水分胁迫下进化的土壤微生物群落与在充足水分条件下维持的微生物群落有显著差异。这种根际微生物群落的变化可以加速植物对新非生物逆境的反应和适应，有助于增强植物本身对干旱的抵御能力。根际微生物保护植物免受水分胁迫的分子机制是多方面的，包括调节植物激素水平以及渗透调节物质、抗氧化剂和保湿剂的合成。植物感病通常由植物自身免疫状况和环境条件决定，土壤水分也同样影响植物的感病性。研究表明，在潮湿土壤中，苜蓿容易发生丝核菌根腐病，水分不但影响根腐病病原菌在土壤中的生长，还会对宿主发芽和生长造成影响。同样，在旱地种植系统中也同样会发生植物根腐病害。例如，在干旱地区，小麦菌丝会感染并腐烂根部，阻塞维管组织，减少水分吸收，最终导致植物发育不良或死亡。

2.2.3 pH

pH 表示土壤中水合氢离子的浓度，每个微生物都适应一个特定的 pH 范围，超出这个范围就不能生存。除少数嗜酸菌和嗜碱菌能忍受极低或极高的 pH 外，大多数土壤生物偏好在接近中性的环境中生活，如大多数细菌、藻类和原生动物的最适 pH 为 6.5～7.5。放线菌在微碱性，pH 为 7.0～9.0 时最适宜生长，而酵母菌和霉菌适宜于 pH 为 5.0～6.0 的酸性环境。多数土壤 pH 为 4～9，能维持各类微生物的生长发育（表 2.5）。微生物多样性在中性土壤中最高，在酸性土壤中最低。微生物的生态行为取决于它们适应更宽或更窄 pH 范围的能力，以及在此范围内可能繁殖的 pH 范围的限制。例如，放线菌在碱性土壤中的丰度较高，木霉菌更偏爱酸性土壤环境，而藻类几乎无处不在，腐生细菌广泛存在于土壤和水体中，能够适应各种不同的环境。因此土壤 pH 也被认为是影响土壤微生物群落的关键因素。土壤 pH 主要受重金属毒性、土壤结构质地、水源及土地利用集约化的影响。土壤中的微生物都有其最适宜生存的土壤 pH 范围，因此，微生物的组成和代谢活动的变化往往是土壤酸碱度及其他环境变化作用的一种综合结果。pH 的轻微变化会降低土壤微生物原始群落丰度，并有利于适应该 pH 条件细菌群落的生长。此外，土壤利用过度会促进土壤 pH 的升高，导致土壤中的含碳量和保水性下降，从而改变土壤结构。

表 2.5 不同 pH 条件下生活的微生物（Brady and Weil，2019）

微生物	最适 pH
大多数细菌、藻类及原生动物	6.5～7.5
放线菌	7.0～9.0
酵母菌和霉菌	5.0～6.0
嗜酸菌	<4
嗜碱菌	>9

全球尺度上土壤的 pH 变化较大，因而造成不同地区土壤微生物群落的显著差异。已经有研究比较清楚地揭示了土壤 pH 与某些微生物群落之间存在关联。还有研究表明，不同的 pH 对微生物碳积累的控制机制不同。低 pH 土壤中的土地利用集约化使 pH 升高到阈值（约 6.2）以上，通过增加分解导致碳损失，从而减缓微生物生长的酸限制。然而，在接近中性 pH 的土壤中，碳损失与微生物生物量的减少和生长效率的降低有关，这反过来又与缓解压力和获取资源的权衡有关。因此，在接近中性 pH 的土壤中，不太密集的管理实践通过提高微生物生长效率更有可能储存碳，而在酸性土壤中，微生物生长对分解速率的限制更大。

土壤 pH 对植物的影响主要体现在，pH 会影响土壤中的生物过程和非生物过程，土壤 pH 能调节植物必需元素的有效性，特别是铁、锰、锌和铜等对氧化还原敏感的微量营养元素，这些元素在植物根际的存在形态会影响植物对它们的吸收，从而对植物健康状况产生影响。

土壤 pH 对植物的发病也存在一定影响。以香蕉枯萎病为例，据报道，香蕉和其他多种寄主的枯萎病严重程度与土壤 pH 呈负相关。主要原因有两方面：其一，土壤的 pH 会影响土壤中真菌和细菌的结构，当 pH 增加时，细菌多样性增加，对病原真菌有抑制作用的有益细菌种群数量也由此增加，提高根际有益细菌在土壤中的竞争力，从而抑制病原真菌的生长；其二，pH 增加可能通过提升土壤中养分元素特别是微量营养元素的生物有效性，促进植物对养分的吸收，从而提高植物对病原菌的抵抗能力，这通常是更为主要的原因。

2.2.4 氧气和氧化还原电位

土壤中存在许多专性好氧和兼性好氧微生物，因此土壤的氧气含量和氧化还原电位（Eh）对微生物的活动也有一定的影响。每种微生物类型都有其适应的特定 Eh 条件，并以其在较宽或较窄 Eh 范围内生长的能力为特征。图 2.11 展示了一个具有团聚体结构的土壤颗粒的横截面上氧气分布状况，从内到外存在厌氧区、少氧区和好氧区。这种结构的形成显著增加了土壤生物的物种多样性。例如，厌氧细菌只能在很低 Eh 的狭窄范围内生长。需氧微生物如放线菌，需要更高的 Eh，而且可以在更宽泛的 Eh 范围内发展。

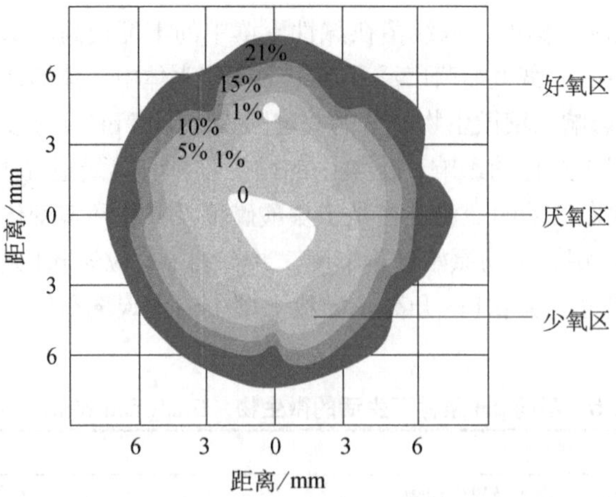

图 2.11 土壤颗粒中氧气浓度等值线图（何艳提供）

分子态氧是决定 Eh 的关键因子，需氧性微生物在 Eh 100mV 以上才能正常生存，Eh 在 300～400mV 最合适。厌氧性微生物在 Eh 100mV 以下的土壤环境中才能正常生长，如淹水的土壤环境。

Eh 明显影响微生物的发育。早在 1934 年，Heintze 就提出用土壤 Eh 的变异来表征微生物群落状态。细菌生长与 Eh 的变化直接相关。例如，有研究表明厌氧土壤中微生物和酶的活性与 Eh 呈负相关，根瘤的氧化还原状态也因此被作为指示豆类-根瘤菌共生的重要指标。此外，频繁的高幅度氧化还原波动可能是土壤细菌群落系统发育和生理组成的一种强大的选择性力量，并可能促进代谢可塑性或氧化还原耐受机制的形成。例如，本土土壤细菌高度适应变化的氧化还原机制。

2.2.5 土壤生物的相互作用

土壤是一个复杂的生物系统，里面生存着数以万计的动物、植物、微生物。土壤生物的相互作用也会对其造成影响。土壤生物之间的相互作用主要包括竞争、共生、互生、捕食及寄生（表 2.6）。

表 2.6 生物之间的相互作用

生物（Ⅰ）	生物（Ⅱ）		
	+	0	–
+	互生	共生	捕食、寄生
0	共生	中立	偏害共生
–	捕食、寄生	偏害共生	竞争

注：两个生物体之间所有可能的正相互作用（+）、无效应（0）和负相互作用（–），这些相互作用对微生物活动的影响用符号来表示

竞争关系是生物之间广泛存在的一种关系，主要是指生物之间为了生存而对环境中资源、空间的相互竞争，主要包括种间竞争和种内竞争。竞争关系被认为是推动生物进化和发展的动力。

共生关系是指两种生物共同生活在一起时形态上形成了特殊共生体，在生理上产生了一定的分工，相互依存，互相有利。例如，绿藻或蓝细菌与真菌共生形成的地衣，绿藻或蓝细菌为

真菌提供有机营养，真菌为绿藻或蓝细菌提供必需的矿质养料。还有根瘤菌与豆科植物共生形成根瘤共生体，其中豆科植物为根瘤菌提供保护和稳定生长的条件，根瘤菌反过来又为植物提供氮素养料。

互生关系是指两种可以单独生活的生物，当生活在一起时，通过代谢活动能够创造和改善对方的生活条件。在土壤环境中，互生关系尤为常见，植物和微生物之间的互生关系是其中最为典型的一种。在根际有益微生物和高等植物的互生关系中，植物可以分泌有机酸和氨基酸，以招募对植物有益的微生物定植在植物根际。这些微生物可以利用植物根系分泌物和根的脱落物作为营养来源和能量来源，并为植物提供氮、磷和其他矿物质营养元素，促进植物激素合成、生物防治等，协助植物抵御病原菌的侵袭。在好氧性固氮菌和纤维素分解菌之间的互生关系中，纤维素分解菌分解纤维素产生葡萄糖、醇等，但它的生活需要氮素养分，而固氮菌生活需要一定的有机质，但它不能利用纤维素。当纤维素分解菌和固氮菌共生时，纤维素分解菌为固氮菌提供碳源和能量，固氮菌则为纤维素分解菌提供氮源。这种互生关系可以提高氮素的利用效率，促进生态系统的生产力。

拮抗关系是指一种生物在其生命活动过程中产生某种代谢物或改变其他条件，从而抑制另一种生物的生长和繁殖，甚至杀死另一种生物的现象。拮抗关系在土壤微生物之间十分常见。例如，抗生素产生菌广泛分布于土壤中，其中产生链霉素的一些种，以及真菌中的青霉菌、木霉菌等都能分泌抗菌物质。土壤微生物产生的抗菌物质已经被广泛应用于农业生产。目前，对植物病害的生物防治就是基于细菌对某种植物病害的拮抗作用来实现植物抵抗病原菌的。目前研究比较多的生防菌主要是芽孢杆菌属、假单胞菌属及木霉属，这几种生防菌可以产生具有抑制病原菌作用的化合物，如脂肽、聚酮类、细菌素等。

捕食关系是指一种生物以另一种生物为食的种间关系。在土壤环境中比较普遍发生的是原生动物对细菌、真菌及某些藻类的捕食，捕食关系对生态环境的构建及生物多样性的维持十分重要，捕食关系的存在有利于维护整个土壤环境的平衡。捕食关系在生物防治方面也有很大的应用潜力。例如，利用捕食性黏细菌超强的环境适应能力及对病原菌的捕食作用防控植物病害。

寄生关系的本质特征是寄生者从寄主的体液、组织或已经消化的物质中获取营养供自身生长。一般在寄生关系中，寄生者会对寄主产生一定的危害作用。最典型的寄生就是噬菌体在细菌的寄生，以及在土壤中比较常见的植物病原菌在植物内的寄生。

如上所述，人们对影响土壤生物的环境因素已经有了一定了解。然而，理解环境因素如何影响微生物活性比人们想象得要困难得多。环境因子之间通常是相互联系、牵一发而动全身的。而且，环境因素与土壤栖息地及土壤生物的行为之间也是相互影响的，正是因为多种因素的交互作用，才形成了不同的土壤环境，以及丰富又千差万别的土壤生物。图 2.12 很好地展示了不同土壤发生层中存在的不同环境条件及微生物活性的差异。

2.3 土壤生物的功能

土壤生物在成土过程、土壤结构形成与稳定、养分循环与肥力保持、污染物分解与转化以及食物网与生物种群调节等方面都发挥着重要作用，土壤和人类健康也与土壤生物息息相关。

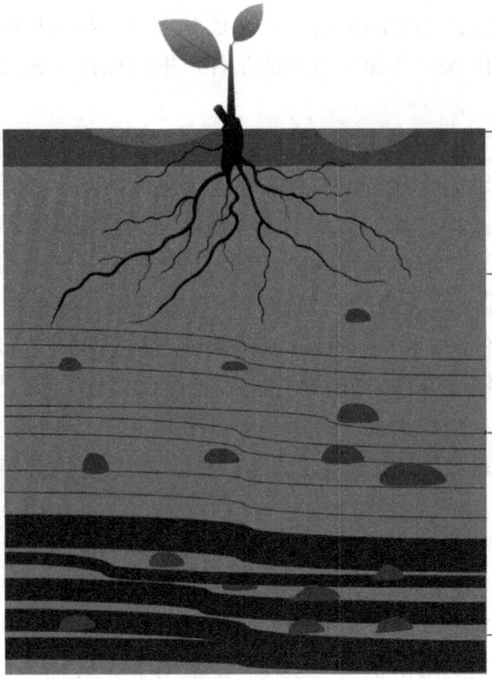
O层
覆盖了一层未分解的植物残体
A层
表层土壤（有机质含量高，颜色深，耕作农作物，微生物大量繁殖生长，微生物活性高）
B层
下层土（矿物、腐殖质等，从土壤表面淋溶并在此积累，有机物很少，可检测出微生物活性，但是低于A层水平）
C层
土壤基质（由下层基岩发生而来，微生物的活性非常低）

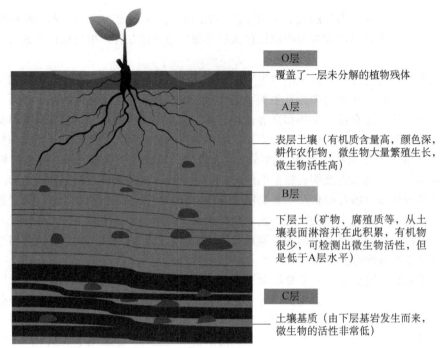

图 2.12　不同土壤发生层中存在的不同环境条件及微生物活性的差异（何艳提供）

2.3.1　在成土过程中的功能

成土过程离不开土壤生物（植物、动物及土壤微生物）的作用。岩石的风化就是从地衣、苔藓等生物在裸露的岩石表面生长开始的。而土壤生物对有机质的分解作用，以及它们在生命活动过程中对有机质及无机物的混合，更促进了不同类型土壤的形成。生物驱动是土壤形成和发展的重要因素。生物的活动将分散在岩石圈、水圈和大气圈中的能量聚集在土壤中，推动了土壤生态系统的形成及演化。

2.3.1.1　土壤微生物在成土过程中的功能

土壤微生物在土壤形成的过程中发挥着多种作用，其参与了土壤环境中物质循环和能量转化的多个过程。首先，微生物能够分解有机质，同时合成土壤腐殖质，增强土壤胶体性能，增加土壤保水力，提升土壤肥力。其次，固氮微生物能够固定大气中的氮，土壤中的氮为植物生长提供营养。除此之外，微生物的活动还会促进矿质元素（如磷、硫、钾等）的转化。土壤微生物与土壤植物联系紧密，在养分的生物循环中扮演着重要角色，在这个循环过程中，植物负责固定和创造有机质，微生物负责有机质的降解和加工，它们一同在土壤形成及肥力发展过程中做出重要贡献。

2.3.1.2　土壤动物在成土过程中的功能

土壤中生活着数以万计的动物，大到蜥蜴、蛇、鼹鼠等，小到肉眼不可见的原生动物，都在土壤生态系统中发挥了重要作用。土壤原生动物，如变形虫和纤毛虫，虽然不能分解土壤中的有机质，但其可以利用土壤有机质获得能量，也是土壤有机质转化过程中重要的一环。除此之外，土壤线虫也充当着土壤生态系统中分解者的角色，能够分解土壤中的有机质。土壤中无脊椎动物（如昆虫幼虫、蚯蚓等）及大型动物（如蜥蜴、蛇等）能够翻动土壤，促进土壤团聚体的形成。动物残体也为土壤提供有机质。

2.3.1.3　植物根系在成土过程中的功能

绿色植株在土壤形成初期扮演着重要角色，其能通过光合作用直接将太阳能转化为化学能，合成碳水化合物，并与氮、磷、硫等元素相互作用产生蛋白质。不同植物类型形成的有机质性质、数量及积累方式都有很大不同，由此在成土过程中发挥的作用也不相同。植物主要分为木本植物和草本植物。木本植物以多年生植物为主，有较为丰富的地下根系，每年仅有一小部分枝叶和凋落花果死亡，堆积于地表最终变成植物可以利用的有机质。这些有机质通过真菌的分解会产生酸性物质，对于土壤中矿物质有酸溶作用，会导致土壤酸化，养分流失。因而在木本植物的作用下，土壤表面的有机质会有所增加，但残留于土体内部的有机质却并不多，在短期内能够增加土壤肥力，但不及草本植物。在一年生草本植物的影响下，土体能生成较厚的有机质层，因为草本植物每年都经过死亡更新，死亡的组织在土体中积累，形成厚且有机质较高的腐殖质层。另外，草本植物有助于形成良好的土壤结构，草本植物具有发达的须根，每年死亡的根系会在土壤内部腐烂、分解，促进形成有机质。同时，活的须根会持续生长并分泌多糖化合物，与土粒相互作用，促进土壤的生成和发展，提高土壤肥力。总的来说，微生物与植物、动物及土壤环境一起构成了一个完整的土壤生态系统，在土壤形成过程中起着不可替代的作用。

2.3.2　在土壤结构形成与稳定中的功能

土壤生物与土壤结构的形成和稳定也密不可分。土壤生物的活动在很大程度上决定了土壤团聚体的形成和稳定（图2.13）。土壤结构是指土粒（单粒和复粒）的数量、大小、形状、性质及其相互排列和相应孔隙状况组成的综合特性。土壤结构可以分为片状结构、柱状和棱状结构、块状和球状结构、团粒结构。其中团粒结构是农业生产中最理想的土壤结构，具有较好的水稳性、生物稳定性和机械稳定性。土壤中生物（如根和微生物）的生长活动深刻地影响着土壤结构的物理排列，进而间接影响土壤中的许多重要过程（如水和空气的移动速率、溶质淋洗、碳和养分循环、作物对水和养分的吸收）和土壤所能提供的生态系统服务功能。土壤团聚体的大小、形成和稳定性决定了土壤颗粒的排列和孔隙状况的变化。因此，土壤结构体的发生是指土壤中各种团聚体的形成途径。土壤团聚体主要通过以下两种途径形成：一是单粒聚成复粒，复粒形成团聚体；二是大块土裂解成团聚体。这两个途径相互促进，难以分开。在这个过程中，土壤微生物、土壤动物及植物根系都发挥了重要功能。

2.3.2.1　土壤微生物的功能

土壤团聚体的形成和稳定主要是通过土壤中矿物、有机质和生物间复杂的相互作用实现的。使用初始过筛和重新填充的土壤进行的受控操纵实验表明，有机碳的微生物周转可以增加孔隙度和孔隙网络连通性，并在几周的时间尺度上改变土壤孔隙的大小分布。微生物通过渗出胞外聚合物来改变其周围环境的性质，在有机质分解过程中，分解者会产生“微生物凝胶”，将土壤颗粒结合在一起，根据“微生物凝胶”的类型和持久性，形成不同大小和稳定性的团聚体（表2.7）。

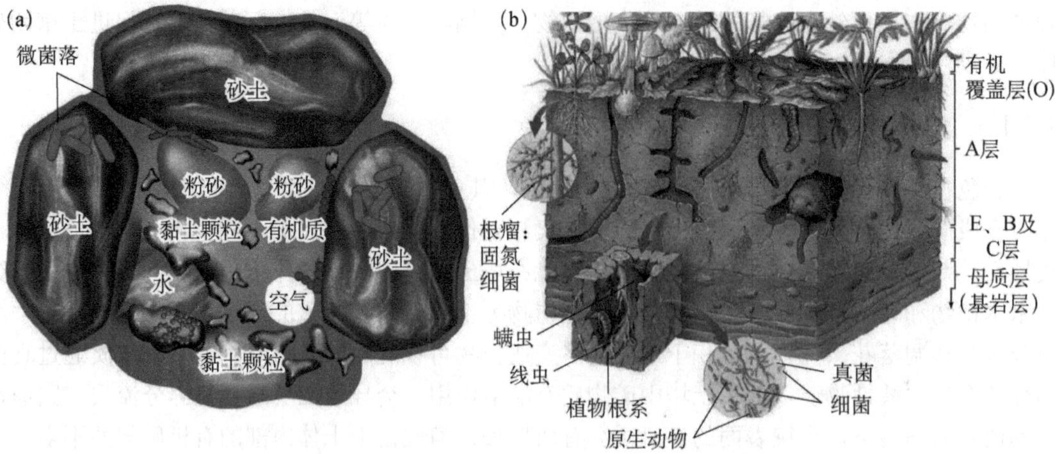

图 2.13 土壤结构

(a) 土壤团聚体；(b) 土壤孔隙结构（Brady and Weil，2019）

表 2.7 团聚体大小和主要黏合剂

团聚体种类	颗粒大小/μm	主要黏合剂
大团聚体	>250	植物根系和菌丝
小团聚体	20～250	覆盖黏土颗粒的植物和微生物细胞及副产物（如多糖）
砂砾大小的颗粒	2～20	黏土颗粒包裹的细菌和真菌碎屑
絮凝黏土	<2	黏土表面的无定形硅铝酸盐氧化物和有机聚合物静电接合

除此之外，因微生物活动产生二氧化碳导致的正气压，以及真菌菌丝生长与移动也是造成土壤颗粒重新排列和土壤结构发生变化的原因。特别是真菌菌丝，其产生的胞外多糖可牢牢被吸着于黏粒上，这使得它们可以缠绕土体，由此在土壤结构形成中发挥作用。植物和菌丝的互作在很大程度上会影响土壤结构的形成。以丛枝菌根真菌为例，其可从 4 个方面对植物根系产生影响，从而影响土壤：①影响植物对土壤的穿透。菌根会影响根形态的变化，导致土壤局部压缩，使黏土颗粒沿着根表面重新定向。②改变土壤水分状况。菌根真菌影响植物的整体生长进而影响土壤水分状况，且菌根植物表现出与非菌根植物不同的水分关系。例如，较高的气孔导度和蒸腾作用可能发生在菌根环境中，菌根真菌对土壤水分的影响可能导致更极端的干湿循环，这可能对土壤颗粒团聚产生非常强烈的影响。此外，由于共生可在水分胁迫期间固定更多的碳，预计土壤中的碳输入会增加，这在更干旱的环境中对土壤颗粒团聚的影响可能尤其重要。③影响根际沉积作用。真菌会影响植物的碳代谢，除了数量上的变化，真菌还会引起根际沉积物的质量变化。根系分泌物提供了许多已知可刺激团聚体形成的碳。例如，根黏液可以将颗粒粘在一起，导致团聚体的短期稳定。此外，根际沉积的碳可以促进微生物活动（产生根际），这反过来又在很大程度上促进了团聚体的形成。④影响根分解。根系的分解也有助于土壤颗粒的团聚。菌根定植除了改变根系形态外，还可以通过诱导根系化学变化来影响地下凋落物质量，这可能会影响根系分解速率和分解产物的性质。

2.3.2.2 土壤动物的功能

土壤大型动物，如白蚁、蚂蚁、甲虫和蚯蚓，可极大地改变土壤的物理结构和孔隙空间。

土壤动物通过在土壤中移动土壤颗粒来改变土壤结构。土壤中的中型动物（即直径在0.1～2.0mm的土壤动物）也会影响土壤结构，在大多数土壤中，最丰富的中型动物类群是蠕虫、跳虫（弹尾目）和甲虫（鞘翅目）。

与植物根的生长类似，土壤大型动物的洞穴活动会转移土壤颗粒并压缩周围的孔隙空间。有学者研究了两种深穴厌食蚯蚓的土壤位移动力学，这两种蚯蚓都引起了很大的径向位移和很小的轴向运动，其中千足虫的土壤位移明显大于长蚯蚓。另有学者比较了植物根部和蚯蚓对土壤的钻探作用，得出的结论是，相对于植物根部，蚯蚓必须承受2倍的压力才能穿透土壤，因为它们的移动速度要快得多。他们发现，随着土壤变得干燥，增加的土壤强度会在对植物根生长产生抑制之前很久就对蚯蚓活动形成阻碍。

在有利的环境条件下，每年20%～25%（质量占比）的表土可被蚯蚓摄取，主要是内生物种。被摄取的土壤在蚯蚓肠道中停留了一段时间，因此可以在距离摄取地点一定距离的地方（不仅可在土壤剖面内，而且也可在土表）排出。由于蚯蚓的生物扰动，土壤颗粒的这种定向（非随机）和非局部迁移可以改变土壤剖面中的土体密度。因此，一些微观世界实验已经证明，蚯蚓活动可使压实土壤松动。在蚯蚓意外入侵或故意引入（接种）或使用有毒物质消除蚯蚓之后，土壤孔隙度和（或）容重也发生了剧烈变化。经过蚯蚓肠道摄入、排出的土壤的多种理化性质会发生改变，包括有机碳含量、抗张强度、水中稳定性和憎水性。蚯蚓对土壤的摄入和重新铸造会引起土壤物理性质和力学性质发生变化，由此可能会对土壤团聚体和结构稳定性产生重要影响，从而影响容重和孔隙度的时间演变。

与蚯蚓一样，体型较小的扁形蠕虫的洞穴活动也创造了与它们身体宽度类似直径的土壤孔隙（约0.50mm和0.75mm）。与体型较大的蚯蚓相比，它们摄取的土壤要少得多，而且只在最上层。然而，它们的活性已被证明显著影响土壤孔隙大小分布、孔隙连续性和土壤通气性。人们对螨虫和弹尾虫对土壤结构的影响知之甚少。在实验室控制条件下，弹尾虫的存在已被证明可以增加水稳性。除此之外，土壤大型和中型动物还通过影响维持土壤中微尺度聚集的微生物种群的生长和活动来间接调节土壤结构状态。

2.3.2.3 植物根系的功能

植物根系在土壤团聚体形成过程中发挥了重要作用。植物根系随着植物的生长发育不断伸长，对土体会产生挤压和穿插作用，促进了大块土壤的裂解。植物根系在土壤中腐烂形成了垂直广泛的、连接良好的结构性孔隙网络。植物根系还通过植物吸水影响土壤收缩进而间接对土壤结构的形成起着重要的调控作用，还可通过增加土壤的稳定性来抵抗机械压力。植物根系也是土壤中有机碳的主要贡献者，植物死亡之后在土壤中形成的腐殖质对土壤形成水稳性的团粒结构十分重要。

不同的植物根系对土壤结构形成的影响有所不同。例如，禾本科植物具有发达的根系，对大块土壤具有较强的碎裂作用，豆科植物吸收的钙较多，腐殖质与钙结合的凝聚状态有很好的胶结特性，对土壤具有更强的胶结作用。植物根系还推动了土壤微生物和动物的活动与生长，从而促进土壤结构的发展。除了增强植物捕获养分和水分并影响根-土界面的微生物种群外，已知根系分泌的有机分泌物和黏液还会影响土壤结构。根产生的多糖通过胶凝土壤颗粒来改善聚集，同时产生的有机酸可以起到分散作用，释放捕获的养分并减轻根的渗透。就土壤结构动态而言，根系分泌物的影响是迅速的，并支持在根-土界面形成称为根际的薄层。在相对较短的时间内，根系分泌物和黏液通常会被微生物转化为可稳定土壤结构的有机化合物。

2.3.3 在养分循环与肥力保持中的功能

土壤养分循环是土壤圈物质循环的重要组成部分，土壤养分循环主要包括以下几个过程：①生物吸收养分维持自身生命活动；②生物死亡之后的残体回归土壤；③残体在微生物的作用下被分解；④养分重新被释放回土壤被其他生物吸收。养分循环是在生物的参与下进行的复杂生物地球化学过程。作为土壤生态系统中最活跃的成分，土壤生物既是土壤有机质和土壤养分循环与转化的驱动力，也是土壤中有效养分的储备库，与土壤肥力密切相关。土壤生物一方面分解有机质形成腐殖质并释放养分，另一方面同化土壤碳和固定无机营养元素如氮、磷、硫等形成微生物生物量，并通过其新陈代谢推动这些元素的周转与循环（图 2.14）。由于不同养分的生物化学性质不同，因此养分循环过程也不同。下面分别讨论土壤生物在土壤中关键元素循环与污染转化中发挥的功能和作用。

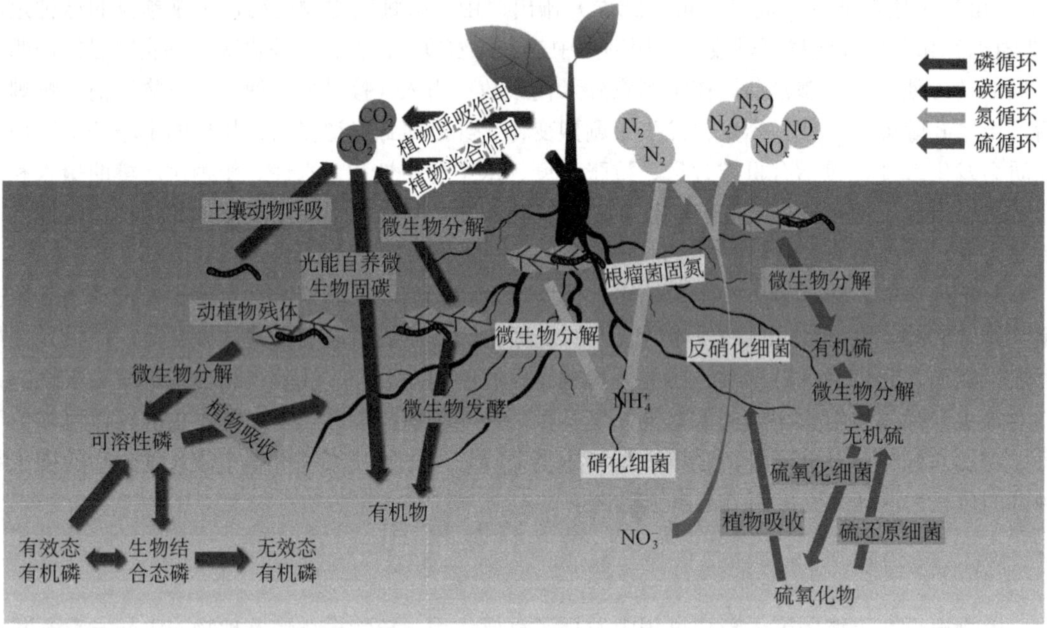

图 2.14 土壤生物在关键元素循环中的作用（何艳提供）

2.3.3.1 土壤生物在碳循环中的功能

土壤碳库是陆地生态系统中最大的碳库，碳循环本质上是土壤有机质的转化过程，土壤有机质是土壤植物矿质营养和有机营养的源泉，同时碳循环也会影响土壤团聚体的形成。因此，土壤碳循环过程和土壤肥力质量密切相关。

（1）土壤微生物在碳循环过程中的作用　土壤中输入碳的主要来源是植物凋落物分解积累，土壤中的微生物是凋落物重要的分解者，活的土壤微生物是陆地生物地球化学循环的主要引擎，推动土壤有机质的周转。土壤微生物通过形成和分解土壤有机质对陆地生物地球化学循环产生强烈影响，土壤有机质是地球上最大的陆地有机碳和氮储备库，也是其他重要的常量元素和微量元素的主要来源。通过塑造土壤有机质的周转，土壤微生物影响大气中二氧化碳的浓度和全球气候，并支撑着土壤关键生态系统服务功能（如土壤肥力、碳固存、植物生产力和健康等）的发挥。最近提出的土壤微生物“碳泵”的概念强调了土壤微生物在有机碳储存中的积极作用。事实上，土壤微生物以多种方式影响土壤有机碳的储量，而不是简单地通过分解将碳释放到大气中。在大气中，微生物获得的大部分碳被呼吸作用转化为二氧化碳（即分解代谢）。它们也摄取碳，以合成自身身体（即合成代谢）。微生物死亡之后，其体内的碳又会重新进入土壤的碳循环中。

土壤微生物对土壤碳循环的调控主要通过以下两种方式进行：第一种是微生物的体外修饰。在这个过程中，微生物充当的是“分解者”的角色，通过分泌胞外酶对植物残体进行分解以获得自身生命活动所需的营养和能源。分泌到细胞外的酶可以催化底物降解，同时释放大量的二氧化碳。与碳循环相关的胞外酶包括氧化还原酶和水解酶，如酚氧化酶、β-葡糖苷酶和 β-*N*-乙酰氨基葡糖苷酶。这些酶可以促进土壤中的纤维素及几丁质分解。分解的产物除了能为微生物自身活动提供能量，还能够供给植物吸收。该过程与土壤碳循环密切相关，在土壤碳的输入中发挥了重要作用。第二种是微生物的体内周转。与体外修饰过程不同，体内周转是指微生物摄入小分子碳源构建自己的生命体，将底物同化为自身的生物量，在这个过程中，小分子有机质是主要驱动力。这部分藏匿于微生物体内的碳源比较稳定，对土壤碳库的形成和积累做出了很大贡献。因为随着微生物的死亡，这部分碳又会作为微生物残留碳持续保存在土壤中。

微生物自身活动对土壤碳循环有很大影响，但事实上，在土壤中，微生物和植物的相互作用十分普遍，这种相互作用会对微生物驱动的土壤碳输入及封存起到一定的调控作用。例如，植物可以通过根系分泌物刺激根际微生物的生长和活动。较高的地上植物多样性已被证明有利于土壤微生物群落多样性和养分循环。较高的植物物种丰富度可以增加微生物生物量和坏死物质，并加速微生物的生长和周转。其中比较突出的是植物和菌根真菌的相互作用。植物根系和丛枝菌根真菌之间的共生关系在陆地生态系统中无处不在。据报道，AMF 与草原上 80%的植物具有共生关系。

经研究发现，作物的光合作用产物在数小时之后会从宿主植物转移到 AMF 中，AMF 作为土壤碳的运输者，可以将碳向土壤内输送，有助于碳的封存。但这也可能导致碳从植物中流失，并可能间接影响土壤中的碳库存。反过来，AMF 可能对植物的光合作用产生影响，从而增加碳的输入。AMF 还可以通过自由基外菌丝的生长和周转直接影响土壤碳动态。经研究发现，由于 AMF 的菌丝细胞壁主要由几丁质组成（一种相当难以分解的碳水化合物），外生菌丝快速更新，但是老的菌丝依然会残留在土壤中，因此这些残留物可能会在相当长一段时间内保留在土壤中。值得一提的是，AMF 的存在会影响土壤团聚体的形成，这可能会延长有机残体在土壤中的停留时间。另外，AMF 菌丝还会分泌抑制糖蛋白的物质，其在土壤中相当稳定。保留 6～42 年，这种分泌物可以通过稳定土壤团聚体间接影响土壤碳储存。总的来说，AMF 可以通过不同途径影响土壤圈和大气圈之间的碳通量。土壤中碳储存的一个关键 AMF 介导的过程是将光合产物从寄主植物转移到 AMF 菌丝。尽管与植物根系相关的外部菌丝的周转似乎很快，但 AMF 对土壤碳储存的总体贡献可能在很大程度上取决于产生的菌丝种类、积累的菌丝残留物的停留时间、糖蛋白物质的分泌强度和作用，以及 AMF 在稳定土壤团聚体中的作用等多方面的综合效应。

（2）土壤动物在碳循环过程中的作用　目前的研究表明，土壤动物也在土壤碳循环的过程中扮演了重要角色，其在凋落物分解、促进碳稳定性、调节土壤微生物群落、调控土壤呼吸的过程中发挥了重要作用。土壤动物如蚯蚓、蚂蚁等，可以通过进食、排泄等活动促进凋落物降解，土壤结构及理化性质也会间接影响土壤碳循环。土壤动物对凋落物的分解贡献主要受气候、土壤性质、微生物群落结构及地上部植被条件的影响。同时，土壤动物的自身活动还会影响碳的动态特征，影响土壤的物理性质如孔隙度。另外，土壤动物还能调节植物生长，刺激

微生物活动。土壤动物自身活动能加速有机碳的矿化，促进土壤养分循环，从而对植物的生长产生正向作用。土壤动物的粪便，如蚯蚓粪，是天然的有机肥料，能够为植物提供其生长所需的氮、磷、钾等元素，从而影响整个植株的生物量及其凋落物的含碳量，增加了土壤有机碳的输入。

土壤动物通过 3 种途径影响土壤呼吸：①土壤动物参与土壤原始呼吸，促进土壤二氧化碳的释放。②通过与植物根系互作影响土壤呼吸。土壤动物会通过自身活动（挖掘、进食、排泄等）影响植物根系的生物量及植物根系形态，对植物根系的呼吸过程产生影响。③通过影响土壤微生物调控土壤呼吸。土壤动物通过改善土壤环境影响微生物的结构及代谢活动。蚯蚓粪会增加土壤微生物群落多样性，促进二氧化碳和甲烷的产生。土壤动物还能通过捕食作用调控微生物的群落。例如，以细菌为食的线虫能够对细菌造成捕食压力，从而提高细菌对碳的利用效率。土壤生物对土壤中凋落物的分解作用也能促进微生物的活动，使微生物的呼吸作用增强。

总的来说，土壤动物在土壤生态系统中扮演了重要角色，可以通过多种途径影响土壤凋落物的分解及土壤碳的矿化，在碳循环的过程中，土壤动物发挥的作用不可忽视。

（3）植物根系在碳循环过程中的作用　植物根系在土壤碳输入中发挥了重要作用。土壤碳主要来自地上和地下腐烂的植物组织，同时根系分泌物也是土壤碳输入的重要来源（占同化量的 5%～33%），特别是在生长活跃的植物中。植物刺激土壤微生物的活动，特别是释放根分泌物，通过土壤促进碳损失这个现象在大多数营养贫瘠的土壤中发生，而特定真菌能利用不稳定的碳产生降解顽固性底物的酶。植物根沉积和根周转也可通过与土壤矿物质相互作用，形成土壤团聚体，从而促进土壤有机碳的固定。因此，植物会发展出促进土壤矿物质与根相互作用的特性，如深根、高根分枝和分泌物，通过这一途径对土壤固碳产生重要影响。

2.3.3.2 土壤生物在氮/磷循环中的功能

氮是土壤中重要的养分元素，会极大地影响土壤肥力，土壤供氮不足会导致土壤生产力下降，农产品品质下降。氮循环主要包括两个过程：一个是气态氮的循环，另一个是土壤中氮的内循环。这两个过程可以通过微生物固定大气中的氮素产生关联。土壤中氮元素的内循环主要包括矿化作用、硝化作用、反硝化作用等过程。在这些过程中，微生物和植物根系都发挥了重要作用。土壤中的细菌和蓝绿藻能直接从大气固氮。寄生在宿主植物上的根瘤菌能够为植物提供有效态氮供其生长。同时，当动植物死亡后，土壤微生物分解其体内的复杂蛋白质、多肽和核酸等产生铵离子、硝酸盐和亚硝酸盐，并将这些物质用于自身生长。厌氧细菌在这个过程中会将 NO_3^-和 NO_2^-还原成 N_2，由此完成一整个氮循环过程。需要特别指出的是，在根际环境中，植物的根系分泌物和根的呼吸可以激发反硝化过程的进行，从而促进氮循环的进行。

土壤中的磷也是一种很重要的养分元素，陆地中的磷元素主要来自于土壤母质。磷循环主要在土壤、植物和微生物之间发生。植物能够吸收有效态磷，其残体中的磷发生矿化转化为无机磷，无机磷被植物重新吸收或通过生物固定作用生成结合态磷。在这些过程中，生物发挥了重要作用。有机磷必须通过矿化作用转化为 PO_4^{3-}、HPO_4^{2-}、$H_2PO_4^-$，才能被植物吸收利用。微生物可通过酶促作用分解有机磷，由此在土壤有机磷转化为无机磷的过程中发挥重要作用。许多微生物如巨大芽孢杆菌可以分泌多种磷酸酶和蛋白酶，水解有机磷化合物，释放出磷酸盐。同时，微生物的活动可以促进难溶解的无机磷化合物溶解，将其转化为能够被植物吸收的有效形态，微生物在分解有机残体的时候能够产生有机酸，降低环境的 pH，从而促进难溶性磷酸盐溶解。此外，微生物分解有机质能够释放二氧化碳，从而产生碳酸和碳酸氢根离子，这对磷矿物也有一定的溶解作用。总之，微生物的存在能够促进磷元素的活化，在土壤磷循环过程中扮演着重要角色。

2.3.3.3 土壤生物在其他元素循环中的功能

土壤硫的输入主要包括了大气无机硫的干湿沉降及含硫矿物的矿化。与有机氮和有机磷一样，动植物有机残体中存在的硫也会通过微生物的作用转化为无机硫，存在于土壤中的硫元素和硫化物也主要通过微生物的作用而氧化。钾元素也是土壤中重要的营养元素，生物活动有助于钾元素的释放，因为微生物的活动会释放有机酸，使土壤 pH 降低，促进了云母层间钾元素的释放。同时植物的根系也能够促进钾元素的释放，根系提供的 H^+与云母边缘的钾离子交换。

生物在土壤钙、镁离子及微量元素循环过程中也起到了一定的作用。有研究表明，微生物呼吸产生的二氧化碳与 $CaCO_3$ 溶解–沉积动态密切相关，同时微生物代谢时产生的有机酸和糖类会溶解土壤中的 $CaCO_3$，从而增加土壤中 Ca^{2+}浓度，微生物活动对维持土壤中 Ca^{2+}平衡十分重要。

微生物对于微量元素的循环作用主要体现在 3 个方面。首先，动植物残体被分解的过程中微量元素会通过微生物的矿化作用和有机质中碳原子分离成为自由离子态，进而被植物和微生物吸收固持，当有机体死亡之后，这些微量元素会被重新释放，因为微生物活动的影响，微量元素始终处于矿化–固持的循环中。其次，微生物代谢产生的脂肪酸和氨基酸会影响微量元素在环境中的溶解–沉淀平衡。此外，微生物会促进金属元素的氧化还原，如铁细菌可以将氧化亚铁氧化为高价的铁氧化合物。

2.3.4 在污染物分解与转化中的功能

随着社会经济的发展，人口不断增加，人类对土壤的开发强度也越来越大，大量污染物进入土壤环境。进入环境的污染物会在土壤矿物、有机质及微生物的作用下，经一系列的物理、化学及生物化学过程消解转化，从而降低或消除污染物毒性，这个过程就是所谓的土壤自净。土壤自净对维护整个土壤生态、保持土壤功能十分重要。土壤中的化学污染物主要包括以下几类：①有机污染物（化学农药、苯类、酚类等）；②无机污染物（重金属、酸碱、氟化物等）；③固体废弃物（未被分解的城市垃圾和工业废弃物）；④放射性污染物。土壤生物在污染物被分解转化无毒化的过程中起到了重要作用。

2.3.4.1 有机污染物转化

土壤中的有机污染物主要来自于施用的农药（除草剂、杀虫剂、杀菌剂）、农业灌溉、施用的化肥与堆肥等。有机污染物进入土壤后会被土壤中的微生物降解，从而降低其在土壤中的毒性。土壤中的真菌和细菌在一定底物浓度诱导下能合成降解酶，通过酶促作用完成对有机污染物的转化。例如，白腐菌对芳香族化合物具有较好的降解能力，因为这种菌可以产生特异性比较低的胞外酶，对多种多环芳烃均具有较好的降解作用。以淹水土壤中氯代污染物的降解为例，微生物如专性脱氯菌可以直接代谢降解氯代有机质并获得能量供自己生长，也可以通过共代谢作用实现氯代污染物的降解转化。特别需要强调的是，在厌氧环境中，微生物驱动的污染物降解过程可以耦合产甲烷、铁还原、硫酸盐还原等过程，这些耦合作用对土壤中污染物转化和元素循环均具有重要影响（图 2.15）。

除了土壤中的微生物，土壤动物如蚯蚓也会影响污染物的降解和转化。据报道，蚯蚓主要通过以下几种方式加速土壤中污染物的削减。首先，蚯蚓对污染物有一定的生物富集作用，其

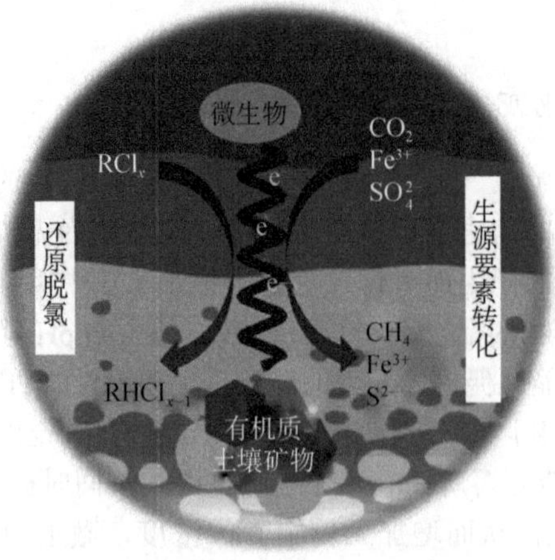

图 2.15 厌氧土壤中多过程耦合的氯代有机污染物生物降解概念图（何艳提供）

富集能力主要受到污染性质的影响，被富集的污染物可以在蚯蚓体内发生降解，从而降低有机污染物在土壤中的浓度。其次，众所周知，蚯蚓能通过改善土壤环境间接促进污染物的降解。微生物对污染物的降解会受到土壤条件的制约，如氧气含量、土壤 pH、水分等，蚯蚓的活动能够松动土壤，增加土壤中的氧气含量，促进好氧菌对有机污染物的降解。此外，蚯蚓还能刺激土壤中微生物的活动，有研究表明有蚯蚓存在的土壤中有机碳和氮素的含量会有所增加，为具有污染物降解和转化功能的微生物提供营养，从而增强了微生物的活动，加速了微生物对污染物的降解和转化。

植物在有机污染物的降解中也充当了一个重要角色，目前已经有很多的证据表明，在污染物胁迫下，植物通过根系分泌物与根际的微生物建立联系，通过塑造根际环境可以保卫植物健康，除“适应或迁移”策略外，还可以采用“求救”的方法从受污染环境中的微生物互作中“受益”，缓解具有高度难降解性、毒性的有机污染物对植物自身的影响。植物通常无法实现持久性有机污染物（persistent organic pollutant，POP）的完全代谢，导致污染削减缓慢和污染物降解不完全，因为它们缺乏完全矿化 POP 所需的分解代谢酶。因此，外源输入的 POP 通常会引起分子损伤，破坏生化、生理和信号转导过程，抑制了植物生长。植物对微生物的招募，使根际环境富集增强植物根/根际的解毒作用，有助于植物缓解有机污染物带来的压力，这是植物自身对有机污染物重要的解毒策略。从另一角度来说，这也缓解了有机污染物对土壤生态带来的伤害，能够帮助恢复土壤生态平衡。

以多氯联苯（PCB）为例来说明，其属于对人类、动物和生态系统健康最有害的 POP 之一。PCB 是包含联苯的 209 种同系物，其中联苯环上携带着 1～10 个氯原子。尽管它们的生产于 1979 年就被在全球范围内禁止，但由于其在环境中的难降解性及在食物网的放大作用，PCB 对人类健康仍然存在致畸、致癌、潜在致突变的潜在危害。目前对 PCB 污染的土壤治理方式通常通过溶剂萃取、热碱脱氯、焚烧或填埋进行异地处理。这些技术的价格比较昂贵，对于比较大范围的污染施行比较困难。比较而言，根际修复为从土壤中去除 PCB 提供了一种可持续、高效且具有成本效益的技术。尽管 PCB 是在相对较近的时期由人类活动引入环境中的，但居住在受污染土壤中的细菌群落也具有脱氯和裂解联苯环来降解这类分子的潜力。这种能力可能源于天然有机卤素的循环和植物来源的芳香有机化合物的降解，以及在适应污染的过程中进化出了对 PCB 的降解能力。对 PCB 具有脱氯功能的细菌有卤球菌属细菌、脱卤素单胞菌和脱卤菌等，它们主要通过有机卤化物-呼吸作用或共代谢作用对 PCB 进行降解。有证据表明，同样被归类为厚壁菌门（Firmicutes）和地杆菌科（Geobacteraceae）的细菌也参与了这一活动。研究最多的 PCB 脱氯菌是脱卤拟球菌属（*Dehalococcoides*）。除了细菌外，PCB 的降解主要集中在木材腐烂真菌上，这些真菌由于具有木质素分解活性而被广泛研究。事实上，作为食木性生物，它们产生的胞外非特异性漆酶和过氧化物酶，可有效攻击多种 PCB 同系物的联苯环，细胞色素 P450 和脱氢酶等细胞内酶也参与解毒过程。

2.3.4.2 无机污染物转化

土壤中的重金属主要来源于矿山开采、工业生产、化肥施用、农药施用等。重金属进入土壤之后，微生物会通过多种作用对重金属进行转化，这些活动有利于调节重金属在土壤中的毒性，主要包括以下几种方式。

（1）铁载体　细菌和真菌都能产生大量的铁载体，人们最初认为铁载体只对 Fe^{3+}进行捕获并用于细胞新陈代谢，最近的一些工作已经确立了铁载体在多种必需和非必需金属络合中的重要作用，包括铬、钴、铅、钼、锰和锌。细菌产生的最常见铁载体包括儿茶酚、羧酸盐、异羟甲酸酯等；能够与铁、铬结合的羟基磷酸盐是最常见的真菌铁载体。细菌和真菌产生的铁载体都有类似的作用机制，Fe^{3+}-铁载体复合体进入细胞，通过还原释放 Fe^{2+}，铁载体不仅能够与除铁以外的金属（包括镉、铜、镍、铅、锌等）形成络合物，还能增加或减少金属的流动性，起到固定重金属的作用。目前有人提出“金属载体”的概念，因为微生物被发现能够分泌对金属具有活化或固定特异性的铁载体，这个过程会受到金属对微生物毒性的影响，其合成途径在遗传学上十分复杂，并受到许多不同环境和基因组机制的调控。

（2）胞外聚合物和胞外蛋白　胞外聚合物（EPS）是已知参与生物膜形成和表面黏附的生物聚合物的混合物，它通过吸附离子和促进金属纳米颗粒的形成来缓解环境中有毒化学物质的影响。细胞内/细胞外金属纳米颗粒的形成在原核和真核微生物中广泛存在。细菌 EPS 也被建议用于生物修复，以减少重金属的生物可利用性。在土壤中，必需金属和有毒金属的生物有效性取决于与环境成分的相互作用，这些成分包括黏土和其他矿物、腐殖质、土壤胶体物质、生物残体、根系渗出物及生物有机体。EPS 在生物膜对金属的生物吸附中起着最重要的作用，目前尚不清楚细胞外蛋白质在金属抗性和耐受性中可能发挥什么作用，但已有研究者证明其在减弱金属–细菌相互作用方面有潜在作用。

（3）生物吸附和生物沉淀　活动细胞和死亡细胞均会对重金属产生吸附和沉淀作用，这一过程的发生主要是因为微生物细胞和细胞成分对不溶性金属颗粒形态具有亲和力。例如，在含铅溶液中培养和分离的枯草芽孢杆菌（*Bacillus subtilis*）DBM 细胞，可以通过离子交换作用、细胞表面官能团的络合作用，以及细胞壁的“捕获”作用来吸附铅离子，给铅污染土壤接种枯草芽孢杆菌 DBM 后，土壤中的弱酸溶态铅含量下降，这可能是通过促进与有机质的络合作用来实现的。微生物的生物吸附现象并不局限于细菌。真菌具有更大的生物量、单位面积、高密度的金属结合部位，从而表现出相较于细菌而言对金属更强的吸附能力。

（4）外膜囊泡　关于外膜囊泡在土壤中的作用知之甚少。据报道它有助于微生物获取多种营养物质，包括金属。多个细菌物种产生的外膜囊泡都被发现有参与铁摄取及蛋白质获取的能力。例如，在南极细菌丁香假单胞菌的外膜囊泡中鉴定出几种铁稳态相关基因。

（5）转运重金属　微生物具有能允许重金属在细胞内累积，同时规避重金属毒性的能力。微生物具有的转运机制可用于在相对稀薄的胞外浓度下获取必需金属，在这个过程中有毒的重金属也会通过跨膜运输进入细胞。在细胞内积累的重金属会与微生物产生的结合肽或蛋白质发生作用形成不溶性沉积，由此被区隔封存，这就是微生物对重金属的解毒机制。在转运到细胞中时，一些类金属阳离子，包括亚硒酸盐和碲酸盐，可能被还原为元素硒或碲，从而减缓毒性。微生物对重金属的累积是很难进行量化的，因为这个过程会受到多种环境因素的调控。

（6）*毒性缓解* 前述微生物通过各种机制来减轻重金属的毒害并获取营养，尤其是细胞壁的捕获作用和胞外聚合物的吸附作用。重金属一旦进入细胞，微生物的重金属机制就会启动，这一过程通常涉及类金属物质的还原。排毒也可能涉及特定的酚类化合物。真菌能够通过其携带的黑色素等特定的酚类化合物与金属相互作用。例如，铜已被证明可以吸附到黑色素上，并可以被镁和锌离子解吸。

土壤中的动物同样对重金属污染土壤起到修复的作用。蚯蚓主要通过两个途径对污染土壤进行修复：一是富集金属。有研究表明蚯蚓体内富含多种酶类，在重金属环境中，蚯蚓能够在消化道的囊泡中对重金属进行固定。其体内的蛋白质能与重金属结合，从而降低重金属对自身的毒性，减少了重金属在环境中的残留。二是通过间接方式降低土壤重金属的浓度。蚯蚓在土壤中的活动可以降低土壤 pH，由此提高有效态重金属的含量，促进植物对重金属的吸收。另外，蚯蚓产生的粪便也被认为是一种良好的重金属修复剂。其具有良好的团粒结构，能够吸附重金属，对重金属起到固定作用。蚯蚓的活动能刺激微生物的生长代谢，改善土壤环境，从而促进微生物对重金属的污染转化。

土壤植物也同样具有转化重金属的功能，作用方式包括植物提取、植物降解、植物稳定及植物挥发。目前研究比较多的是植物提取。植物提取是指植物直接吸收污染物并累积在植物体内，重金属超富集植物能够从土壤中吸收一种或几种重金属并将其转移到植物的地上部，从而降低土壤中重金属浓度。在植物修复重金属污染土地的过程中，植物根际的微生物也同样发挥了重要的作用，特别是植物促生根际菌（PGPR），已经有许多研究表明 PGPR 能增强植物对重金属的修复作用，这些 PGPR 通过溶解金属矿物、酸化根际环境、增加根表面积吸收重金属、增加根分泌物释放等多种机制，有效地促进重金属的活化。PGPR 与植物的相互作用对双方在受胁迫影响的环境中的适应和生存起着重要作用，从一定程度上能缓解植物承受的环境压力，促进植物生长。这些 PGPR 主要属于假单胞菌属、无色杆菌属、固氮螺杆菌属、肠杆菌属、变色杆菌属、芽孢杆菌属、固氮菌属、克雷伯菌属和气单胞菌属。

2.3.5 在食物网与生物种群调节中的功能

土壤微生物的多样性远超过地上其他系统。根据不同动物的食物来源和捕食模式可以将其分为若干个功能群，各个功能群之间通过物质循环和能量传递形成了错综复杂的食物网（图 2.16）。土壤食物网在维持整个土壤生态稳定、土壤生产力等方面起着重要作用，土壤生物是土壤食物网的基本组成成分，在食物网中，各种生物的活性紧密相连。土壤生物之间的营养互作不仅塑造了土壤群落的丰富度和稳定性，也维持着生态系统的多样性。

如图 2.16 所示，当一种生物取食另一种生物时，养分和能量就会转移至上一个营养级。第一营养级是初级生产者，如绿色植物，它们将环境的非生物成分如光和二氧化碳转化为富含能量的有机质。第二营养级是取食生产者的初级消费者。第三营养级是捕食者及消费者，它们又会被第四营养级捕食。以此类推，各种生物在食物网中进行着复杂的物质传递和能量流动。

微生物营养相互作用在土壤功能中发挥着重要作用。较高的营养水平最近被认为是土壤微生物群的重要决定因素，从而间接推动微生物群落在生物地球化学循环中扮演的核心驱动力作用。这种对生物自上而下的调控与传统的观点相悖，即土壤微生物群落主要由自下而上调节（植物输入）驱动。在过去十年中，用于识别营养联系的生化示踪剂的发展为更精确描述复杂的

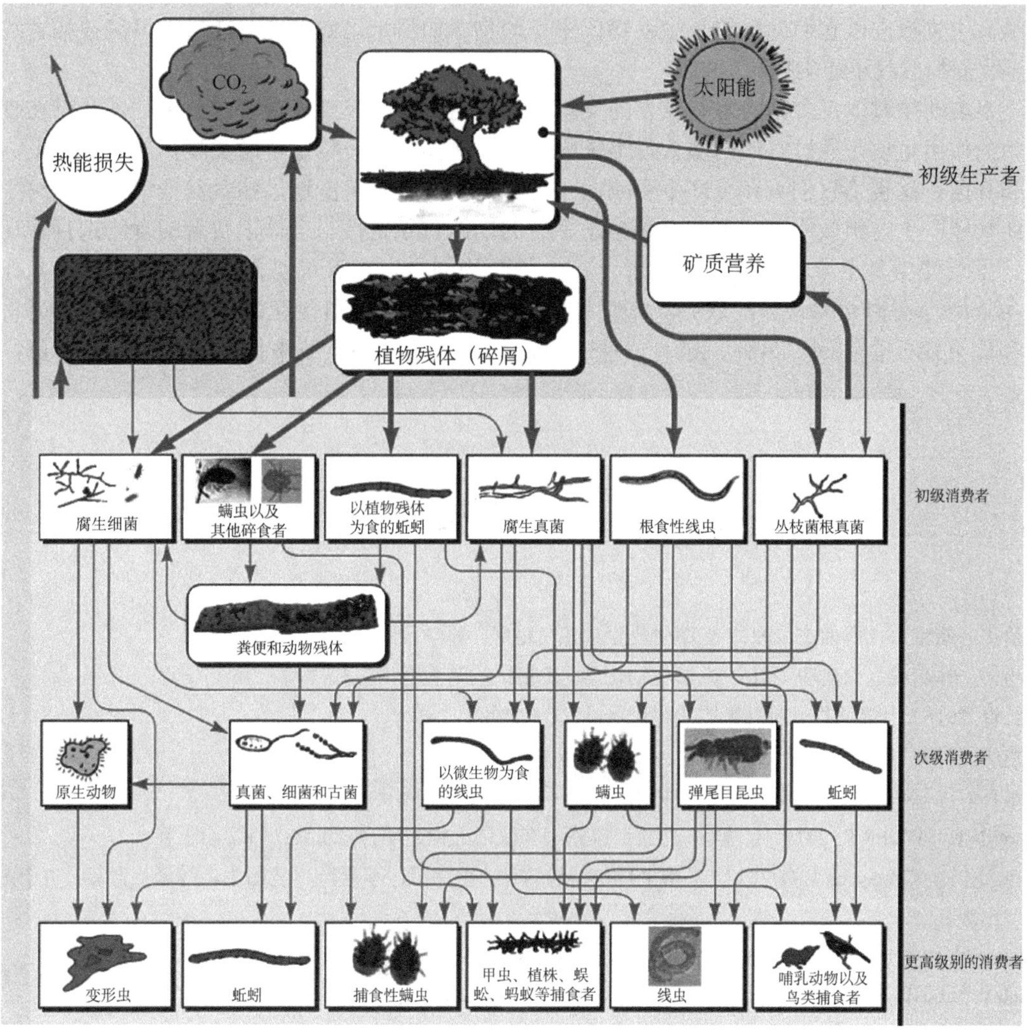

图 2.16 土壤食物网（Brady and Weil，2019）

土壤食物网提供了技术基础，并有助于强调土壤营养调控的重要性。

微生物是土壤食物网中的主要消费者，它们在分解和代谢植物有机底物与矿化养分方面发挥着关键作用。植物作为初级生产者，其凋落的根部、碎屑（死根、枯萎的细胞、地上部凋落物）能够为土壤中微生物、动物提供营养物质。但是这些资源的丰度在空间及时间上都有所不同，从而影响土壤生物的丰度和活动。因此，植物对土壤中的微生物和动物的种群都有一定的调控作用。植物除了通过凋落物为微生物及土壤动物提供营养，还能够通过分泌根系分泌物来喂养周围的根际小型动物和大型动物。因此植物化合物的多样性也塑造了许多生物的相互作用，对地下的食物网有非常重要的调控作用。另外，微生物的活动也会影响植物的健康与生长，一些微生物，如菌根真菌、根瘤菌、解磷细菌和自由生活的固氮菌，可能对植物的生理和生长产生最直接的影响，从而影响整个生态系统的生产力。在根际微域中，植物的健康可能也受益于更复杂的微生物网络。有研究表明，有机肥处理之后香蕉的枯萎病发病率下降，是因为在施用有机肥之后土壤中的原生动物丰度上升，原生动物会选择性地捕食某些细菌类群，使得对病原有抑制作用的有益菌丰度增加。大多数原生动物也以真菌为食，而较大的原生动物通常是杂食性动物，同时以不同的微生物群为食，如细菌、真菌和较小的原生动物。来自植物的能量从微生物流向以它们为食的小型动物或中型动物，如阿米巴虫，这些能量又可能被捕食线虫消耗，而捕食线虫通常被蠕虫吃掉。

土壤动物对地下食物网也有重要的支持作用，它们通常充当消费者的角色。消费者在食物网中的作用主要是通过它们的摄食习惯来界定的。例如，消费特定资源类型，如落叶、根、细菌和真菌。这也是它们对环境产生影响的一种方式。捕食者可能通过捕食其他消费者而对生态系统功能产生连锁效应。因此，土壤生态系统的功能和稳定性与个体消费者的食物选择密切相关。土壤线虫是土壤中典型的消费者，在土壤食物网中发挥着重要作用，与食物网的其他土壤生物间存在密切的营养级联系。细菌和真菌被食细菌线虫和食真菌线虫所捕食，从而将物质和能量输入食物网。另外，也有一些土壤动物在土壤生态系统中扮演了分解者的角色，如蚯蚓。

主要参考文献

贺纪正，陆雅海，傅伯杰. 2021. 土壤生物学前沿. 北京：科学出版社.

黄巧云，林启美，徐建明. 2015. 土壤生物化学. 北京：高等教育出版社.

宋长青. 2016. 土壤学若干前沿领域研究进展.北京：商务印书馆.

徐建明. 2019. 土壤学. 4 版. 北京：中国农业出版社.

朱永官，沈仁芳. 2022. 中国土壤微生物组. 杭州：浙江大学出版社.

Brady N C，Weil R R. 2019. 土壤学与生活. 14 版. 李保国，徐建明译. 北京：科学出版社.

Carter M R，Gregorich E G. 2022. 土壤采样与分析方法. 李保国，李永涛，任图生，等译. 北京：电子工业出版社.

Chesworth W. 2007. Encyclopedia of Soil Science. Berlin：Springer Verlag.

Noah F. 2019. Earthworms' place on earth. Science，366（6464）：425-426.

第 3 章　根际生物与生物化学

1904 年，德国微生物学家 Lorenz Hiltner 提出了根际概念，他将根际定义为根系周围、受根系生长影响的土体。历经 100 余年，人们对根际环境和根际过程的认识逐步深入，已经明确根际是植物、土壤和微生物及其环境相互作用的重要界面，是植物和土壤环境物质与能量交换最剧烈的区域。土壤–植物系统中的物质迁移和转化，受根际土壤中多层次的化学和生物化学过程的控制。因此，探索根际土壤中这些生物和化学特性、过程及其对植物养分和污染物质环境行为的影响，对合理调控根际土壤中的物质循环，优化土壤生态服务功能、改善环境质量和保障人体健康具有重要的科学意义和实际价值。

本章彩图

目前，有关根际生物与生物化学的研究趋向于整体性的系统研究，已经深入到土壤化学、植物生理学、微生物学、分子生物学、生态学等各个领域，形成了多学科的交叉研究，是当今土壤学研究中的新兴热门分支。本章主要介绍根际环境及其特异性、根系与根际生物的相互作用及过程，总结根际生物与生物化学领域最新研究成果和方法等内容。

3.1　根际的起源与特异性

3.1.1　根际的定义

近年来，随着分子生物学等技术在土壤环境领域的发展应用，根际的概念也得以不断完善。根际一般指距离根系表面数毫米范围之内，受植物根系活动的影响，在物理、化学和生物学性质上不同于原始土体的微域环境的薄层土壤。该薄层的范围在不同研究背景下有所不同，通常认为是离根轴表面 40mm 以内的区域。它是植物–土壤–微生物与环境交互作用的场所，也是各种养分、水分和有益或有害物质进入根系，参与食物链物质循环的门户，是一个特殊的微生态系统（图 3.1）。

植物根系的生命活动，如养分吸收、呼吸作用、根系分泌等过程，显著影响根际土壤的化学和生物特性。其中最明显的是根际 pH、氧化还原电位（Eh）、微生物活性和养分及污染物浓度变化等。这些过程直接影响着植物的生长发育、水分和养分的吸收利用、有益和有害微生物的存活与繁殖、植物对逆境的调节反应等，形成了复杂而动态的相互作用。

3.1.2　根际沉积

植物根系通过主动或被动形式将输入到根部的有机、无机化合物，包括水溶性渗出物、不溶性分泌物、裂解物、死亡根系和气体等，释放到周围土壤，形成根际沉积，是一种植物与土壤间物质交换和信息传递的重要界面过程，同时对土壤碳循环起着重要作用。

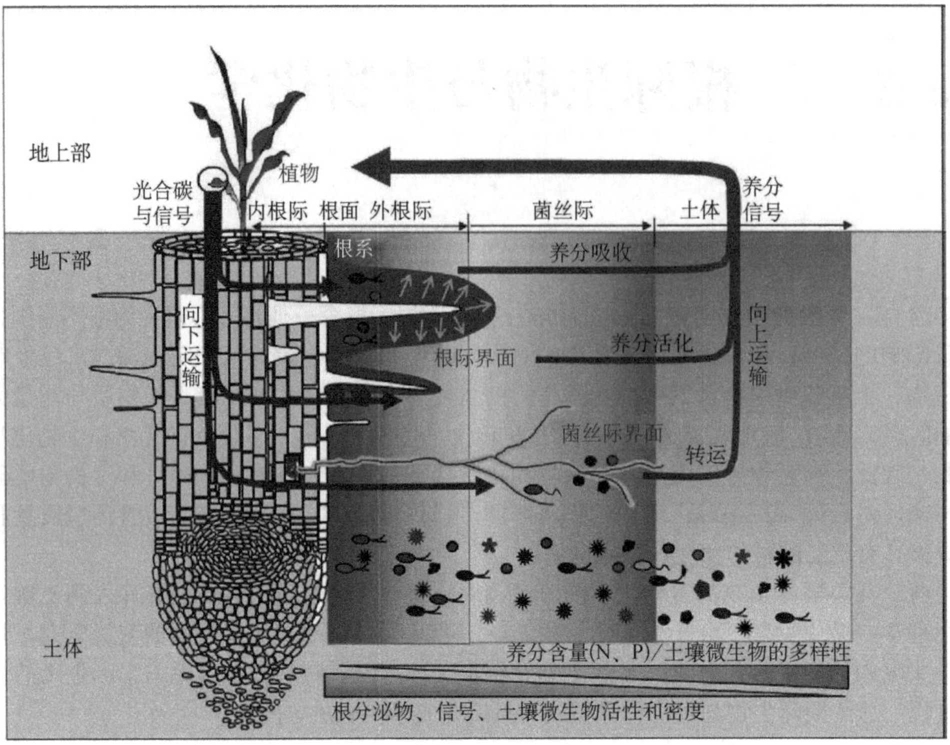

图 3.1　根际生态系统结构模式图（申建波等，2021）

根际化合物释放通常有两种途径：一种为沿电化学梯度的被动扩散途径；另一种为逆电化学梯度、耗能的主动扩散途径，具有很强的选择性。一般认为，根际碳的释放是单一的流向，即根际碳化合物分泌进入土壤。但进入到土壤中的化合物也可以被根系主动吸收到植物之中。这些被重新吸收到根系中的分泌物包括大量被释放的糖和氨基酸，以及不是根系分泌物主要组成成分的多胺（如腐胺），其功能还不清楚。根-土界面根际化合物的释放和吸收同时发生，但与根际化合物释放不同的是，根际所吸收的物质组分受植物本身生长状况调控。

根际碳沉积主要来源于植物残体的分解及植物根际碳的释放，是根际微生物的主要碳源和能量来源。根际微生物能够通过自身代谢活动将这部分碳源或以气体的形式返回大气，或以有机质的形式存储于土壤中。根际碳沉积不仅会引起土壤化学、物理和生物特性的改变，而且直接关系到土壤呼吸及 CH_4 排放等土壤过程。根际释放的有机质影响着植物的根际环境，并通过根际微生物的利用转化，影响着植物-土壤间的碳循环过程，是物质循环、能量流动和信息传递的基础，形成了联系植物、土壤及微生物的桥梁。

3.1.3　根系分泌物

根系分泌物是植物在生长发育过程中，通过根系不同部位向环境中释放的质子、离子和大量有机化合物的总称。这些化合物是一种复杂的非均一体系，是保持根际微生态系统活力的关键因素，也是根际物质循环的重要组成部分。根系分泌物显著改变了根-土界面物理、化学和生物学性状，因而对土壤结构形成、土壤养分活化、植物养分吸收、环境胁迫缓解等都具有重要作用。对根系分泌物的研究是植物营养、化感作用、生物污染胁迫、环境污染修复等领域的重要内容，受到国内外学者的广泛关注。

根系分泌物的种类繁多，一种分类方式是根据其来源分为：①分泌物，即细胞在代谢过程中主动释放出的物质；②渗出物，即细胞中被动扩散出来的一类低分子量的化合物；③裂解物质，即成熟根段表皮细胞的分解产物，脱落的根冠细胞、根毛和细胞碎片等；④黏胶质，包括根冠细胞、未形成次生壁的表皮细胞和根毛分泌的黏胶状物质。另一种分类方式是根据其分子量分为小分子分泌物和大分子分泌物，其中小分子分泌物主要有糖类、有机酸、脂肪酸、氨基酸（包括植物铁载体等非蛋白质氨基酸）等，大分子分泌物主要有黏胶质和胞外酶，其具体分类及组成见表 3.1。

表 3.1　根系分泌物的分类及组成（丁娜等，2022）

分类	根系分泌物组成
糖类	葡萄糖、果糖、蔗糖、阿拉伯糖、木糖、甘露糖、麦芽糖、核糖、半乳糖、棉子糖、鼠李糖、寡糖
有机酸	琥珀酸、苹果酸、酒石酸、乳酸、甲酸、丁酸、乙酸、丙酸、草酸、柠檬酸、丙酮酸、己二酸、戊二酸、丙二酸、丁二酸
氨基酸	谷氨酸、天冬氨酸、丙氨酸、苏氨酸、丝氨酸、缬氨酸、甘氨酸、异亮氨酸、高丝氨酸、组氨酸、赖氨酸、精氨酸、亮氨酸、脯氨酸、苯丙氨酸、γ-氨基丁酸、蛋氨酸、鸟氨酸、色氨酸、酪氨酸
脂肪酸	亚油酸、亚麻酸、棕榈酸、油酸、软脂酸、硬脂酸、花生酸
酚酸类	丁香酸、香草酸、肉桂酸、香豆酸、香草酸、咖啡酸、水杨酸
生长因子	生物素、泛酸、硫胺素、胆碱、肌醇、烟酸、维生素 H、维生素 B_6、对氨基苯甲酸
胞外酶	淀粉酶、蛋白酶、转化酶、RNA 酶、DNA 酶、硫酸酶
其他	糖苷、皂角苷、黄酮类化合物、多肽、荧光物质、有机磷化物、乙烯

根系分泌物是植物生理活动的产物，对整个地下生态系统结构和功能具有非常重要的作用。经研究发现，根系分泌物可以通过改变土壤性质来改变根际微生物群落，进而驱动植物-土壤反馈（plant-soil feedback）。此外，根系分泌物还可作为信号分子、引诱剂、刺激剂或趋避剂等对根际微生物群落结构和多样性产生多种影响，进而调控一系列土壤生态学过程。研究表明，根系分泌物中的某些组分通过与微生物互作可以增加土壤污染物（如多环芳烃）的生物降解，达到净化土壤的目的。此外，根系分泌物输入速率与植物生长策略密切相关，根系分泌物输入通量大小可以作为植物养分利用策略分类的一种植物功能性状，在植物生长及进化生态学方面具有重要意义。

总之，根系分泌物是植物与土壤进行物质交换和信息传递的重要载体物质，是植物响应外界胁迫的重要途径，是构成植物不同根际微生态特征的关键因素，也是根际对话的主要调控者。根系分泌物对生物地球化学循环、根际生态过程调控、植物生长发育等均发挥着重要作用。

3.1.4　根际 pH

植物根系分泌物引起的根际动态变化，从多方面影响着植物的营养状况乃至植物生长和发育。根际 pH 是其中最主要和最活跃的因子之一。根际土壤 pH 与非根际土壤差异很大。根际土壤 pH 的改变主要由与植物根系养分吸收相偶联的质子和有机酸的分泌作用引起。

根系分泌物中含有 H^+和大量的低分子量有机酸，如乳酸、甲酸、苹果酸、草酸、丙酮酸等。它们增加了土壤中 H^+的浓度，酸化根际土壤，导致根际土壤 pH 降低。同时土壤 pH 降低也有效缓解了土壤环境中重金属污染对植物的影响。有机酸与重金属结合，发生螯合、络合或沉淀作用，或将金属滞留在土壤中，或进入植物体内，同时使根际微生物的活性和组成发生变化，从而间接改变重金属的活度、含量。这是植物抵抗重金属毒性的一种有效机制，同时也是某些超富集植物能在体内吸收更多重金属的原因。

阴阳离子吸收不平衡也是造成根际 pH 改变的主要原因，而引起阴阳离子吸收不平衡的因子包括不同的氮肥供应形态、豆科植物的共生固氮、植物的营养状况及植物种类和品种的不同等。根际 pH 的改变又直接影响着根系的生长发育，根际养分动态，以及根际微生物群落的种类、数量和活性等，从而进一步间接影响植物的生长。在施用铵态氮肥时，根系吸收的氮素以铵态氮为主，植物为了维持体内细胞正常生长的 pH 和电荷平衡，根系分泌质子，使根际 pH 下降；相反，在施用硝态氮肥时，根系吸收的氮素以硝态氮为主，根分泌出 OH^-或 HCO_3^-，使根际 pH 升高。一些豆科植物通过根瘤进行固氮作用，将空气中的 N_2 还原为 NH_4^+供植物吸收，从而导致根系分泌质子，降低根际土壤 pH。缺磷引起油菜和荞麦对阳离子的吸收量大于阴离子，也可导致根际土壤 pH 降低。缺锌抑制硝态氮的吸收从而造成对阳离子的吸收量大于阴离子，根际土壤 pH 也降低。禾本科植物对氮肥形态的反应很敏感，吸收铵态氮时根际土壤 pH 下降，吸收硝态氮时根际土壤 pH 上升；对豆科植物而言，不论是吸收铵态氮还是吸收硝态氮，根际土壤 pH 一般都会下降。

3.1.5 根际 Eh

土壤是一个高度不均一体系，即使在通气良好的土壤中也可能有某些厌氧的微区，其特点之一是微区的 Eh 明显低于其他土壤区域。在根际中，这种微区出现的概率相对更多。

土壤的 Eh 可以体现土壤氧化还原能力，影响 Eh 高低的因素有土壤通气性、微生物活动、易分解有机质的含量、植物根系的代谢作用和土壤 pH 等。Eh 高低决定着根际土壤中可能发生的氧化还原反应的方向和速率，影响着土壤中养分元素，使一些变价营养元素如铁和锰得以活化，甚至造成毒害（如锰毒）现象，同时，反硝化作用也有所增加。

土壤中主要的氧化剂是大气中的氧，还原性物质主要为有机质，尤其是新鲜易分解的有机质，它们在适宜的温度、水分和 pH 条件下还原能力极强。通气性良好、水分含量低的土壤的 Eh 较高，为氧化性环境；渍水的土壤 Eh 则较低，为还原性环境。此外，由于根际微生物和根系呼吸作用消耗较多的氧气，可能会降低土壤的 Eh。从土壤污染的研究角度出发，要特别注意污染物在根际土壤中由于发生氧化还原反应而改变其原有的迁移性与毒性。氧化还原反应还可影响根际土壤的酸碱性，使根际土壤酸化或碱化，从而影响根际土壤组分及外源污染物质的界面环境行为。

3.1.6 根际微生物

根际微生物是指紧密附着于根际土壤颗粒中的微生物，主要包括细菌、真菌及病毒等。在根际细菌中，革兰氏阴性菌占优势，最常见的有假单胞菌属、黄杆菌属、产碱杆菌属、土壤杆菌属等。植物通过光合作用固定的碳可作为根系分泌物释放到根际，并与根系分泌物中的各种次生代谢物一起为根际微生物提供碳源、氮源和其他养分。根际碳水化合物、氨基酸、维生素等物质的种类和数量会对根际微生物产生重要影响。因此，根际微生物在数量和质量上都与根际以外的微生物不同。根际微生物数量一般高于根际以外区域。一般可用根际微生物与非根际土壤微生物的数量比（即 R/S，R 代表根际微生物数量，S 代表非根际土壤微生物数量）表示植物根系对微生物的影响程度，这可作为量化表征根际效应的一种方式。

根际微生物与根系组成一个特殊的生态系统，它们相互作用、相互促进。微生物大量聚集在根系周围，将有机质转变为无机物，为植物提供有效的养料；分泌维生素、生长刺激素等，促进植物生长，改变根的形态和结构等；根际微生物还能产生植物生长调节剂和植物抗生素来改变植物的代谢过程，从而影响根系分泌物的种类和数量；有些细菌还能分泌胞外酶，如酸性磷酸酶等促进根际难溶性磷的溶解，提高其有效性。在植物生长过程中，死亡的根系和根的脱落物（根毛、表皮细胞、根冠等），以及根系向根外分泌的无机物和有机质是微生物重要的营养来源和能量来源；由于根系的穿插，根际的通气条件和水分状况优于非根际，从而形成有利于微生物的生态环境。此外，植物根系与真菌共生的菌根是根际环境中普遍存在的共生体，菌根真菌从其宿主中获得光合碳；同时，根系吸收土壤磷和氮等矿质养分的能力显著增强，提高了植物对生物和非生物胁迫的耐受性。

近年来，越来越多的证据表明土壤因子和植物基因型在受控条件下对根际微生物群落的组装和功能产生强烈影响。植物能够塑造它们的根际微生物群落。例如，植物来源的香豆素有助于拟南芥在缺铁情况下重塑特定的微生物群落结构；玉米根部释放的苯并噁嗪类化合物通过塑造根际微生物群落来驱动下一代植物的生长与防御；类黄酮被认为是根释放的关键根际信号分子，调节根与微生物的相互作用。因此，植物根系的特定代谢物组成可以显著影响根际微生物群落的建立和特定分类群的富集。此外，根际微生物在同一植物的不同品种之间也可表现出特异性差异。例如，在籼稻和粳稻品种中观察到根际细菌对氮利用效率存在贡献差异，这表明根际微生物群落可以减轻作物在营养逆境胁迫下遭受的整体营养压力。又如，不同的玉米基因型在其细菌微生物群落和不同细菌分类群的特定富集方面表现出差异。再如，甜玉米显示出独特的根系分泌物成分，并且倾向于富集与根际固氮活动相关的细菌类群。

3.1.7 根际病原生物与植物病害

土传病害是指病原体如真菌、细菌、寄生线虫和病毒生活在土壤中，条件适宜时从作物根部或茎部侵害作物而引起的病害。这些病原物分为非专性寄生与专性寄生两大类。非专性寄生病害如腐霉菌（*Pythium* spp.）引起苗腐和猝倒病、立枯丝核菌（*Rhizoctonia solani*）引起苗立枯病。专性寄生是植物微管束病原真菌，典型的如尖孢镰刀菌（*Fusarium oxysporum*）、大丽轮枝菌（*Verticillium dahliae*）等引起的萎蔫、枯死。土壤中的植物寄生线虫也会引起植物病害，如植物寄生线虫中的南方根结线虫（*Meloidogyne incognita*）主要侵害感染作物的根系包括根茎、球茎等。被线虫侵染后的植物地上部在前期并无明显症状，随着线虫的繁殖，根系逐渐停止生长，导致地上部的植株矮小，叶片干黄，甚至会引起死亡，地下的根系会形成不规则状的根结，根须逐渐消失。植物寄生线虫吸收植物体内营养而影响植株正常的生长发育。同时，线虫代谢过程中的分泌物会刺激寄主植物的细胞和组织，导致植株畸形，农产品产量降低和质量下降。另外，线虫侵染造成的植物根系伤口，有利于病菌侵染而使病害加重。在田间条件下，线虫病害与真菌病害往往同时发生，如棉花枯萎病与土壤线虫密不可分。

抑制根际病原生物的活动是保护根系并进行土传病害防治的基础。根际微生物群落是抵御土传病原菌的第一道防线，病原菌的大量生长繁殖和侵染是病原菌与其他微生物相互作用的结果。植物根际环境中的微生物菌群与病原菌之间存在着强烈的资源竞争，根际环境中的微生物多样性越高，植物对病原菌侵染的抵抗能力越强。当有益微生物在根际富集定植时，一方面可以直接抑制病原菌的繁殖，另一方面可增加植物对病害的抗性和适应能力，间接抵御外界非生物因素和包括病原菌侵染在内的生物因素的压力。已有研究表明，植物叶片受到病原菌侵染后，根系会招募更多的有益菌向根际聚集，这些有益菌可进一步引发植物的诱导性系统抗性以对病原菌产生防御反应。

3.2 根际生物的相互作用

根际生物的相互作用是指植物根际圈内根系、土壤微生物、土壤动物的相互作用，这种多营养级复杂的互作关系构成了不同类型的根际微生态环境。植物可以通过根系分泌物介导植物根系与微生物、植物根系与土壤动物、微生物与土壤动物的根际互作。植物根系分泌物组成及丰富度具有巨大差异，导致根际微生物和土壤动物群落组成也显著不同。土壤微生物和动物也可通过改变植物代谢过程中植物细胞的渗透压、酶活性及其他成分与植物体相互作用。根际是植物–微生物–土壤动物间相互作用的重要界面，是养分或有害物质从土壤进入植物的重要门户和通道。

3.2.1 植物根系与微生物相互作用

3.2.1.1 不同植物类型根系对微生物群落结构的影响

植物类型是决定微生物群落结构的主要影响因子。通常根际微生物群落变化可以通过根际微生物数量和结构的变化来体现。根际土壤中的微生物不仅在数量上明显高于非根际土壤，在结构上也发生了很大改变。根际沉积物质数量越多，利用这些物质为能源的根际微生物数量则越多。沉积物质种类越丰富，微生物可利用的能源物质范围就越广，根际微生物群落结构就越多样化。即使是相同物种，基因型不同也会形成差异显著的微生物群落。不同植物的根系形态差异会影响根际微生物的定居和生存条件。例如，有些植物具有深而粗壮的主根和少量的细小侧根，而其他植物则有大量分枝细根。这些差异会影响根际土壤的氧气和水分分布，从而影响微生物的生态位和活动范围。

在宿主植物的不同生长发育时期，其根际微生物群落多样性和部分根际类群丰度也呈现出一种动态相关的变化过程。例如，有研究人员分析茄子在 4 个生长时期中解磷细菌类群丰度的差异变化，发现解磷细菌类群丰度与茄子的生长时期、耕作方式具有显著的动态相关性。在茄子的生长后期，解磷细菌类群出现了富集现象，这说明植物对根际微生物群落的影响过程是动态的，是随着植物需求动态地调控根际微生物群落多样性和丰度。一般来说，随着植物生长发育逐渐旺盛，其代谢水平会相应逐渐上升，根际微生物群落多样性和丰度也均会随之上升，当然这种上升情况在不同根际微生物类群中会有差异，如细菌、真菌和古菌等。

3.2.1.2 植物根系分泌物对根际微生物的影响

植物根系能通过调控根系分泌物的组成和数量来影响根际微生物的种群结构和多样性，而根际微生物群落的动态变化反过来也影响着根际生态系统的物质循环和能量流动，从而影响植物的生长和发育（表 3.2）。探究根系分泌物介导下的植物–微生物互作关系对维持土壤肥力、监测土壤健康状况，以及调控植物生长发育具有极其重要的科学意义。

1. 根系分泌物与细菌　土壤中的细菌通常可占土壤微生物总量的 70%～90%，其生物量可占土壤重量的 $1/10^4$ 左右。植物的根系分泌物类似微生物的选择性培养基，对碳水化合物需求较多的微生物大多定植于禾本科植物的根际部位，而对氨基酸需求较多的微生物则多定植于豆科植物的根际部位。例如，反硝化细菌在豆科作物的根际比在谷类作物和某些蔬菜作物的根际丰度更高。外来植物入侵能够影响土壤微生物的结构和功能，其中化感作用有可能在物种入侵过程中发挥重要作用。以加拿大一枝黄花为例，研究人员发现其根部由于根系分泌物的释放，根际土呈碱化趋势，这导致土壤微生物的生物量显著增加。此外，根系分泌物对某些微生物也具有吸引作用，使得这类具有趋化性的细菌或真菌能够在根际大量聚集和繁殖。豆科植物分泌的类黄酮是根瘤菌与豆科植物形成共生固氮的信号分子，通过激活根瘤菌内结瘤基因的表达，诱导根瘤形成。又如，小麦根系分泌物中的多种酚酸类物质具有抗细菌活性，并且这些酚酸类物质的抗菌活性具有协同作用。有报道显示，化感水稻与非化感水稻的根际土壤微生物群落结构存在明显差别，化感水稻根际存在 30 种特异微生物，其中 7 种被鉴定为黏细菌（myxobacteria），它们对稗草（*Echinochloa crusgalli*）的发芽生长具有显著抑制作用。这些与水稻化感作用相关的黏细菌具有群体效应，水稻根系分泌物中的酚酸类物质对这类细菌也具有明显的趋化作用。

表 3.2 根系分泌物对微生物的影响机制（刘京伟等，2021）

根系分泌物	对微生物群落的影响	影响机制
碳水化合物和氨基酸	激发细菌的正向趋化作用	为根际微生物提供有效碳源和氮源
甲硫氨酸、甘氨酸	对肠杆菌的正向趋化作用	具有正趋化性的不同浓度的甲硫氨酸对细菌的生长动态、酚氧化酶活性和酚氧化酶效率没有影响
赖氨酸、半胱氨酸	对肠杆菌的负向趋化作用	具有负趋化性的赖氨酸在高浓度时会延迟细菌的生长，并抑制酚氧化酶的活性。随着赖氨酸浓度降低，各种抑制作用相应减弱
柠檬酸	荧光假单胞菌的富集	低分子量有机酸作为碳源
香豆素、苯甲酸	促进孢子萌发、菌丝分枝和根部定植	酚是某些微生物必需的碳源和氮源
对羟基苯甲酸	抑制土壤中细菌和放线菌的生长	苯酚羟基对土壤中的细菌和放线菌有毒性作用
香草酸、阿魏酸	低浓度促进真菌生长，高浓度抑制真菌生长	影响微生物群落的发育条件并产生选择性的刺激或抑制
独脚金内酯	诱导丛枝菌根真菌分枝	诱导真菌菌丝分枝，改变真菌生理状态，激活真菌线粒体
水杨酸	主要抑制放线菌和富集变形杆菌	免疫信号或碳源
茉莉酸	抑制促进植物生长的细菌，如芽孢杆菌、假单胞菌，并富集用于生物防治的细菌	改变植物根部释放的含碳化合物的组成

2. 根系分泌物与真菌 真菌是土壤微生物群落的重要组成之一。土壤真菌化会导致土壤肥力下降，不适宜植物生长。但土壤中很重要的一类真菌——菌根真菌，却是一类对植物生长发育有益的真菌。例如，丛枝菌根真菌能与大多数高等植物共生，促进植物对土壤养分的吸收。菌根真菌根据定植部位不同分为外生菌根、内生菌根和内外生菌根。菌根真菌能与植物形成共生关系，并在植物根部形成特殊结构，提高植物对土壤水分和养分的吸收能力。菌根真菌对植物有促生作用，在菌根真菌与植物共生中，菌根真菌能提高植物对矿质元素的吸收效率，帮助植物改善营养，同时增强植物对逆境和病害的抵抗能力，帮助植物抵御各种生物和非生物胁迫。例如，菌根真菌可通过溶解释放无机磷或水解有机磷来提高植物对磷元素的吸收利用。相反，植物的根系分泌物也为菌根真菌提供了丰富的碳源、氮源等营养物质，保证了菌根真菌的正常生长繁殖。许多研究表明，菌根真菌和菌根植物之间存在互相感知的系统，菌根植物的根系分泌物中存在能被菌根真菌识别的信号物质，如来自百脉根（*Lotus japonicus*）的独脚金萌

发素内酯（5-deoxystrigol）。也有研究表明植物与菌根真菌的关系在特定情况下会改变。例如，当外界为植物提供了足够的化肥时，植物能够提供给菌根真菌足够的碳/氮源，此时菌根真菌无法为植物提供额外的磷元素，在这种条件下，二者便从互利共生关系变成寄生关系。

3. 根系分泌物与病原微生物　根系分泌物除了调控土壤中的有益菌生长，还可通过多种途径影响土壤中的病原微生物。根系分泌物对病原微生物的调控作用可分为直接和间接两种方式。直接作用是指根系分泌物能对病原微生物表现出直接的促进或抑制作用。例如，黄瓜连茬种植后，黄瓜根系分泌物明显促进了黄瓜枯萎病菌菌丝生长，连茬黄瓜的枯萎病发病率明显提高。又如，茄子根系分泌物中的酚酸类肉桂酸和香草醛对茄子黄萎病菌产生了明显的化感作用，可以有效抑制黄萎病菌的生长。另外，针对不同抗性品种茄子、棉花根系分泌物的研究表明，抗病品种的植物根系分泌物对病原菌的菌丝生长和孢子萌发有一定的抑制作用，而易感病品种的根系分泌物则能促进病原菌菌丝生长。因此，很多作物在连作种植过程中常常会出现根系分泌物的自毒作用，并且这类根系分泌物促进了病原菌的生长，加重了病害的发生。除了直接作用，当遇到土壤病原菌侵扰时，根系还能通过改变根系分泌物中的糖类、氨基酸成分组成，招募或提高一些有益微生物种群的数量，进而间接制约病原微生物的生长。科学家从15种蔬菜根际土壤中分离出了大量对立枯丝核菌有抑制作用的微生物，发现不同的根系分泌物对根际微生物的吸引具有很强的特异性，且不同抗性品种的蔬菜根际土壤微生物种群差异较明显，这可能与不同品种的根系分泌物不同相关，植物可通过调节根系分泌物的组成影响根际微生物的种群结构，抗性较强的品种，其根系分泌物成分更为复杂，而且有些植物能根据环境的变化调节根系分泌物的产生，从而使植物更加适应当前环境。

4. 根系化合物与根际微生物组　近年来，研究根系–微生物相互作用的方法和手段逐渐兴起和完善。这些方法包括通过合成群落简化复杂的微生物组装、代谢足迹技术、自然变异和全基因组关联研究等，为进一步探索根系分泌物影响微生物的作用机制提供了有利条件。一般来讲，植物分泌物中的化合物（通常称为代谢产物）可通过充当信号分子、营养元素或毒素等对根际微生物组产生广泛影响。目前，已经鉴定了多种影响微生物组组成和功能的代谢产物，它们属于不同的化学或功能分类，因而可能具有不同的作用机制。

黄酮类化合物（flavonoid）：黄酮类化合物是植物根系分泌物中的常见成分，也是根系分泌物中含量最高的化合物之一，被认为是许多植物–微生物相互作用中的关键信号分子。首先，黄酮类化合物可以作为碳源被部分微生物降解，从而对根际土壤中微生物群落结构产生影响。其次，黄酮类化合物可以作为化学诱导剂吸引根瘤菌，提高根瘤菌中*nod*基因的表达，促进结瘤过程。例如，木犀草素和芹菜素已被证明能在根瘤菌中引起强烈的趋化反应。然而，为了维持*nod*基因相对丰度在最佳水平，并防止植物引起的防御反应，一些黄酮类化合物表现出对某些根瘤菌基因的抑制。例如，异黄酮类（香豆素和苜蓿素）和香豆雌酚已被证明可以抑制苜蓿根瘤菌（*Rhizobium meliloti*）中的*nod*基因。在磷胁迫环境中诱导产生的异黄酮类还能刺激菌根真菌孢子的萌发、土壤中菌丝分枝和根系定植。此外，黄酮类化合物中的抗菌毒素，如异黄酮是豆科植物中一类主要的植物抗菌毒素，能破坏病原菌细胞膜上的ATP酶和线粒体呼吸链中的电子传递体。

酚酸类化合物（phenolic acid）：从根系分泌物中发现的酚酸类化合物，如阿魏酸、苯甲酸、肉桂酸和皂角苷等，对根际土壤微生物的生长起着调控作用。这些酚酸类化合物大部分是三羧酸循环的中间产物，对根际微环境和根际微生物的活力影响很大。具体而言，植物根系分泌物中的酚酸类化合物通过改变土壤养分、pH及化感作用等理化性质，显著影响根际土壤微生物的生物量、多样性和群落结构，选择性地增强根际土壤中特殊的微生物种类。例如，花生根系分泌物中的苯甲酸增加了根际土壤中伯克霍尔德菌（*Burkholderia* spp.）的相对丰度。西瓜根系分泌物中的阿魏酸可以促进尖孢镰刀菌（*Fusarium oxysporum*）孢子的形成和萌发。此外，酚酸类化合物还能抑制微生物产生挥发性脂肪酸等物质，并减少微生物对生长介质的消耗，而自由态的酚酸类化合物进入根际土壤后，可能被根际微生物当作碳源和能量利用。例如，在碳限制条件下酚酸可以为固氮菌提供碳源。

香豆素（coumarin）：香豆素由许多植物物种产生，在根际环境中很常见。香豆素是通过苯丙烷途径产生的一类植物来源的次级代谢产物，是酚类化合物的一个亚类，可以影响根际微生物群的组成，并对有益微生物和病原微生物表现出不同的毒性。例如，不能合成香豆素的拟南芥植株根际周围变形杆菌的相对丰度增加，而非根际周围的菌落减少。进一步的实验表明，一种特殊的香豆素化合物东莨菪素能抑制土传病原菌的生长，而对根际细菌没有影响。此外，香豆素可以通过还原和螯合的方式增加根系对铁的生物利用度，同时还兼具抗菌功能。同样，香豆素的分泌也会影响微生物群落组成，且该影响可能与土壤铁的有效性有关。因此，未来可以通过香豆素介导的根际微生物组来增强植物对铁营养的吸收。

萜类化合物（terpenoid）：萜类化合物是植物中广泛存在的一类代谢产物。它们通过调节特定根际细菌的生长来促进拟南芥根系微生物组的组装。萜类化合物中三萜和七萜的生物合成会影响拟南芥根系微生物组的组装，三萜和七萜生物合成突变体的根际微生物群落组成与野生型植物显著不同，三萜类化合物刺激能够促进砂单胞菌属（*Arenimonas*）增殖，但抑制节杆菌的生长。

苯并噁嗪化合物（benzoxazinoid）：苯并噁嗪化合物是吲哚衍生的化合物，主要在植物抗虫中发挥功能，但也可以从根系分泌并作为化感物质抑制病原菌繁殖。研究人员使用缺失苯并噁嗪化合物的玉米突变体 *bx1* 进行研究，发现与野生型玉米相比，突变体的根部组装了截然不同的细菌和真菌群落。利用不同玉米品种的苯并噁嗪化合物突变材料对根际微生物群落组成进行研究也发现了类似的结果。另外，苯并噁嗪化合物形成的遗留效应也可以在玉米作物的几代中检测到，表明苯并噁嗪化合物可能是植物-土壤微生物反馈作用的关键因素。

植保素（phytoalexin）：植保素是一种含硫的吲哚生物碱，与苯并噁嗪化合物类似，也可以调节根系微生物组的功能。参与植保素合成的基因 *CyP71A27* 的功能丧失不仅影响土壤微生物群，还导致假单胞菌对植物生长促进作用的丧失，说明植保素通过调节植物根与微生物之间的相互作用对植物产生有益影响。

硫代葡萄糖苷（glucosinolate）：硫代葡萄糖苷这种含硫化合物可以通过代谢形成异硫氰酸盐、腈或其他有毒物质，它们也是根系分泌物中抗真菌物质的重要组分。硫代葡萄糖苷还会影响拟南芥与内生真菌的结合，并在维持宿主与真菌的关系中发挥作用。硫代葡萄糖苷高度多样化的特征也使其成为驱动微生物组组成的重要候选代谢物质。

挥发性有机化合物（volatile organic compound）：除了上述可溶的代谢物外，植物还释放各种挥发性有机化合物（通常称为挥发物），包括醛、萜类、苯丙烷和常见的单萜烯柠檬烯、β-品烯、苯类和β-石竹烯，约占植物次生代谢产物的 1%。由于其独特的物理化学性质，挥发物可以很容易地通过土壤中充满气体和水的孔隙扩散，因此在土壤中具有广泛的有效范围。植物挥发物由于其抗菌作用和作为碳源的潜在作用，也可以在决定植物地上部（包括茎、叶、花和果实）的微生物群落构成中发挥重要作用。此外，植物特定的挥发物也可以通过邻近植株激素的改变进而影响其根际微生物的群落构成。例如，番茄叶片中的 β-石竹烯可以作为一种标志性的挥发物，导致相邻番茄根部释放大量水杨酸，并对它们相似的根际微生物群落做出贡献（高达

69%)。这些研究表明，植物挥发物与微生物群的相互作用是广泛的，具有很高的生态价值。

植物激素（phytohormone）：植物激素是一类具有生物活性的小分子。除了调节植物的生理和形态反应外，植物激素还影响植物的微生物群。已知影响植物微生物群的植物激素包括茉莉酸（jasmonic acid）、水杨酸（salicylic acid）、乙烯（ethylene）、脱落酸（abscisic acid）和独脚金内酯（strigolactone）。茉莉酸及其衍生物能影响植物根际微生物群，经研究发现，与正常植株相比，茉莉酸信号通路缺陷的拟南芥突变体在根系微生物组中天冬酰胺、鸟氨酸和色氨酸的含量更低，而链霉菌、芽孢杆菌、肠杆菌科细菌和产溶菌素的类群的丰度则显著增加。水杨酸在植物根系招募一些促生菌（如植物生长促进细菌），从而对植物的生长起到积极的促进作用。此外，水杨酸还可以调节微生物群落的多样性和稳定性，对根际微生物的功能和代谢活动产生影响。除了茉莉酸和水杨酸，另一种植物激素乙烯也可以通过土壤中充满空气和水的孔隙扩散。与茉莉酸和水杨酸类似，乙烯可以调节豆科植物-根瘤菌共生体内的丛枝菌根定植和形成根瘤。脱落酸也是一种常见的植物激素，外源脱落酸的添加可以导致盆栽土壤混合物中 *Limnobacter*、马赛菌属（*Massilia*）和纤维弧菌属（*Cellvibrio*）的微生物占优势。独脚金内酯通常在磷或氮饥饿条件下从根中分泌，在吸引丛枝菌根真菌定植后被下调。同时，独脚金内酯介导的代谢途径可能参与了水稻根部微生物群的调节，在独脚金内酯缺乏的突变体中，细菌丰度更高，真菌多样性更低。

3.2.1.3 根际微生物对植物生长的调控作用

根际微生物可通过多种途径调控植物生长。一些微生物与植物共生，为植物提供所需的营养元素，促进植物吸收养分；一些微生物合成生长激素，刺激植物生长和发育。根际微生物与植物相互作用，对植物生长、发育和适应环境起着重要的促进作用，维持着植物健康和生态系统的平衡。

1. 根际微生物协助植物抵抗生物胁迫 植物与各种植物病原微生物的斗争已经历了漫长的历史，通过与病原微生物不断地接触，植物进化出了多种有效的防御机制。一些植物激素，如水杨酸、乙烯、茉莉酸、脱落酸、生长素等，通过激活或调节植物防御基因的表达来调控有效的防御反应（图 3.2）。

图 3.2 逆境胁迫下植物通过调整根系微生物组来增强抗性

除此之外，当受到生物胁迫时，植物也会向土壤微生物寻求帮助。当微生物与根共生后，可通过各种机制帮助植物抵御病原体入侵，包括生态位竞争、抗生素分泌和免疫系统激活

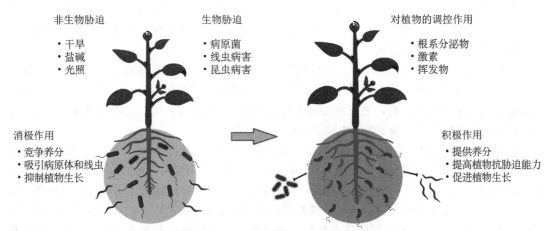

（图 3.3）。目前发现植物在根际招募的有益微生物主要集中在一些模式有益微生物（如荧光假单胞菌和芽孢杆菌）。例如，当拟南芥叶面遭受紫丁香假单胞菌病原体入侵时，会刺激拟南芥根系增加苹果酸的分泌，从而在根际招募枯草芽孢杆菌（*Bacillus subtilis*），增强植物根部的抗病能力。蜡状芽孢杆菌 AR156 可以诱导番茄根系分泌物中乳酸和己酸等上调，并进一步参与植物根系的防御反应。在众多有关植物受病原微生物胁迫的研究中，绝大部分发现的是一些有效的细菌和真菌类群，而最新的研究也表明溶菌噬菌体能在不影响非目标环境细菌的情况下，特异性地感染青枯病菌菌株和一些密切相关且具有致病性的伪青枯病菌，并能在包括水温、pH 等环境值的广泛条件下，溶解病原微生物种群，这说明参与生物防治过程的不仅有根际细菌和真菌，某些具有生防功能的病毒类群也发挥着同等重要的作用，极具应用开发潜力。

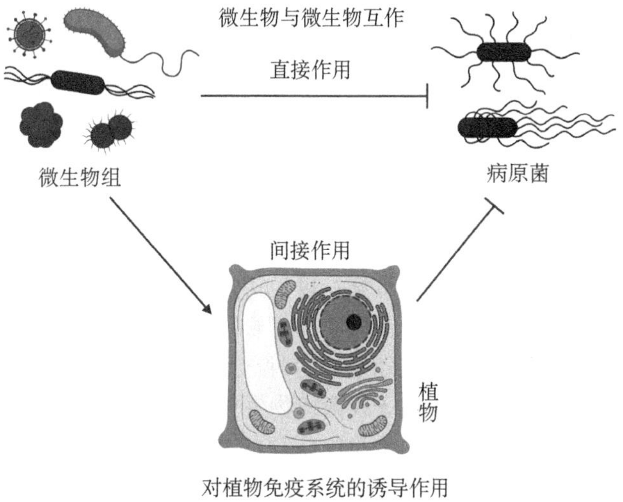

图 3.3　微生物组扩展了植物免疫系统（Teixeira et al.，2019）

2. 根际微生物协助植物抵抗非生物胁迫　非生物胁迫因素如干旱、重金属污染、盐碱、光照和养分胁迫等会对植物的生长和发育产生负面影响，严重影响农业生产和生态系统的健康。根际微生物作为植物根系的重要组成部分，在植物与非生物胁迫之间建立了复杂的相互作用网络。近年来的研究表明，根际微生物可以协助植物抵抗非生物胁迫，促进植物的适应性和生存能力。

干旱是农业生产中一个日益严重的问题，最近的研究表明短期干旱胁迫会对根内微生物群落造成剧烈影响，并在根内富集大量的放线菌。干旱胁迫解除后，根内微生物群落构成可较大程度恢复到胁迫前水平。长期干旱胁迫则会对水稻根内微生物群落造成剧烈而持久的影响，且解除干旱胁迫后不能完全恢复。宏基因组学和比较基因组学表明，在干旱条件下，放线菌基因组中铁运输和代谢相关基因的拷贝数显著增加，这表明铁代谢在干旱诱导的根际微生物群落动态中起着重要作用。此外，从葡萄根系中分离的部分微生物在干旱条件下可以提高葡萄的枝条和叶片生物量、枝条长度和光合活性，同时也可以提高葡萄根系的生物量，说明在干旱胁迫诱导条件下，这些根际微生物能提高植物的干旱胁迫抗性。

土壤重金属污染作为植物非生物胁迫的重要影响因素，已经成为当前国际上微生物学研究的重要领域。在重金属污染土壤修复实践中应用较多的是菌根真菌，包括内生菌根真菌、外生菌根真菌。根际真菌可以与植物根系形成共生体，不仅可以有效改善植物的生长状况，在提升植物对重金属的吸收、转运和富集能力及抗逆性方面也发挥着重要作用。例如，接种混合真菌

（球囊霉属、盾巨孢囊霉属和巨孢囊霉属）可促进万寿菊茎、叶、根的生长，提高万寿菊对镉和铅的提取效率。在受重金属污染的土壤中发现根际细菌的数量和种类增多，其中以放线菌门、厚壁菌门和变形菌门为主，说明具有耐重金属性的根际细菌可以在重金属污染土壤中大量存在。长期生长在重金属污染土壤中的植物根际微生物，经长时间适应和进化，形成了抗性机制，在与植物联合修复过程中可通过重金属生物吸附、甲基化作用、生物淋滤、氧化还原作用及自身外排系统等来减缓重金属对自身和植物的毒害。

土壤盐碱化是对农业的全球性威胁。利用微生物来缓解盐胁迫是一种有重要应用前景的方法。盐耐受性微生物可以通过多种机制减轻盐胁迫对植物的影响。它们通常在根际形成与植物根系互利共生的关系。这些微生物通过分泌特定的化合物，如胞外多糖、有机酸和胺类化合物等，来提供对抗盐胁迫的保护。这些物质可以调节植物的离子平衡，降低盐分对植物细胞的毒性，从而减轻盐胁迫的影响。另外，经研究发现从盐胁迫宿主中分离的微生物群落在缓解宿主盐胁迫方面比从非宿主植物中分离的微生物群落更有效。同时，缓解盐胁迫依赖于微生物物种多样性，这表明有益的调控机制可能涉及不同微生物物种之间的协同作用。

弱光也是一种植物常需要面临的非生物胁迫，植物叶片感知光照条件调节根系微生物群落，而微生物群落也会反过来调节植物在相应光照条件下的生长发育，它们可以促进植物的光合作用效率。一些根际微生物具有合成生长激素和辅助植物进行光合作用的能力。它们可以产生类似植物激素的物质，如生长素和赤霉素，以促进植物的光合活性和叶片展开。此外，它们还可以合成一些辅酶和辅酶类似物质，帮助植物光合色素的合成和提高光合酶的活性。在低光合有效辐射条件下，微生物组-根-芽回路会以牺牲部分防御为代价进行植物生长补偿调控，这个过程是根系微生物通过 MYC2 转录因子权衡植物生长和防御反应实现的。

磷胁迫和铁胁迫是植物生长过程中常见的两种营养胁迫。许多植物能够从菌根真菌中获得磷元素。一些根际促生细菌能够提升植物对铁元素的吸收。在拟南芥中，PHR1 是调控磷胁迫反应最重要的转录因子，利用根部分离的内生细菌合成的微生物组能够增强 PHR1 的活性，促进拟南芥在缺磷条件下对磷的吸收和积累。在缺铁环境中，拟南芥根系分泌大量的香豆素来协助植物对铁元素的吸收。

3.2.2 植物根系与土壤动物相互作用

除了土壤微生物外，植物根系与土壤动物之间也存在着复杂的相互作用，这种相互作用对土壤生态系统的健康和植物的生长发育具有重要影响。植物根系与土壤动物的相互作用主要有以下几个方面。①提供营养和栖息地：植物根系为土壤动物提供了营养和栖息地。根系分泌的有机质和根系残留物可以作为土壤动物的食物来源。同时，根系形成的根结构和根际区域提供了土壤动物的栖息地，它们可以在根际土壤中寻找庇护，进行繁殖和活动。②形成共生关系：部分土壤动物与植物根系形成共生关系。例如，根结线虫与豆科植物根系共生，形成根瘤并为植物提供固氮能力。一些昆虫如根蚜则以植物根系为食物来源，与植物根系密切联系。③促进土壤通气和颗粒破碎：某些根际土壤动物如捕食性线虫通过活动和排泄物，改善土壤的通气性和结构，它们还通过破碎和混合土壤颗粒，使土壤松散化。④促进有机质分解和养分循环：一些根际土壤动物参与有机质的分解和养分的循环过程。它们摄食植物残体和有机质，通过消化作用将有机质分解为更小的分子，释放出养分供植物吸收利用。这种分解作用和养分循环过程有助于为植物提供生长所需的营养元素。⑤影响植物生长和健康：植物根系与土壤动物的相互作用对植物的生长和健康有直接影响。一方面，土壤动物的活动和排泄物改善了土壤环境，有利于植物根系吸收养分和生长。另一方面，一些土壤动物可能对植物造成伤害，如玉米根虫、金针虫等以植物根系为食物，导致植物根系损伤并降低养分吸收能力，影响植物的生长和健康。

总的来说，植物根系与土壤动物之间的相互作用是一个复杂而动态的过程。它们可以互相促进、合作或竞争，对土壤生态系统的结构和功能产生重要影响。这种相互作用在维持土壤生物多样性、养分循环和生态系统稳定性方面起着关键作用。因此，了解和管理植物根系与土壤动物之间的相互作用对农业、生态恢复和土壤保护具有重要意义。

3.2.3 根际微生物与动物食物网相互作用

根际微生物与动物食物网之间存在着密切的关系，两者相互作用并对生态系统的稳定性和功能发挥着重要作用。一般来说，根际微生物对动物食物网的形成和运行产生着积极影响。在动物食物网中，许多动物以植物作为食物来源，植物通过光合作用将太阳能转化为有机质，供给其他生物。然而，植物组织中的某些成分对土壤动物来说难以直接消化利用。这时，根际微生物的作用就变得尤为重要。某些根际微生物能够分解植物组织中的复杂有机质，将其分解为简单的可被动物消化的物质。这些微生物在食物链中居于重要的位置，将复杂有机质转化为可利用的能量和养分，使整个食物网的能量流动更加高效。因此，微生物的存在和活动可以影响食物链的层次结构和能量传递路径，从而塑造整个食物网的组织和功能。

根际微生物还能够与动物共生共存，形成共生关系。一些动物如昆虫、蠕虫等会与根际微生物形成密切的关联。它们在根际微生物的帮助下获取到植物根系分泌的养分，并提供栖息地和营养来源给根际微生物，从而构建起一个复杂的共生网络。这种共生关系在生态系统的物质循环、能量流动和生物多样性维持方面起着重要作用。根际微生物通过与动物的共生关系，为动物提供了特定的营养物质，并帮助它们消化植物组织中的复杂物质。同时，动物（蚯蚓、线虫和昆虫等）通过排泄物和剩余物质为根际微生物提供了有机质和营养底物，使它们能够生存和繁殖。这种相互依赖的关系促进了物质循环和能量流动的平衡，维持了生态系统的稳定性。

根际微生物还通过抑制植物病原菌的生长和传播，对动物食物网的健康发挥着积极的影响。某些根际微生物具有拮抗病原菌的能力，可以产生抗菌物质或竞争有限的营养资源，从而减少植物病害的发生。这种抗菌作用间接保护了植物，维持了植物作为动物食物来源的稳定性。在食物网中，如果植物受到病害的影响减少了，将导致食物链中上层的动物无法获取足够的食物资源，整个食物网的平衡将被打破。因此，研究根际微生物与动物食物网的关系，将有助于更好地理解生态系统的运行机制，并为生态保护和农业可持续发展提供科学依据。

3.3 根系微生物组学研究

在自然界中，植物根系与大量的微生物互作，这些微生物定植在根际土中，或附着于根系表面，或定植于根内，这类微生物统称为植物根系微生物组。研究根系微生物组可以揭示根际微生物的种类多样性和功能多样性，获悉植物与微生物之间的相互作用关系，了解土壤生态系统的功能和健康。根系微生物组学的研究在农业生产和生物技术领域具有潜在的应用价值。人们可以通过优化根际微生物群落的结构和功能，促进作物生长、提高养分利用效率、增强抗逆性能等，实现农业绿色可持续发展。

3.3.1 根系微生物组装配的集群模式

自然土壤环境中有着复杂的土壤微生物群落，而当宿主植物出现时，受植物根系的吸引，土壤中的微生物会向根系聚集。通过特定的筛选作用后，部分微生物类群组装形成了特殊的根系微生物群落。土壤微生物群落的组装最初由所处的土壤类型决定，而当植物出现时，会受到植物根系的"招募"作用，在植物的根系内部和根系周围组装形成稳定的微生物群落。当植物处于不同生境条件下时，会在根际装配不同的微生物群落以应对环境的变化。

1. 碳循环相关的根际微生物 与非根际土壤相比，根际植物根系分泌物的输入和凋落物分解等过程会引起根际的激发效应，刺激微生物的生命活动，从而对根际微生物的群落结构和生态功能产生重大影响。细菌如变形菌门、拟杆菌门，真菌如子囊菌和菌根真菌如杜鹃花类菌根（*Ericoid mycorrhiza*）等对碳源的趋化反应是其在根部定植的重要一步。植物根际糖类、氨基酸等易被微生物同化，形成了碳源比较丰富的环境，拟杆菌门和变形菌门优先定植在植物根部。此外，一些低分子量含碳化合物如二羧酸通过酸化根际土壤，导致 β-变形菌和放线菌的相对丰度增加。菌根真菌在植物根际碳分配方面起着重要作用，与菌根共生的植物向根外释放的碳源大部分优先分配给菌根真菌，此过程在较短时间内完成，同时菌根真菌逐渐将这些碳释放到根际和菌丝际，供该区域的微生物代谢利用。

2. 氮循环相关的根际微生物 根际生物固氮作用主要由共生固氮微生物和非共生固氮微生物参与，共生固氮微生物可以与豆科植物形成互利共生关系。例如，根瘤菌在豆科植物的根上形成特殊的根瘤，并固定氮以交换寄主植物的碳。豆科植物固定的铵盐释放到周围土壤中还能被氨氧化细菌及亚硝酸盐氧化细菌转化为亚硝酸盐和硝酸盐，从而推动根际土壤中的氮循环过程。固氮螺菌属（*Azospirillum*）会增加根瘤菌的感染部位，促进根瘤菌的结瘤能力。土壤中非共生固氮菌群在氮素循环过程中也起着重要作用。例如，广泛生活在禾本科植物根际的固氮螺菌属能在微氧条件下固定 N_2，从而提高植物对养分的吸收和利用。土壤中的氮以有机氮、铵态氮和硝态氮等不同形式存在，其中铵态氮可以通过硝化作用迅速转变为硝态氮，而土壤中的硝态氮易淋溶或通过反硝化作用损失。为了减少氮素流失，一些植物根系分泌物可以通过抑制氨氧化微生物活性从而抑制土壤硝化过程，提高土壤氮素利用率。例如，高粱根际释放的生物硝化抑制剂樱花素（sakuranetin）和高粱酮（sorgoleone）可以抑制硝化酶的活性，对羟基苯丙酸甲酯具有抑制氨氧化微生物的潜力。此外，当土壤中氮素供应不足时，大多数植物会与外生菌根真菌形成共生体，通过菌丝吸收土壤氮，将其运入植物根部并获得植物糖作为回报。

3. 磷循环相关的根际微生物 磷是植物生长的关键营养元素之一，尽管大多数土壤中总磷含量并不一定低，但植物根部只能吸收可溶性磷，其他形态的磷如有机磷和矿物磷等并不能被植物直接吸收利用。丛枝菌根真菌是辅助植物获取磷元素的主要微生物之一，丛枝菌根真菌可以在植物的根系上延伸，通过拓宽植物获取磷的范围及产生磷酸酶等方式促进植物利用土壤中的磷。丛枝菌根真菌还可以利用菌丝渗出物提供的碳源吸引土壤中的磷酸盐溶解细菌，这些细菌富集到丛枝菌根真菌菌丝表面，使磷酸酶的活性增强。与没有丛枝菌根真菌群落共生的植物相比，接种丛枝菌根真菌群落的植物平均多吸收 44%的磷。有研究证明，超过 80%的维管植物与丛枝菌根真菌共生，宿主植物通过为丛枝菌根真菌提供碳源以满足其生长发育过程中对磷的需求，当土壤中磷含量较高时，植物可以在没有丛枝菌根真菌共生的条件下获得最佳的养分供应。此外，土壤中的一些微生物如芽孢杆菌、假单胞菌等，还可以通过产生有机酸或磷酸酶将矿物质磷溶解为植物能够吸收利用的正磷酸盐。

3.3.2　根系微生物组学研究的重要方向

1. 挖掘根际微生物对植物的促生作用和防御作用　植物根际微生物对植物的促生作用可以根据微生物的功能化分为根际促生微生物和生防微生物两大类。对根际促生微生物而言，首先应该加大根际促生菌菌株的筛选，更好地发掘优良菌株的功能。其次加强促生菌实际接种环境的应用。由于目前用于接种的促生菌大多在温室环境中发挥作用，应用到田间却效果不理想，难以保证菌落的群体效应，因此未来的研究应该致力于解决菌株田间应用的适应性。此外，还应该利用先进生物技术对优良促生菌菌株进行筛选。对于生防微生物而言，虽然其对植物病害的防治与传统病害防治方法相比有很大优势，但由于其自身特性很容易受到多种因素的影响而丧失生防能力。对生防微生物的研究应加强以下几方面：①生防微生物容易受环境条件影响，在实际应用中很难大面积应用，因此需要加强对生防微生物的遗传改良，改善它们对环境的适应能力。②随着生防微生物遗传改良的深入，在微生物基因重组过程中可能会造成水平基因转移，导致对其他微生物的污染，应加强微生物基因工程的安全性评价。③植物内生菌有较好的适应性，可以尝试用转基因技术将外源优良生防菌产抗生素基因转入内生菌中，使其在植物内部表达。

2. 探究根系分泌物对微生物的调控功能　植物根系分泌物的研究对农业发展、工业污染整治、生态环境维护和新型药物开发都有重大意义。今后对植物根系分泌物方面的研究应加强以下方面：①根系分泌物的组分复杂，目前还有很多未知组分物质，挖掘这些物质对微生物群落的调控作用，对今后利用根际微生物进行生态环境修复和防治农业土传病害具有重要意义。②目前，根系分泌物的研究多集中在单一的生物系统，大多只研究了根系分泌物对植物生长发育的影响，或根系分泌物对土壤微生物的影响。需要以根系分泌物为媒介，对“植物-土壤-微生物”系统各要素之间的相互作用进行更为深入的探究。

3. 筛选优质物种和改变传统种植模式　从农业发展的角度考虑，选育那些具有高效养分转化及抗病抗逆性强的根际微生物功能菌群的植物品种，可以减少农药、化肥的使用，有利于生态农业的发展。例如，水生植物根际微生物群落是甲烷产生的重要来源，筛选具有低甲烷释放功能的微生物群落的水稻品种，大面积种植，有利于减少甲烷释放，缓解温室效应。除了微生物，植物根际也存在其他生物，如原生生物、无脊椎动物等，这些生物及其与根际微生物的相互作用，对植物健康和营养的影响，也是值得研究的重要课题。在农业生产中，如何通过农业生产措施，有效维持植物健康的根际微生物群落，从而提高植物抗病、抗逆、养分利用效率等，是未来需要大力研究的方向。

4. 多组学综合应用探究根系微生物功能　相关研究表明，宏基因组学可以预测微生物群落功能潜力，未来研究的前沿是微观领域的探索，侧重于基因组预测、基因组与表型组关系、通量组学和建模技术的应用，结合代谢组学、成像技术，在识别和跟踪根际土壤生物间信号分子和代谢物的交换方面有很大的应用前景。特别是使用精确的序列而不是聚类的操作分类单元，使细菌和古生物 rRNA 基因序列能够在多个研究中被跟踪。研究细菌基因和分子对其保护作用的特性，并确定调控根际微生物群组装的宿主分子成分仍然很重要，这有助于理解植物如何协调环境微生物的选择以在自然界生存。因此，未来可基于宏基因组研究，利用基因组、代谢组、多组学技术，以及通量组学和建模技术，研究植物根系分泌物、根系黏液与土壤微生物的互作关系，进而揭示植物促生和抗病机制。

5. 植物功能性状相关联的根系微生物组与生态系统 植物功能性状多样性与微生物功能多样性对生态系统功能多样性的维持和促进已成为近年来研究的热点。例如，植物根际土壤中与植物叶片功能性状相关的微生物群落如何介导植物生长，进而影响生态系统功能等。根系微生物群落组成和多样性不仅与土壤的非生物因子密切相关，而且与植物资源获取和利用相关的功能性状密切相关，植物性状可能是植物群落和土壤微生物群落之间的纽带，需要更多的研究来量化这些由植物性状介导的根际微生物特性与植物群落动态之间的关系，尤其是根际微生物对寄主的表型可塑性起着重要作用，有助于提高宿主植物对环境的适应能力。

6. 全球气候变化与根系微生物组的关系 在全球气候变化的背景下，不同时空尺度的非生物因子和人类活动影响了根际与非根际土壤微生物的组成和多样性，由此导致功能成分发生变化，而根际土壤和非根际土壤微生物的功能成分对植物个体和群落水平的整体影响又非常重要。例如，水氮耦合效应将可能改变土壤微生物群落。已有研究证实了氮的添加主要通过氮循环过程影响核心群落基因，而水的添加主要通过碳循环过程调节辅助群落基因。今后在土壤-微生物-植物相互作用的研究中，采取实验与观察相结合的方法，将土壤环境作为一个整体，通过模拟气候变化，或改进和增加微生物群落结构，预测土壤系统的多功能特性，进一步揭示植物与土壤的互作对气候变化的响应。

3.4 根际原位研究方法

3.4.1 根际土壤的原位采集

1. 洗根法 根际土附着在根系表面，在采集时，首先要采集包含植物根系的土壤。对于质地松散的土壤，采用抖土法抖掉与根系松散结合的土壤，为非根际土。再用小刷将与根系紧密结合的土壤刷下来，作为根际土。对于质地比较黏重的土壤，可以先甩掉附着在根系上的大多数土壤，之后利用剪刀将带土的根系剪下来，放入盛有无菌磷酸盐缓冲液（phosphate buffered saline，PBS）的无菌管里，通过振荡将附着的根际土振荡下来，作为检测根际微生物的样本。收集的根际土壤样品可直接进行后续实验，或液氮速冻后，置于−80℃超低温冰箱保存。

根际土壤采集步骤如下。

1）通过无菌手套揉捏和摇晃，以及用无菌（燃烧）金属刮刀轻拍根部等方式，手动从根部去除松散的非根际土，附着在根部约 1mm 厚的土壤被视为根际土壤（图 3.4）。将根系样品置于含 25ml 无菌 10mmol/L PBS 的无菌 50ml 离心管中。

2）将上述样品带回实验室后，将离心管以最大速度涡旋振荡 15s，从根部释放大部分根际土壤并使水变得混浊。使用无菌镊子（将镊子放在酒精灯火焰上进行高温消毒，用无菌水冷却至常温后使用）将根系挑到新的盛有 20ml 无菌 PBS 的新无菌 50ml 离心管中，第二次涡旋振荡。

3）挑除 50ml 离心管中的根系，合并两次涡旋振荡的混浊溶液，将其通过 100μm 尼龙网细胞过滤器过滤到新的 50ml 离心管中，以去除破碎的植物部分和大的沉淀物。

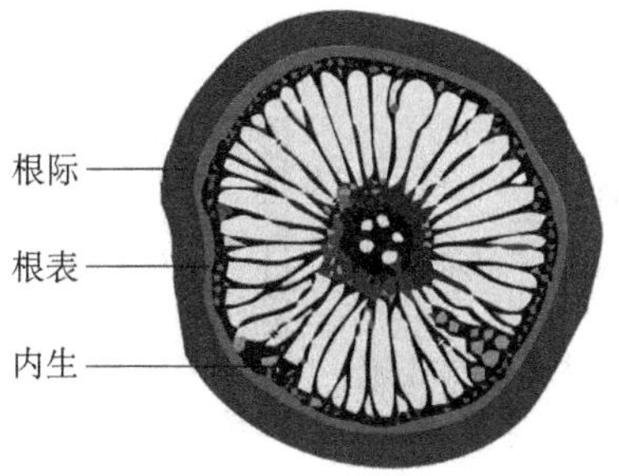

图 3.4　根际、根表和内生示意图（Edwards et al.，2015）

4）将剩余悬浮液高速离心（8000×g，4℃）20min 收集根际土壤。液氮速冻后，置于−80℃超低温冰箱保存（图 3.5）。

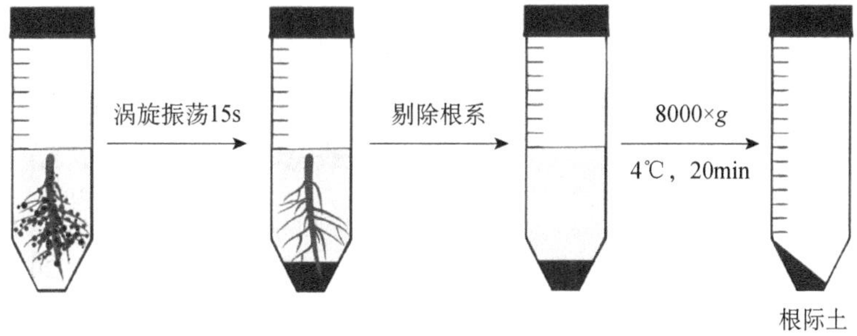

图 3.5　根际土分离流程（何兴华等，2021）

这种采集方法操作简单，不需要特殊的装置设备。其缺点在于抖落非根际土时有较强的主观性，根际土中容易残留部分根系。

2. 水平多隔层根箱法　20 世纪 60 年代末，人们开始应用模拟装置进行根际研究。模拟装置的核心是应用某种允许养分和水分自由通过，而植物根系不能穿过的隔膜，将植物根系和土壤介质两者机械地分离，从而很容易地获取根际土壤。例如，水平多隔层根箱装置（图 3.6）是由聚氯乙烯（PVC）板加工制成的，包括中室（或根系隔间，20mm 宽）、左土壤室及右土壤室（或左、右远离根际层，各 60mm 宽）3 部分。中室为“U”形三面体，左、右土壤室为“U”形四面体；中室两边分别通过螺钉与左、右土壤室的右、左侧相连。在紧贴中室两边的左、右土壤室内分别含有 n 张由 25μm 尼龙网制成的 1mm 厚的插片。插片四周的支撑材质为 1mm 厚的环氧印制电路板，这种先进工艺技术材料质地坚硬且膨胀系数远大于尼龙网，可避免温度、湿度等环境因素造成的插片厚度的改变，精确控制各目标土层 1mm 的厚度。通过 n 张插片的控制，可将植物根系限制于中室内生长，至取样期，可开箱并逐一抽出尼龙网插片，实现根际水平方向不同毫米级土壤的分离采集。这种设计在充分避免根系组织生长进入相邻土壤室，实现根−土界面中不同毫米级土层间彼此物理分离的同时，又确保了土壤微生物及根系分泌物等的层间迁移活动。

该法的优点在于在选材、插片等环节上进行了精心考虑，避免了人为不可控因素、根系生长量大小及长短等植物不确定参数的影响；首次实现了适用于有机污染物胁迫下土壤生物和生物学性质测定的根际土壤毫米级微域的区分。

在实验过程中应根据不同的研究目的选择适当的根际土采集方法，采样应避免损伤植物根系，同时避免采集表层土壤，以免受到空气中微生物及人为活动的干扰。采集到的根际土样品应及时处理，以保证样品质量与可靠性。

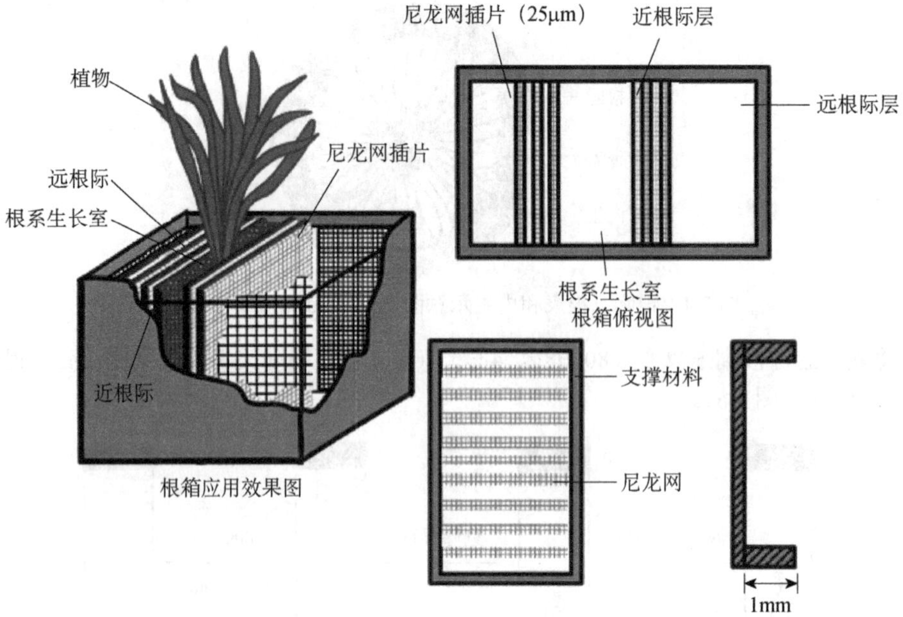

图 3.6 水平多隔层根箱装置（He et al.，2005，2007；何艳和徐建明，2010）

3.4.2 根系分泌物的收集、分离与鉴定

3.4.2.1 根系分泌物的收集方法

植物根部释放的低分子量有机化合物（有机酸、氨基酸、糖等）对根际物理、化学和微生物环境改变有重要的作用，恰当而又准确的收集方法能加强对根际相关动态过程的理解。根系分泌物的原位收集、分离和鉴定应遵循以下几个原则：①根据实验目的选择收集方法；②收集过程不能影响根系生长；③尽量维持根的自然生理状态；④收集过程应避免微生物的分解作用；⑤提取根系分泌物时，应在低温条件下快速进行，特别是用有机溶剂浸提时；⑥分离根系分泌物时应尽量采用温和的提取剂；⑦收集或分离获得的根系分泌物样品应在-80℃以下环境中冷冻保存。

1. 室内收集方法 目前比较常用的几种室内收集方法为溶液培养收集法、基质（石英砂、玻璃珠和琼脂）培养收集法和土培收集法。

（1）*溶液培养收集法* 传统溶液培养收集法是最简单、最普遍的一种根系分泌物收集方法。该方法是将用无菌水冲洗干净的植物根系放入加有微生物抑制剂的超纯水中培养一段时间后，将植株移走，收集培养液，过滤，再通过树脂去除养分离子，得到根系分泌物。

溶液培养收集法操作简便，收集过程对根系损伤较小，不受土粒本身元素对分泌物成分的影响，可以较好地控制无菌条件从而避免微生物对分泌物的分解利用，应用较为广泛。但普遍存在以下问题：溶液培养时植物根系浸泡在溶液中，根系通气不良，呼吸作用受到抑制，各种生理功能减弱；也可能在缺氧条件下产生有毒物质，影响植物的正常生长。因此，用溶液培养收集法收集根系分泌物需要尽量缩短收集时间。溶液培养的植物根际微环境（如通气状况、养分分布、根系结构、微生物等）与自然状况下土壤环境存在较大差别，同时也缺乏土粒对细根的机械磨损和根际微生物对根系生长的反馈作用，这些因素直接影响根系形态特征及根系分泌物释放的化学组分和含量。故该方法只能代表植物在溶液培养条件下根系的分泌情况，不能真实、准确地反映自然条件下根系的分泌情况。

（2）*基质培养收集法*　传统基质培养收集法是为了排除土壤成分的影响而使用玻璃砂、石英砂、琼脂、蛭石或人造营养土等基质替代土壤。将植株在培养基质中培养一段时间后取出，用蒸馏水或有机溶剂浸泡以提取附着在基质上的有机质，然后对收集到的浸泡液进行浓缩过滤即得根系分泌物。

由于与土壤粒径大小基本一致的石英砂等本身不含植物生长所需的有效养分，而且具有惰性较强、不易与根系分泌物组分发生化学反应、通气状况较好、存在一定的机械阻力等优点，故在根系分泌物的收集中常被用来替代土壤作为植物的生长基质。但是，由于玻璃砂、石英砂等基质保水力差且缺乏植物生长所需的矿质元素，因此利用该方法时需要向基质中添加营养液来维持植物根系所需的矿质元素和湿度。

（3）*土培收集法*　传统土培收集法是指将种植于土壤中一段时间的植物根系取出，用蒸馏水洗下根际土壤，随后通过振荡离心或过滤得到根系分泌物。由于该方法需要通过淋洗将根系与土壤进行分离，难以完全排除土粒本身成分的影响，并且在一定程度上可能造成根系部分损伤。

通过对比可知，通过不同收集方法得到的根系分泌物种类通常有所差异，土培收集法更接近植物生长实际环境，所以分泌物种类较多，也比较符合实际情况。室内培养下的根系分泌物收集技术可较好地应用于根系分泌物的精确定量分析。但该类方法忽略了原位条件下来自根际微生物释放的根际信号分子（如根际微生物分解产物或代谢产物）对植物-土壤的重要生态反馈效应。因此，根系分泌物收集过程除了需要防止根系受到破坏外，还需避免对根际微生物群落的干扰，这也间接反映了根系分泌物原位收集的必要性。此外，由于根系分泌物输入种类和数量对周围环境（光照、温度、水分、土壤养分、物理损伤等）十分敏感，近年来，国内外学者一直在探寻操作性强、能够较真实反映植物分泌情况的研究方法。为了实现原位收集植物的根系分泌物，Oburger 等发明了一种新型的根系分泌物的收集方法，能保证根系分泌物的原位检测。这种方法用尼龙筛（30μm）将根与根际土壤分开，但是仍能保证根和根际土壤室之间水和溶质的交换。为了能够原位收集分泌物，用膜来代替亚克力胶片，这就能够允许真空抽取系统抽取所要收集的分泌物。除此之外，微型抽取杯也被应用于测定根表不同距离的土壤溶液中低分子量有机质的浓度。对比普通收集方法（溶液培收集）和新设计的原位收集方法（图 3.7）中所测得的分泌物种类和含量的差异，结果表明：分泌物中氨基酸的量受收集过程和植物培养条件的影响显著。新设计的原位收集方法能够尽可能还原根际条件，更能准确定性地了解根系分泌物的组成。

2. 野外收集方法　近年来众多研究者针对生态学野外研究的需求也构建了一系列根系分泌物收集方法。根据野外原位条件下是否通过装置对根系分泌物进行收集而将其简单划分为原位抽提法和无损伤原位监测法。

（1）*原位抽提法*　由于草本植物或小型作物的生长周期短、根系较浅且须根多，根系分泌物收集工作相对容易，因而先前对根系分泌物的原位收集方法大多应用于该类小型植物根系分泌物的收集。例如，部分学者采用根际土壤溶液取样器原位直接抽提土壤溶液，或将纤维素膜、层析滤纸直接置于根系表面，一段时间后进行回收，再用浸提液（如甲醇、乙醇等）对纤维素膜或层析滤纸进行多次浸提从而得到根系分泌物。该方法可在短时间内对根系分泌物进行收集，污染环节较少，并且可以对根系不同部位进行分泌物的局部收集，反映根系不同部位的分泌情况，但该方法还是对根系原有的生长状态产生了干扰，因此也会对根系的分泌活动产生一定的影响。

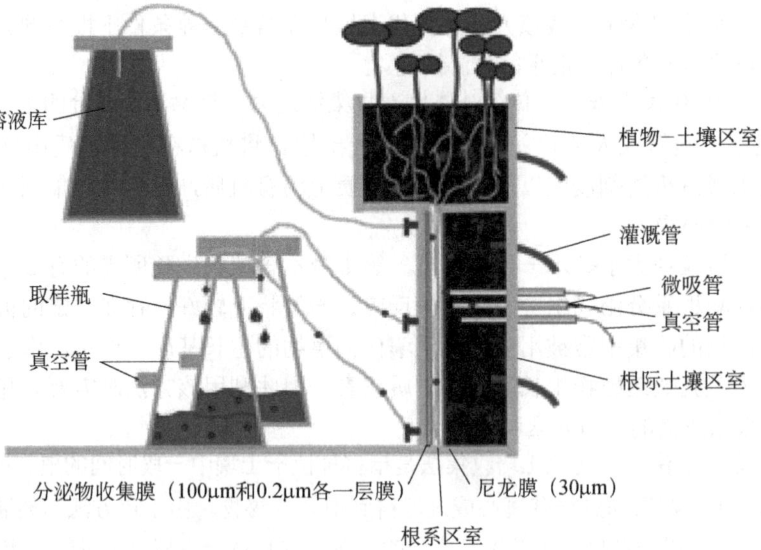

图 3.7　根系分泌物原位收集方法（Oburger et al.，2013）

（2）*无损伤原位监测法*　上述根系分泌物原位抽提法虽然可以对木本植物根系分泌物进行原位收集，但在野外条件下很难获得完整且无损伤的根系，加之野外条件有限，很难将根系完全冲洗干净，因此该方法无法避免微生物、土粒本身和根系损伤等因素对收集到的分泌物准确信息的干扰。由于技术进步和研究方法的相对成熟，根系分泌物的收集工作在一定程度上取得了较大的突破，同时也出现了一些对根系干扰较小的新兴方法，可实现根系分泌物的原位无损伤监测，较好地避免了微生物的影响。例如，一种基于微透析原理的原位取样技术被引入到植物根际环境研究中。该技术是将灌流取样和透析技术有机结合而形成的一种活体动态微量生化取样新技术，其主要原理是对插入生物体中的微透析探头在非平衡条件下（即流出的透析液中待测化合物浓度低于它在探针膜周围样品基质中的浓度）进行灌流，物质沿浓度梯度逆向扩散，使被分析的物质穿过膜扩散进入透析管内，并被透析管里连续流动的灌流液不断带出，从而达到活体组织取样的目的。将该原理应用到地下生态学研究中可实现对根际土壤内有机溶质的连续取样，实现根系分泌物无损伤原位监测。这种非破坏性的取样方法是直接将微透析探针膜置于土壤中，土壤水通过膜的内表面并被收集，而根际土壤中的有机溶质会响应浓度梯度流过膜，在透析液中被回收并进行分析。该方法最大的优点是可连续取样、采样量小、对根系无损伤，并可进行动态观察。目前，利用微透析原理已对土壤微量金属元素、土壤氯离子、低分子量有机阴离子、植物根际土壤氮素形态和有效性进行了检测，表明该技术具有几乎实时、非破坏性地测量根际有效养分的能力。但目前为止，由于技术所限，该方法只能针对某一专一组分进行有效监测，而无法对多组分物质进行同时监测，一定程度上限制了该技术在根系分泌物研究中的广泛应用。然而，由于该技术可原位和实时获得植物根际有效养分浓度、移动性和周转率等诸多优点，利用该技术对根系分泌物进行原位无损伤监测或许是未来根际生态学研究的重点攻克方向。

研究者可以根据不同的实验目的选择适宜收集分泌物的方式。根系分泌物的主要收集方法和各自优缺点如表 3.3 所示。

3.4.2.2　根系分泌物的分离与纯化

根系分泌物由于成分较复杂，不能直接用于分析，必须经过处理后才能做定性和定量的分

表 3.3　不同根系分泌物收集方法比较（郭婉玑等，2019）

优缺点	室内收集				野外原位收集	
	非连续性根系分泌物收集法			连续性根系分泌物收集法	原位抽提法	无损伤原位监测法
	溶液培收集	土培收集	基质培收集			
优点	操作简便、对根系损伤较小，不受土壤本身元素对分泌物成分的影响，可以较好地控制无菌条件，避免微生物干扰	增加土壤机械阻力，有利于植物根系的生长，接近于植物的真实生长状况	产生类似于土壤的机械阻力，排除土壤成分对根系分泌物的影响	实时、连续、准确、定量收集且对根系不造成伤害，避免了无机离子的干扰，能较好地保持无菌环境，避免微生物干扰	操作方法简便，较真实地反映自然条件下植株根系分泌物的质量和数量	操作简便、精确定位、快捷无干扰，对根系无损伤，可对根系分泌物进行实时动态监测
缺点	易导致通气不良而影响根系生长，缺乏土粒对根系的机械阻力作用和根际微生物释放的信号分子反馈作用	很难排除土壤自身成分及微生物利用对根系分泌物的影响	需要保持适当的水分和根系生长所需要的部分矿质元素，与原位根际环境存在差异	只适用于小型植株，且需要将植株移栽到特定的培养条件下进行收集	自然状态下无菌条件较难控制，难以避免微生物和土壤本身的干扰，且根土分离时易对根部造成损伤	只适用于对特定组分进行靶向监测，难以对总分泌物进行收集，监测浓度与土壤含水量有关，精准定位困难

析。根系分泌物的分离与纯化是一个关键环节，提取效果直接影响后续检测结果，所以如何保证根系分泌物各组分的最大提取效率，找到每一个组分适宜的提取方法，是要突破的重点和难点。一般而言，分离和纯化过程要根据各组分的理化性质和生物学性质，选择恰当的分离方法。目前常见分离、纯化方法主要有以下几种：离子交换法、吸附树脂法、萃取法、衍生化、层析法和分子膜与超速离心法。其中，萃取法被广泛使用，因相比其他方法而言，其所需器械简单，分离效果较好。常用的有机溶剂主要有乙酸乙酯、二氯甲烷、乙醚和正己烷等。不同有机溶剂萃取后的根系分泌物组成存在一定差异。

3.4.2.3　根系分泌物的鉴定与分析方法

常用于鉴定与分析根系分泌物有机组分的现代仪器主要有气相色谱仪（GC）、高效液相色谱仪（HPLC）、红外光谱仪（IR spectrometer）、紫外-可见光谱仪（UV-VIS）、质谱仪（MS）、核磁共振仪（NMR spectrometer）、毛细管电泳（CE）、离子色谱仪（IC）、氨基酸自动分析仪及三维荧光光谱仪（3D-EEM）等。对于已知的有机组分，可以采用气相色谱仪、高效液相色谱仪进行定量分析；对于未知痕量组分，可采用红外光谱仪、紫外-可见光谱仪、核磁共振仪和质谱仪等判断待测物质中存在的功能团、共轭体系、氢原子和碳原子在分子中的结合方式，以及得到待测物质的分子量和结构，然后确定其化学结构。目前普遍采用的是气相色谱-质谱联用（GC-MS）或液相色谱-质谱联用（LC-MS）等技术进行分析。

1. 对未知组分的鉴定　GC-MS：GC-MS 技术是测定植物根系分泌物中常用的方法，因为它需样量小，灵敏度高，能对待测组分的功能团进行有效的鉴定。但是，它的缺点是针对如水溶性的根系分泌物组分，如果需要对有机酸、氨基酸等一些小分子组分进行分析时，则需要进行衍生化等前处理步骤。与此相比，LC-MS 更适合对根系分泌物成分中的小分子组分进行分析。

三维荧光光谱：三维荧光光谱法是近 20 多年发展起来的一项新的荧光分析技术，这项技术能够获得激发波长与发射波长或其他变量同时变化时的荧光强度信息，将荧光强度表示为激发波长-发射波长或波长-时间、波长-相角等两个变量的函数。三维荧光光谱法具有分析快速、信息丰富和适于现场操作等优点。

2. 对已知组分的分析　高效液相色谱：操作过程简单，适合痕量物质的精确分析，检测费用低，符合多数实验室的检测需求。但对其配备不同的检测器，对所需进样的物质要满足检测器所适宜检测的范围，否则不能达到良好的出峰效果。目前普遍应用于根系分泌物中有机酸检测的方法是反相高效液相色谱（RP-HPLC）和离子交换色谱。

气相色谱：是以气体作为流动相的色谱法，具有灵敏度高、分析速度快、分离度高等特点。但是对于沸点在500℃以上，相对分子量大于450并且热稳定性差，易分解变质的物质不适合用气相色谱分析；根系分泌物中的部分低分子量有机酸沸点比较高，不易气化，并且极性较大，通常需要衍生化处理后才能进行气相色谱分析。

主要参考文献

曹志平. 2007. 土壤生态学. 北京：化学工业出版社.

丁娜，林华，张学洪，等. 2022. 植物根系分泌物与根际微生物交互作用机制研究进展. 土壤通报，53（5）：1212-1219.

郭婉玑，张子良，刘庆，等. 2019. 根系分泌物收集技术研究进展. 应用生态学报，30（11）：3951-3962.

何艳，徐建明. 2010-02-24. 根际微域土壤的取样装置：ZL200610051751.1. [2024-03-21].

何兴华，杨预展，袁志林. 2021. 野外树木根系取样及根际土收集操作规程. Bio-101：e2003655.

黄巧云，林启美，徐建明. 2015. 土壤生物化学. 北京：高等教育出版社.

刘京伟，李香真，姚敏杰. 2021. 植物根际微生物群落构建的研究进展. 微生物学报，61（2）：231-248.

申建波，白洋，韦中，等. 2021. 根际生命共同体：协调资源、环境和粮食安全的学术思路与交叉创新. 土壤学报，58（4）：805-813.

张福锁，申建波，冯固. 2009. 根际生态学：过程与调控. 北京：中国农业大学出版社.

Edwards J，Johnson C，Santos-Medellín C，et al. 2015. Structure，variation，and assembly of the root-associated microbiomes of rice. Proc Natl Acad Sci，112（8）：E911-E920.

He Y，Xu J M，Ma Z H，et al. 2007. Profiling of PLFA：Implications for nonlinear spatial gradient of PCP degradation in the vicinity of *Lolium perenne* L. roots. Soil Biol Biochem，39：1121-1129.

He Y，Xu J M，Tang C，et al. 2005. Facilitation of pentachlorophenol degradation in the rhizosphere of ryegrass（*Lolium perenne* L.）. Soil Biol Biochem，37（11）：2017-2024.

Hu L F，Mateo P，Ye M，et al. 2018. Plant iron acquisition strategy exploited by an insect herbivore. Science，361：694-697.

Lundberg D S，Lebeis S L，Paredes S H，et al. 2012. Defining the core *Arabidopsis thaliana* root microbiome. Nature，488（7409）：86-90.

Oburger E，Dell'mour M，Hann S，et al. 2013. Evaluation of a novel tool for sampling root exudates from soil-grown plants compared to conventional techniques. Environ Exp Bot，87：235-247.

Phillips R P，Erlitz Y，Bier R，et al. 2008. New approach for capturing soluble root exudates in forest soils. Funct Ecol，22：990-999.

Teixeira P J P L，Colaianni N R，Fitzpatrick C R，et al. 2019. Beyond pathogens：microbiota interactions with the plant immune system. Curr Opin Microbiol，49：7-17.

第 4 章　土壤中碳的生物化学

土壤中的碳储量是全球碳循环的重要组成部分，对人类农耕文明发展起到了关键支撑作用。然而，在过去几个世纪，特别是近几十年来，农业的发展导致大量土壤中的碳储量逐渐减少，给土壤、作物和环境质量带来了严重的负面影响。这种影响包括增加水土流失和沙漠化的风险，使生物多样性平衡变得更加脆弱。我们迫切需要深入了解土壤中碳的生物化学特性，以及在不同生态系统中碳的存储量、形态、活性、循环等特征及调控措施。

本章彩图

4.1　土壤碳存储、形态与活性

全面理解土壤中碳的生物化学特性，以及土壤碳与全球碳循环的关系，深入研究土壤碳库的容量、碳的形态和组成是必不可少的前提。

4.1.1　土壤中碳的存储

土壤中庞大的碳储量使得土壤碳库在全球碳循环中发挥着重要作用，对缓解气候变化和维持土壤健康具有不可替代的重要意义。土壤碳储量一般是指在区域或国家水平上 1m 土层中的碳总储量。严格意义上的土壤碳储量包括土壤有机碳和土壤无机碳两部分，其中以有机碳为主体。对此一直以来的认知是，全球范围内有 1200～1600Pg（petagram）的碳以有机质形式储存于土壤中。基于世界土壤数据库（Harmonized World Soil Database，HWSD），据估计，全球 1m 深度的土壤碳储量约为 1417Pg，这一数值几乎是大气中碳含量的 2 倍。若考虑更深层次的土壤，其储存的碳量可能达到大气中碳含量的 3 倍。在全球范围内，最大的土壤有机碳浓度和储量来自湿地和泥炭地，大多位于永久冻土和热带地区，而旱地土壤有机碳浓度明显较低，通常低于土壤质量的 0.5%（表 4.1）。

在我国，一些学者也对中国土壤有机碳总量进行了多次测量估计。方精云根据 20 世纪 80 年代的数据粗略估算中国 0～1m 深度的土壤有机碳总量为 185.7Pg；潘根兴根据《中国土种志》的土种剖面资料得出中国 0～1m 深度的土壤有机碳总量为 50Pg；王绍强等根据中国第一次和第二次土壤普查数据，估算出中国 0～1m 深度的土壤有机碳总量分别为 100.18Pg 和 101.08Pg。不难发现，不同来源的数据影响了估算结果的稳定性。例如，基于 1∶400 万土壤植被图及其他数据资料，利用陆地生物圈模型 BIMEO3 估算出中国土壤有机碳总量为 119.76Pg；基于中国 1∶100 万土壤数据库，采用“土壤类型 GIS 连接”法，通过制图单元碳储量求和得出中国土壤有机碳总量为 89.14Pg。最近，有学者等基于全球 11 万多个 0～2m 土壤剖面数据，估算出中国 0～2m 深度的土壤有机碳总量为 841.4Pg。

目前对无机碳库评估的差异较大，从全球范围来看，在0～1m土壤层中，土壤无机碳总量为695～1738Pg，其中我国无机碳总量为45～234.2Pg，主要以碳酸盐如$CaCO_3$、$CaMg(CO_3)_2$等的形式分布于沙漠、半干旱地区及石灰岩沉积区（以西北和华北地区为主）。干旱、半干旱地区的土壤无机碳总量通常比该地区的有机碳总量大，但具体的比例会随着生态区的不同而变化。

表4.1 世界土壤中有机碳和无机碳的质量（Brady and Weil，2019）

土纲	全球面积/万 km^2	上层100cm的全球碳量			
		有机/Pg	无机/Pg	总计/Pg	总计百分数/%
新成土	2 113.7	90	263	353	14.2
始成土	1 286.3	190	34	224	9.0
有机土	152.6	179	0	180*	7.2
火山灰土	91.2	20	0	20	0.8
冻土	1 126.0	316	7	323	12.9
变性土	316.0	42	21	64*	2.6
干旱土	1 569.9	59	456	515	20.6
软土	900.5	121	116	237	9.5
灰土	335.3	64	0	64	2.6
淋溶土	1 262.0	158	43	201	8.0
老成土	1 105.2	137	0	137	5.5
氧化土	981.0	126	0	126	5.1
其他	1 839.8	24	0	24	1.0
总计	13 079.5	1 526	940	2 468*	100.0*

* 作者认为是因为数据取了整数，无机碳可能不是0，而是有数值，但四舍五入后为0，所以导致总计与有机碳、无机碳总和有出入

4.1.2 土壤中碳的形态与活性

由于土壤中的无机碳库更新周期大约为8500年，土壤中的有机碳库在全球碳循环中显得尤为重要。自18世纪80年代土壤腐殖质的发现以来，人们一直致力于研究和了解土壤有机碳的组成成分及其存在形态。把土壤有机碳划分为不同的组分，有助于研究和理解各组分的特性以及与土壤过程、土壤功能等的联系。

4.1.2.1 有机碳的化学分组

土壤有机质包括腐殖物质（是土壤有机质的主体，是经腐殖化作用形成的具有特异性的、多相分布的类高分子化合物）和非腐殖物质（是已知有机化学结构的化合物）。在理论上，非腐殖物质是腐殖质中除去腐殖物质后剩余的部分，即不具备腐殖物质特性的化合物。与腐殖物质相比，非腐殖物质的结构较为简单，较容易被微生物分解。与腐殖物质不同，非腐殖物质是指其化学组成和结构已知的有机化合物，如氨基酸、碳水化合物、脂肪、木质素、纤维素、有机酸、石蜡、树脂等，占土壤有机质的20%～30%。

腐殖物质是一种天然的高分子聚合物，其组成和结构非常复杂。它主要由多种腐殖酸及其与金属离子结合形成的盐类组成。腐殖物质与土壤矿物质紧密结合，形成有机无机复合体，在水中难以溶解。因此，要研究土壤中的腐殖酸性质，首先需要使用适当的溶剂将其从土壤中提

取出来。目前通常采用的方法是先分离未分解或部分分解的动植物残体。通常使用水浮选、手工挑选和静电吸附等去除这些残体，或使用相对密度为 1.8 或 2.0 的重液更有效地去除它们。被去除的这部分有机质称为轻组，留下的土壤成分称为重组。然后根据腐殖物质在碱性和酸性溶液中的溶解度，将其划分为几个不同的组分。传统的分类方法将土壤中的腐殖物质分为胡敏酸、富啡酸和胡敏素 3 个组分（图 4.1）。其中，胡敏酸可溶于碱性溶液，而不溶于水和酸性溶液，其颜色和分子量居中；富啡酸可溶于水、酸性溶液和碱性溶液，颜色最浅且分子量最低；胡敏素不溶于水、酸性溶液和碱性溶液，其颜色最深且分子量最高，但其中一部分可被热碱提取。此外，胡敏酸可以用 95%乙醇进行回流提取，其中可溶于乙醇的部分称为吉马多美郎酸（棕腐酸）。目前，富啡酸和胡敏酸是研究最多的组分，它们是腐殖物质中最重要的成分。由于腐殖化过程的缓慢性，短期内可能需要几十年，长期则可能需要上千年，且在全球范围内腐殖质的结构和功能并没有明显差异，因此对腐殖质类物质的研究在 20 世纪 80 年代后逐渐减弱。

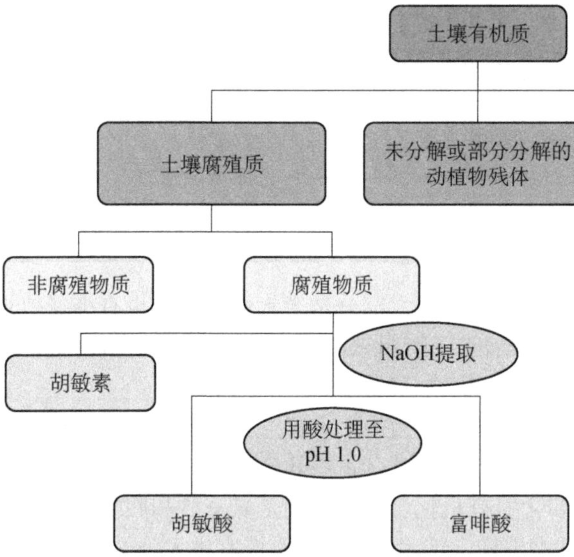

图 4.1　通过化学和物理标准分离的土壤有机质组分的分类（改自黄昌勇和徐建明，2010）

目前根据用于提取的化学溶剂的不同，将土壤有机碳按化学组分主要分为水溶性有机碳、有机溶剂提取态有机碳、易水解态有机碳、易氧化有机碳和矿物结合态有机碳等。

1. 水溶性有机碳　土壤水溶性有机碳是指能通过孔径为 0.45μm 滤膜的大小和结构不同的有机分子，也称为溶解有机碳（dissolved organic carbon，DOC）或水可提取有机碳。其主要由碳水化合物、蛋白质、长链脂肪族化合物和大分子腐殖质组成。DOC 可通过收集土壤渗漏液或溶液提取器抽提土壤溶液，进行定量测定。通常采用的提取剂有水、$CaCl_2$、KCl、K_2SO_4 等。DOC 占土壤总有机碳的比例很小，一般不作为衡量有机碳质量的重要指标。但是它作为微生物生长的主要能源，在提供土壤养分方面具有重要作用。

DOC 有多种来源，包括冠层淋洗物、根系分泌物、枯枝落叶的分解产物、微生物代谢产物和死亡细胞、有机肥料及腐殖质等，这些来源本质上都源自植物的光合作用产物。不同生态系统中土壤 DOC 的来源存在显著差异。在大多数农田土壤中，土壤 DOC 主要来自作物根系残留物、秸秆还田和有机肥料等。而在森林土壤中，土壤 DOC 主要来自枯枝落叶和原有的腐殖质。土壤 DOC 的组成非常复杂（表 4.2），通常根据其溶解度、分子大小和吸附特性进行分离和测定。根据分子大小，可以将其分为大分子 DOC 和小分子 DOC；根据降解难度，可以分为易降解有机碳和难降解有机碳。易降解有机碳主要包括小分子有机酸、单糖、氨基酸、蛋白质和富里酸等，其中富里酸可能是一些土壤DOC的主要组成部分。难降解有机碳则是一些大分子有机质，包括分解的纤维素和半纤维素碎片、微生物代谢产物和植物分解碎片等。DOC是土壤中活性最高的有机碳组分，极容易矿化。据估计，有11%～44%的DOC可以被微生物快速分解，特别是小分子DOC，其周转时间仅为1～10h，是土壤中CO_2释放的重要来源。土壤中的DOC与碳、氮、磷循环转化和有效供给密切相关。

表4.2 土壤DOC的组成成分（黄巧云等，2015）

酸碱性	化合物	相对含量/%
	疏水性化合物	
酸性	5～9个碳原子的脂肪酸，1～2个环的芳香酸，1～2个环的酚、棕黄酸、腐殖酸，与腐殖质键合的氨基酸、肽和糖	30～70
中性	>5个碳原子的脂肪醇、胺、酯、酮和醛，9个碳原子的脂肪酸、脂肪胺，3个环的芳香酸、芳香胺	15
碱性	除嘧啶以外的1～2个环的芳香胺、酯和醌	<1
	亲水性化合物	
酸性	≤5个碳原子的脂肪酸、多官能团酸	30～50
中性	≤5个碳原子的脂肪醇、胺、酯、酮和醛，>9个碳原子的脂肪酸、脂肪胺、多官能团醇、糖	≈12
碱性	≤9个碳原子的脂肪胺、氨基酸、两性蛋白质、嘧啶	5～10

2. 有机溶剂提取态有机碳　土壤有机碳大部分是亲水性的，但也有少量疏水性物质，如树脂、油脂、蜡质、单宁等，这些物质溶于正己烷、氯仿等醇及苯类有机溶剂。这部分有机碳占土壤有机碳总量的2%～6%，抗化学与生物分解能力较强。

3. 易水解态有机碳　易水解态有机碳分为热水水解态有机碳和酸水解态有机碳，前者一般用80℃热水浸提，也称为热水浸提态有机碳，占有机碳总量的1%～5%，比DOC高得多。热水水解态有机碳主要是糖类和含氮有机化合物，特别是氨基酸和胺类化合物，可能主要来自死亡的微生物细胞，其溶于土壤溶液中，或者附着在矿物或有机大分子表面。

酸水解作用主要是提取碳水化合物、糖、氨基酸和氨基糖等。其酸提取剂主要是硫酸和盐酸，测定方法有硫酸水解法和盐酸水解法。酸水解态有机碳分为活性有机碳库和惰性有机碳库，碳水化合物为活性有机碳，虽然其含量只占总有机碳的10%～20%，但却是微生物的主要能源和碳源，并参与土壤团聚体的形成，是土壤有机碳和土壤性质研究中的重要指标和对象。

4. 易氧化有机碳　易氧化有机碳是利用化学氧化方法测定的活性有机碳，是土壤有机碳中不稳定的部分，其周转时间较短，是植物营养的主要来源，被称为土壤活性有机碳。常用的氧化剂有$K_2Cr_2O_7$和$KMnO_4$，其测定方法分别是$K_2Cr_2O_7$外加热法和$KMnO_4$氧化法。

5. 矿物结合态有机碳　土壤中的有机碳通常与矿物质结合形成复合体，这样一方面可以防止其被分解，另一方面也有助于提高土壤的肥力。氢氟酸（HF）是一种常用的试剂，可用于分解硅酸盐矿物，并将高达80%的有机碳分离出来。因此，该试剂可用于将矿物结合态有机碳与非结合态有机碳进行分离。

4.1.2.2 有机碳的物理分组

土壤有机碳的物理分组是按照土壤有机碳的密度或土壤颗粒大小进行的分类。因其在分组过程中始终保持原状土且破坏性小而成为近些年来研究土壤有机碳组分的主流，物理分组包括粒径分组、密度分组、团聚体分组及团聚体-密度联合分组等方式。

1. 粒径分组 粒径分组（particle fraction）的基础是土壤有机碳与不同土粒结合，导致有机碳的结构和功能不同。按照颗粒有机质和颗粒态有机-无机复合体大小可将土壤进行分组。其分类的基础依据为土壤粒级：<0.2μm 为细黏粒组或与细黏粒结合的有机碳；0.2～2μm 为粗黏粒组或与粗黏粒结合的有机碳；2～5μm 为细粉粒组或与细粉粒结合的有机碳；5～53μm 为粗粉粒组或与粗粉粒结合的有机碳；53～2000μm 为砂粒组或与砂粒结合的有机碳。根据颗粒大小将土壤有机碳分成不同的组分，能够区分活性碳库、中等活性碳库和惰性碳库。黏粒中的有机碳占总有机碳的 50%～70%，不易被转化，主要由微生物产物组成。粉粒中主要以来自植物的芳香族物质为主。砂粒中的有机碳占总有机碳的 10%左右，主要为植物残体，容易被矿化。砂粒、粗粉粒和细黏粒中的有机碳是土壤有机碳的易分解碳库，而细粉粒和粗黏粒中的有机碳是土壤的惰性碳库。

2. 密度分组 密度分组（density fraction）最早起源于 20 世纪 80 年代，是根据不同形态有机颗粒物的密度不同，选择密度为 1.6～2.0g/cm^3 的重液对土壤进行分组的方法。目前使用较多的重液一般有碘化钠、聚钨酸钠、卤代烃、溴仿-乙醇混合液等，碘化钠及聚钨酸钠能够避免样品中残留水的负效应，以及表面活性剂和有机溶液在土壤组分上的吸附现象，具有非常好的提取效果及较高的回收率，因而被广泛采用。密度分组法的基本操作步骤是：将一定量的土壤与一定密度的溶液混合均匀后离心，上清液即轻组有机碳（light organic carbon，LOC），沉降物为重组有机碳（heavy organic carbon，HOC）。前者再经过超声波处理后离心，上清液为自由态轻组有机碳（free light organic carbon，FLOC），沉降物则为包被态轻组有机碳（occluded light organic carbon，OLOC）。分离后密度较大的称为重组有机碳。而密度比较小的组分称为轻组有机碳，其中大部分为自由态轻组有机碳，少部分与矿物结合，为包被态轻组有机碳。轻组有机碳一般占土壤总有机碳的 10%～70%，分解速度快，C/N 值高，是介于新鲜有机质和腐殖质之间的中间碳库，包括微生物遗留残骸、动植物残体、菌丝体及孢子等，含有较多的氨基酸和较少的糖类。重组有机碳一般很难被微生物利用，对维持土壤结构具有非常重要的作用，是土壤的稳定碳库。

3. 团聚体分组 自从 Tisdall 和 Oades 提出土壤团聚化影响碳周转的概念模型后，关于团聚体中有机碳的研究得到了广泛重视。利用湿筛法以 250μm 为分界线，可将水稳性团聚体分为大团聚体（macroaggregate）和微团聚体（microaggregate）两类。这两类又各分为 2 种共 4 种：>2000μm、250～2000μm、53～250μm、<53μm。Six 等改进了原有的分离方法，在团聚体分组（aggregate fraction）的基础上，使用团聚体-密度联合分组法有效地分离出了留在团聚体表面游离的颗粒态有机质（fine particulate organic matter，fPOM）和大微团聚体内部结合的颗粒态有机质（intra particulate organic matter，iPOM），该方法真实地反映了一部分有机碳在土壤中的转化过程和土壤质量的恢复过程而被广泛应用。

4.1.2.3 有机碳的物理-化学联合分组

在土壤有机碳的物理分组方法的基础上，Stewart 等结合土壤有机碳的稳定机制，进一步采用化学分组的技术，如湿筛、玻璃珠分散、重液浮选和酸解等，提出了一种物理-化学联合分组方法。这种分组方法由于综合考虑了土壤有机碳的各种稳定机制，受到了广泛关注。

物理-化学联合分组方法有效地区分了土壤有机碳库中的两个主要组分：颗粒态有机质（particulate organic matter，POM）和矿物结合有机质（mineral associated organic matter，MAOM）。POM 通常与较大的土壤颗粒相关联，它们较为松散，多源于植物残留物和微生物生物质。这些有机质在土壤剖面中较为活跃，易受生物学和机械作用的影响。相比之下，MAOM 则与更细小的土壤矿物颗粒紧密结合，这种结合在一定程度上是通过多价阳离子桥接和分子间力实现的，使得 MAOM 在土壤中的稳定性得到大幅提升。MAOM 的稳定性归因于其与土壤无机矿物相结合，形成有机-无机复合体。这种复合体的形成限制了微生物对有机质的接触和后续的分解作用。此外，MAOM 的化学性质也决定了其稳定性，包括较高的芳香性和较低的氮含量。相较而言，POM 则更易于微生物的利用和分解，因为它们通常含有更多的营养成分，如脂肪酸、糖类和蛋白质。

4.1.2.4 有机碳的生物学分组

生物学分组主要是通过一定的生物方法测定已经矿化的生物和被矿化的有机残体的微生物生物量，或根据将有机碳作为一种底物的反应来推断出土壤中生物可利用的有机碳量。生物学分组方法把土壤有机碳分为微生物生物量碳和可矿化有机碳。

1. 微生物生物量碳 土壤微生物生物量碳是指土壤活的细菌、真菌、藻类和土壤微动物体内所含的碳。目前有许多方法可用来测定土壤微生物生物量碳，包括直接镜检法、三磷酸腺苷分析法、熏蒸培养法、熏蒸提取法、底物诱导呼吸法和磷脂脂肪酸法等。土壤微生物生物量碳在土壤中所占比例较小，一般只占土壤总有机碳量的 0.3%～7.0%，但是微生物作为土壤代谢的直接参与者与分解者，是土壤中不可缺少的部分。土壤微生物生物量碳对农业措施反应敏感，是土壤活性有机碳。目前人们用微生物生物量碳与土壤有机碳的比值来监测有机碳的动态变化，并用来指示土壤碳的平衡。

2. 可矿化有机碳 有机碳的矿化过程实质上是有机质进入土壤后，在微生物和酶的作用下发生氧化反应，彻底分解而最终释放出二氧化碳、水和能量的过程。土壤可矿化有机碳（mineralizable organic carbon）也称为潜在可矿化有机碳（potentially-mineralized organic carbon，PMOC），是土壤易分解有机碳最直接的指标，一般定义为，在一定的条件和一定时期内，土壤中能够被微生物分解的各种含碳有机化合物。可矿化有机碳一般用室内培养法测定，即在特定温度下（如 25℃），经一定的时间培养后土壤二氧化碳释放量或速率，常与土壤基础呼吸量等密切相关，既指示土壤中可矿化有机碳的数量，也可指示土壤微生物活性。

4.1.2.5 基于有机质分解动力学的分组

依据土壤有机碳对土壤微生物新陈代谢的不同敏感度，土壤有机碳库可被进一步分类为活性库、惰性库和慢性库。

土壤有机碳活性库的成员，顾名思义是系统中较为活跃的组分，其半衰期（物质分解质量达 1/2 时的耗时）往往只有几天到几年，相对而言易分解、不稳定。活性有机质的 C/N 值一般为 15～30，包括活的生物量、小粒径的颗粒有机质、大部分的多糖、各类非腐殖质及一部分活跃的富啡酸。这部分有机碳活性库的降解向土壤中的大量生物供给了超过一半的易矿化氮素。有机碳活性库还能产生使土壤结构稳定性提升的正向效应，可以说大部分提高土壤结构稳定性的效益都来源于有机碳活性库，这种土壤结构稳定性的增强对于整个系统有多方面的收益，包括促进水分渗透、提高抗侵蚀能力、改良耕性等。有机碳活性库的体量会因为新鲜动植物残体的添加而有所上升，但这种不稳定的提升也会因这种添加幅度的减少或耕作强度的下降而随时跌落，也正因如此，土壤有机碳活性库的总量往往很难高于土壤有机碳库的 10%～20%。

土壤有机碳惰性库的成员是稳定且不易分解的物质，往往已经在土壤深层残留了数百年甚至上千年，其中包括大部分被黏粒-腐殖质复合体物理保护的腐殖质、大部分胡敏素和一定量的胡敏酸。有机碳惰性库的体量往往占土壤总有机质的 60%～90%，其数量变化缓慢。土壤腐殖质的胶体特性与惰性库息息相关，土壤有机质对土壤阳离子固持能力、水分固持能力的贡献往往是由于惰性库的存在。

在易分解的活性库和非常稳定的惰性库的缓冲地带之间还存在着一个土壤有机碳库，被称为土壤有机碳慢性库。慢性库的成员包括含大量木质素的最细颗粒态有机质，以及其他一些可缓慢分解但保留一定化学抗性的化合物，这些物质一般具有几十年的半衰期。慢性库为土壤微生物提供了大量潜在的碳源，它也是可矿化氮和其他植物养分的重要来源。由于其特性介于活性库和惰性库之间，慢性库也被认为可能对一些与活性库/惰性库紧密相关的效应存在一定程度的贡献。

土壤学家观察到，那些在保护性措施管理下的高产土壤，含有数量相对较高、与活性库相关的有机质组分，包括微生物生物量、颗粒态有机质及可氧化的糖类。尽管在具体分析上还有很多困难需克服，但已有的活性库、慢性库、惰性库的模型假设已经可以有效地解释和预测土壤有机质含量及其对应的土壤性质所发生的实际变化。有关土壤有机质的动态研究证明，不同的土壤有机质库在土壤系统及碳循环中发挥了不同的作用。植物残体中抗性（结构性）碳库和易分解（代谢）碳库的存在，解释了加入土壤的植物组织的最初分解速率很快，但是随后却不断下降的现象。同样，受物理和化学作用保护的土壤有机质（惰性库）及易被代谢的土壤有机质（活性库）的存在，解释了为什么森林或草地改为耕地之后，土壤有机质含量在开始的几年迅速下降，之后下降速度则慢慢平缓。

4.2　土壤有机碳循环

土壤有机碳循环是指外源碳进入土壤，并在土壤微生物（包括部分动物）参与下转化的碳循环过程。土壤有机碳循环主要包括外源碳的输入、土壤有机质的分解、土壤有机质的转化和土壤有机碳的固定等过程。这些过程相互作用，共同影响土壤中有机碳的动态平衡和碳循环过程。

4.2.1　碳的来源及转化

4.2.1.1　植物碳源输入

植物是向陆地生态系统添加碳的主要媒介。作为自养生物，它们有能力收集阳光、水和 CO_2 以产生碳水化合物，用作结构成分、能量储备和微生物能量来源。根系分泌物及残体是土壤有机碳的重要来源之一。源自植物的土壤碳可被视为降解的连续体，从完整的植物材料到低分子量碳，从根系分泌物到分解最后阶段的分子。这种源自植物的碳以不同形式的分子输入到土壤中，而这些分子的复杂性也各不相同。

来自植物根细胞和组织、黏液、挥发物以及可溶性裂解物和根分泌物［从活细胞和（或）受损细胞中释放］的物质在植物生长过程中形成了根际沉积物。根据它们的分子结构，可以将其分为两类：第一类是低分子量有机质，如糖、氨基酸、醇类、有机酸和低聚糖等；第二类是聚合物，如淀粉、木质素、纤维素和半纤维素等。根系分泌物通常是低分子量化合物，如果没有立即吸附到黏土表面，它们在土壤中长时间储存或成为土壤有机质的重要组成部分的可能性较低。相反，这些含碳化合物很容易被土壤微生物和中型动物利用，并通过呼吸释放为 CO_2，导致碳的损失。然而，如果将根系分泌物添加到微生物活动非常低的土壤层中，如在氧气和热量受限的土壤深层，大部分根际沉积物可能会被土壤固定。除了根系分泌物，根尖通过黏液、脱落的根冠和边缘细胞的形式向土壤输入碳。黏液是由糖、脂肪酸和氨基酸等复杂混合物组成的，通常含有比根系分泌物更高分子量的多糖。年轻的根尖比年老的根尖更为活跃，并向土壤中沉积更多的碳。此外，黏液中的羟基与矿物质紧密结合，以实现碳的固定。

植物残体是富含碳的物质，是土壤有机质稳定部分最有可能的来源。在分子水平上，植物组织由多种形式的分子组成，包括淀粉、半纤维素和木质素。碳水化合物（从单糖、淀粉到纤维素）通常是植物有机质中最丰富的成分。然而，不同植物物种的组织和同一植物的不同部位，其植物组织的成分含量存在很大差异。木质素是一种复杂的化合物，含有多环或苯酚结构，它是植物细胞壁的重要组成成分。木质素的含量随着植物的成熟度而增加。其他多酚物质，如单宁酸，在某些植物的叶片和树皮中可能占据较高的比例（如茶水的棕褐色、人行道旁湿润的橡树叶上的棕褐色斑点就是单宁酸所致）。木质素和多酚物质非常难以分解。植物的某些部分，特别是种子和叶片表层，含有大量脂肪、蜡质和油质。这些物质相对于碳水化合物来说更为复杂，但相对于木质素则较为简单。总体而言，植物残体的组成是多样的，其中碳水化合物、木质素、多酚物质、脂肪、蜡质和油质是其重要成分。这些物质的不同特性和复杂性对它们在土壤中的分解和稳定性起着重要作用。

土壤中动植物残体的不同组分具有不同的生物学稳定性。简单有机质如单糖、氨基酸、大部分蛋白质及一些多糖较容易被分解。而复杂有机质如木质素、脂肪、蜡、多酚化合物等分解速率较慢。进入土壤的有机质会经过微生物的分解作用，大部分以 CO_2 的形式释放，一小部分成为微生物生物量的组成成分，还有一部分形成腐殖质。不同有机质的分解速率和分解产物在土壤中的分布有所不同。土壤中的大部分有机碳来自有机残留物的分解（矿化）或土壤微生物的再合成（腐殖化）。据估计，进入土壤的有机残留物经过一年降解后，超过 2/3 的有机质以 CO_2 的形式释放而损失，剩下不到 1/3 的有机质留存在土壤中。其中，土壤微生物生物量占 3%～8%，多糖、多糖醛酸苷、有机酸等非腐殖物质占 3%～8%，腐殖物质占 10%～30%。植物根系在土壤中的年残留量略高于其地上部。这意味着一部分植物残留物会在土壤中逐渐积累，对土壤有机质的形成做贡献。然而，具体的残留量会受到多种因素的影响，如土壤类型、气候条件、植物种类等。

1. 微生物碳 微生物碳是土壤中动植物残体被微生物利用和转化后的部分。来源于微生物同化合成产物的碳（微生物细胞残体）是土壤稳定有机碳库的重要组分。土壤有机质中微生物来源的组分主要包括肽聚糖、脂蛋白、细胞蛋白和多肽等。微生物碳库可分为微生物活体碳库和微生物死亡残体碳库。磷脂是细胞膜的主要成分，在某些微生物中种类和数量相对稳定，并具有遗传性。然而，在土壤中，一旦细胞死亡，磷脂就很快被降解。氨基糖可作为土壤中真菌和细菌残体的生物标志物，目前已被发现的氨基糖有 26 种之多，大部分含量鲜少，只有氨基葡萄糖、胞壁酸和半乳糖胺这三种氨基糖的数量在土壤中达到可观测值。其中，氨基葡萄糖主要来源于真菌细胞壁中的几丁质；胞壁酸仅存在于细菌的肽聚糖中；半乳糖胺存在于细菌和真菌中，但一般用于指示细菌残体。利用生物标志物可以追踪不同来源有机质在土壤碳循环中的动态。真菌和细菌在土壤中培育 10 天后平均分解量分别为 43%和 34%，28 天后达到 50%左右。真菌黑素的分解比细胞壁或细胞质慢得多，但这些细胞组织分解后的残留碳大部分进入胡敏素组分，进入胡敏酸组分的量较少。

2. 黑炭　黑炭是指由动植物残体在缺氧条件下不完全燃烧或热解而形成的一种碳化物。它具有高度芳香化和凝聚化的结构，在 20 世纪 90 年代被确定为许多土壤有机碳的主要贡献者。黑炭具有高度的惰性和耐分解性，可占土壤有机碳含量的 5%～45%，有些土壤中黑炭含量甚至高达 60%以上。黑炭以芳环骨架为主，主要官能团有羟基、羰基、亚甲基、芳环、醇羟基等，是土壤中所有炭化有机质的总称，包括生物炭、焦炭、木炭、烟灰、石墨等，实际上是土壤中有机质缺氧燃烧的残留物，或称为高温裂解残留物。据估算，每年有 0.05～0.20Pg 由生物质燃烧形成的黑炭进入土壤中。自然土壤的黑炭主要来自野火或开垦时的烧荒，而耕作土壤的黑炭则有很大一部分来自人类的活动，如炊事、取暖、焚烧等。黑炭常被认为是土壤中最难分解的有机碳或惰性有机碳的主要组分，能够在土壤中滞留上千年而不被分解。

4.2.1.2　CO_2 输入

较多研究聚焦于异养微生物对植物光合碳的分解和转化过程，而自养微生物对大气碳截获的过程也对土壤有机碳（SOC）具有一定的贡献。自养微生物以 CO_2 作为主要或唯一碳源，并根据其能源获取途径可分为两种类型：光能自养型和化能自养型。它们分别通过光合作用或化能合成过程将大气中的 CO_2 固定为微生物碳。这些自养微生物包括微藻、能够产生氧气的蓝细菌，以及不产生氧气的嗜盐菌和厌氧光合细菌等。化能自养型微生物则通过氧化无机底物（如 NH_4^+、NO_2^-、H_2S、S、H_2 和 Fe^{2+}等）来获取能量，然后将 CO_2 固定为土壤中的有机碳。这些微生物的产能效率通常较低，大多数是好氧微生物，主要包括硝化细菌、硫化细菌、铁细菌等。土壤与大气界面提供了自养微生物所需的光和 CO_2，同时土壤基质富含有机和无机物质，为光能自养型微生物的生长提供了可利用的能源和碳源。而在深层土壤中，由于有机质含量减少及光照稀缺，氮、硫等元素的积累为化能自养型微生物提供了生长的机会和空间。

目前，科学家已经发现了 7 种 CO_2 固定途径，这些途径在微生物界中的分布和应用各不相同，体现了微生物对环境适应的多样性。这些途径包括卡尔文/还原性戊糖磷酸循环、还原性乙酰辅酶 A 途径、二羧酸/4-羟基丁酸循环、3-羟基丙酸/4-羟基丁酸循环、3-羟基丙酸双循环、还原性三羧酸（TCA）循环和反向甘氨酸裂解途径。这些途径使微生物能够将大气中的 CO_2 转化为细胞内的关键中间产物，如乙酰辅酶 A、丙酮酸或 3-磷酸甘油醛。这些产物随后被纳入细胞内的代谢途径，转化为细胞所需的有机组分。其中，卡尔文循环是光能自养生物和好氧化能自养生物固定 CO_2 的主要途径。卡尔文循环的关键酶是核酮糖-1, 5-双磷酸羧化酶/加氧酶（Rubisco），它催化卡尔文循环中的第一步 CO_2 固定反应。Rubisco 可分为 4 种类型：Form Ⅰ、Form Ⅱ、Form Ⅲ和 Form Ⅳ。Form Ⅰ存在于藻类、蓝细菌、所有陆地植物和绝大多数好氧光能自养及化能自养微生物中；Form Ⅱ存在于一些鞭毛藻类、光合细菌和好氧及兼性厌氧化能自养细菌中；Form Ⅲ仅存在于古菌中。*cbbL* 和 *cbbM* 是分别编码Ⅰ型和Ⅱ型 Rubisco 的基因，因其高度保守，常用于研究不同环境中卡尔文循环自养固碳微生物群落。尽管微生物对碳源的获取能力和方式有差别，但均可通过自身细胞内的碳同化代谢过程产生微生物源有机碳，贡献于土壤有机碳库。

4.2.2　土壤有机碳的矿化过程及其影响因素

土壤中的各类有机质都不可能在土壤中绝对静止地存在，即使在极干旱、严寒的极端环境中，土壤有机质也能够进行或快或极其缓慢的转化。

4.2.2.1 土壤有机碳的好氧分解过程和厌氧分解过程

土壤中含碳的有机质转化为CO_2、H_2O和无机盐的过程，就是土壤有机碳的矿化过程。这种矿化的本质是土壤有机质的酶促反应，即在各种生物酶的催化作用下，大分子的有机质逐渐被转化为小分子有机质，最终分解为CO_2、H_2O和无机盐。一般情况下，纯化学或光化学反应在土壤有机质矿化过程中的作用非常微弱，也就是说，土壤有机质矿化实质是一系列复杂的生物化学反应，囊括了自然界中的大部分酶促反应。根据矿化过程中参与者对氧气的需求，也可将矿化分解过程分为好氧分解过程和厌氧分解过程。一般而言，好氧分解的速率要快于厌氧分解，但也有例外，一些诸如生物炭等物质的好氧分解速率就十分缓慢。

1. 好氧过程 在好氧条件下，多糖化合物首先在微生物分泌的水解酶的作用下被水解成葡萄糖。

$$(C_6H_{10}O_5)_n+nH_2O \longrightarrow nC_6H_{12}O_6$$

葡萄糖在通气良好的条件下分解迅速且彻底，最终形成CO_2和H_2O，并放出大量热能。

$$C_6H_{12}O_6+6O_2 \longrightarrow 6CO_2+6H_2O+\text{能量}$$

有机化合物可以按照分解难易程度排列为：糖、淀粉<半纤维素<纤维素<脂肪和蜡质<木质素和酚类化合物。在碳水化合物中，糖和淀粉容易降解，终端产物是CO_2和H_2O，纤维素和半纤维素不容易降解。大多数植物有机酸容易降解，而脂肪、蜡质、树脂等可以在土壤中持留很长时间。木质素是一类复杂的酚类聚合物，比碳水化合物要稳定得多，容易在土壤中积累。

淀粉是一种由葡萄糖单元通过 α-1, 4-糖苷键和 α-1, 6-糖苷键连接而成的多糖，主要存在于植物中。淀粉的水解主要依靠淀粉酶，淀粉酶是一类能够水解 α-1, 4-葡聚糖的酶，根据其作用位置和方式的不同，可分为α-淀粉酶、β-淀粉酶和淀粉葡糖苷酶等（图 4.2）。

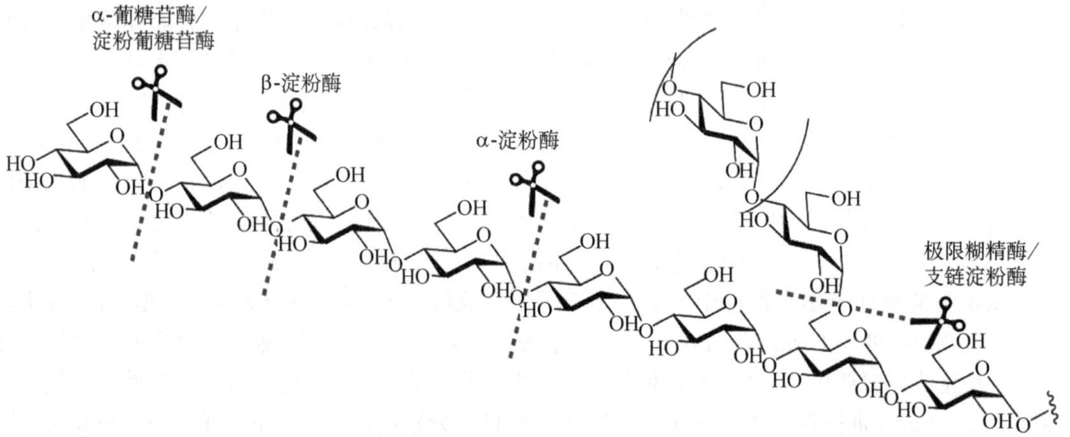

图 4.2 淀粉降解酶的水解作用示意图（Ramesh et al.，2020）

纤维素是由葡萄糖单元通过 β-1, 4-糖苷键连接而成的线性多糖，是地球上最丰富的有机质之一。纤维素具有高度结晶性和稳定性，其水解需要内切纤维素酶、外切纤维素酶和 β-葡糖苷酶这 3 种酶的协同作用（图 4.3）。

半纤维素是由不同类型的单糖单元通过 β-1, 4-糖苷键或 β-1, 3-糖苷键等不同类型的糖苷键连接而成的杂合多糖，主要存在于植物细胞壁中。半纤维素与纤维素相互缠绕，形成复杂的网络结构。半纤维素的水解需要多种不同类型的水解酶，根据半纤维素的组成不同，其可分为木聚糖酶、甘露聚糖酶、阿拉伯聚糖酶、半乳聚糖酶等。这些水解酶能够切断半纤维素分子中特

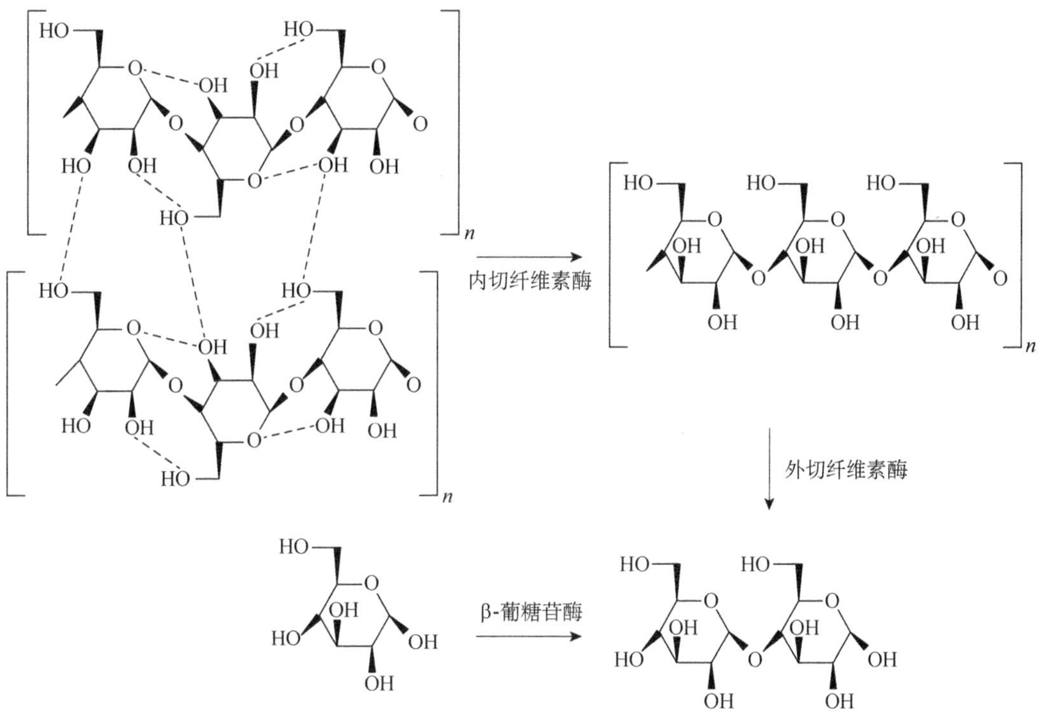

图 4.3　纤维素降解酶的水解作用示意图

定类型的单糖单元或特定类型的键合方式，生成相应类型的低聚糖或单糖。

除了上述 3 种主要的多聚碳水化合物外，还有一些其他类型的有机质存在于土壤中，如脂肪、单宁、木质素、树脂、蜡质等。这些物质通常比较难以被水解或降解，需要特殊类型的水解酶或氧化酶才能分解。这些物质在分解过程中会产生一些有机酸、甘油、多酚类化合物、醌类化合物等中间产物，这些产物是形成腐殖质的重要来源。木质素是一种由苯基丙烷单元通过碳碳键或芳香环上的氧桥连接而成的三维网状结构多聚物，是植物细胞壁中最难降解的组分之一。木质素在自然界中存在 3 种基本结构：愈创木基型、紫丁香基型和对羟基苯基型。木质素主要通过氧化方式降解，涉及 3 种氧化酶，即木质素过氧化物酶（LiP）、锰过氧化物酶（MnP）和漆酶（LA）。这些氧化酶能够切断木质素分子中特定位置或特定类型的键，生成低分子量的芳香族化合物。

2. 厌氧过程　当土壤孔隙被水充满，阻碍了氧气从空气扩散至土壤中，氧气供应就会被耗尽。没有充足的氧气，好氧微生物就不能发挥功能，厌氧微生物和兼性微生物成了主角。在厌氧呼吸中，硝酸盐、Mn^{4+}、Fe^{3+}、硫酸盐、乙酸盐和 CO_2 被用作替代氧气的电子受体。在低氧和厌氧条件下，分解作用要比氧气供应充足时缓慢得多。因此，潮湿且厌氧的土壤容易积累大量处于部分分解态的有机质。

厌氧微生物主导有机碳矿化过程，即土壤有机碳的厌氧分解过程，一般包括 4 个阶段。第一个阶段是水解阶段，在微生物分泌的胞外酶作用下，纤维素、半纤维素等大分子有机质水解为单糖。第二个阶段为发酵阶段，也就是糖酵解过程，即单糖转化为丙酮酸和醇类等小分子有机质。第三个阶段为产乙酸阶段，在产氢产乙酸菌、耗氢产乙酸菌的作用下，将丙酮酸、甲醇等转化为乙酸。第四个阶段为产气阶段，即甲烷菌将所产生的 H_2、CO_2 及甲酸、乙酸、甲醇和甲胺类等转化为以 CH_4 为主的沼气，其中 CH_4 含量为 50%～80%，其次是 CO_2（20%～40%）、N_2（0～5%）、H_2（<1%）、O_2（<0.4%）和 H_2S（0.1%～0.3%）等。产 CH_4 过程的关键酶是甲基

辅酶 M 还原酶（methyl coenzyme M reductase，MCR）。MCR 包含 MCR-Ⅰ和 MCR-Ⅱ两种形式，分别由 *mcrBDCGA* 操纵子和 *mrtBDGA* 操纵子编码。MCR-Ⅰ存在于所有产甲烷菌中，而 MCR-Ⅱ仅存在于甲烷球菌目和甲烷杆菌目中。*mcrA* 可作为功能基因来检测特定环境中产甲烷菌的多样性。

CH_4 的生物合成过程非常复杂，淹水土壤 CH_4 的产生有两条主要途径。一个是在氢营养型产甲烷菌的参与下，以 H_2 或有机分子中的 H_2 作为电子供体还原 CO_2 形成 CH_4：

$$CO_2+4H_2 \longrightarrow CH_4+2H_2O$$

另一个是在甲基营养型产甲烷菌的参与下，对含甲基化合物的脱甲基作用，这里所指的含甲基化合物主要是乙酸，因为乙酸是在天然条件下有机化合物厌氧分解的主要发酵中间产物：

$$RCOOH \longrightarrow RH+CO_2$$

式中，R 主要为 $—CH_3$，这是 CH_4 形成的主要途径，占 70%左右。事实上，在上述产 CH_4 过程发生之前，土壤中已经发生了另外两步反应：第一步是较复杂的土壤有机质、根系分泌物等分解为简单的有机质（简单糖类和有机酸等）；第二步是由简单的有机质生成乙酸、H_2、CO_2、甲酸等产 CH_4 的直接前体。

甲烷氧化菌可使产甲烷古菌产生的 CH_4 在排入大气前被氧化。甲烷厌氧氧化（anaerobic oxidation of methane，AOM）菌可以根据其耦合的电子受体分为三种类型：硫酸盐依赖型（sulfate-dependent anaerobic methane oxidation，S-DAMO）、金属离子依赖型（metalion-dependent anaerobic methane oxidation，M-DAMO）和硝酸盐/亚硝酸盐依赖型（nitrate/nitrite-dependent anaerobic methane oxidation，N-DAMO）。其中，S-DAMO 是最常见的类型，它们通过将 CH_4 氧化为 CO_2，同时将硫酸盐还原为硫化物来获得能量。M-DAMO 是一种新发现的类型，它们通过将 CH_4 氧化为 CO_2，同时将铁离子或锰离子还原为铁或锰来获得能量。N-DAMO 是一种厌氧的类型，它们通过将 CH_4 氧化为 CO_2，同时将硝酸盐或亚硝酸盐还原为氮气来获得能量。

甲烷氧化菌的氧化过程主要涉及两种酶：甲烷单加氧酶（MMO）和甲烷甲基转移酶（MTT）。MMO 是一种能够将 CH_4 转化为甲醇的酶，分为颗粒型（pMMO）和可溶性（sMMO）两种形式。pMMO 是一种铜含量较高的膜结合蛋白，广泛存在于各种甲烷氧化菌中。sMMO 是一种铁含量较高的可溶性蛋白，只存在于部分Ⅱ型甲烷氧化菌和甲基暖菌属中。MTT 是一种能够将甲醇转化为甲醛的酶，分为两种类型：RuMP 途径和丝氨酸途径。RuMP 途径是一种将甲醛转化为单磷酸核酮糖的途径，主要存在于Ⅰ型甲烷氧化菌中。丝氨酸途径是一种将甲醛转化为丝氨酸的途径，主要存在于Ⅱ型甲烷氧化菌中。

4.2.2.2 有机碳的快速分解阶段和慢速分解阶段

1. 有机碳分解速率常数与其相关微生物策略 在探讨土壤中有机碳的分解过程时，一个关键概念是有机碳分解速率常数，通常用 *k* 表示。分解速率常数是一个量化有机质分解速率的数值，这种分解速率通常用指数衰减模型来描述，可以表示为

$$C=C_0 \cdot e^{-kt}$$

式中，C 为某一时刻的有机质量；C_0 为初始量；k 为分解速率常数；t 为时间。值得注意的是，分解速率常数受到多种因素的影响，包括环境条件（如温度、湿度、pH 和氧气水平）、有机质的类型（如木质素、纤维素等），以及土壤微生物的种类和活性。例如，简单碳水化合物（如糖类）、易分解的蛋白质和氨基酸通常具有较高的分解速率常数，意味着它们可以迅速被土壤微生

物分解。相比之下，如木质素和某些复杂脂类的分解速率常数通常较低，因为它们的化学结构更复杂，难以被微生物快速分解。

在这个分解过程中，土壤微生物的角色至关重要。微生物作为土壤生态系统食物网中的分解者，能够分泌多种酶以降解动植物残体及其他存在的有机质，如一些天然多聚物淀粉、半纤维素、纤维素、木质素等。这些天然多聚物汇集了自然界中大量的碳元素，除淀粉之外的几类都属于难降解的有机质。微生物将这些物质中储存的碳进行转化与迁移，将外界输入的复杂有机分子分解转化为更简单的有机分子和无机分子，进而加速碳元素的生物地球化学循环。异养生物从有机化合物中获取生长所需的能量和碳。它们可以分为使用不稳定有机质的微生物和分解更具抗性和“老”碳的微生物。根据微生物的生长、繁殖、竞争和适应策略，微生物生存策略可分为 K 策略和 r 策略。生长缓慢的微生物通常执行 K 策略（贫营养或平衡性物种），它们对难降解且可用性更低的碳更有效。在贫瘠而缺乏碳源汇入的土壤中，土壤有机碳库长时间得不到有效补充，在这种情形下，那些可摄取诸如木质素之类难降解稳定有机质营养的微生物夺得群落竞争优势，它们通过分解那些稳定存在的土壤有机质，在贫瘠的碳库环境中得以存活。以这种策略生存的微生物被土壤学家称为“K 策略者”，在土壤缺少易分解的有机质时，K 策略者具有较强的竞争优势，也正因这种特征，这些微生物的整体种群数量不高，但却十分稳定。快速生长的微生物通常执行 r 策略（富营养或机会性物种），它们在富含不稳定碳和更快的净碳矿化的环境中活性高。在土壤碳源汇入表现为有充足活性有机库供给时，惯于消化活性有机质并快速繁殖的微生物迅速占据了群落中的主导地位。这些微生物因其快速的增长和繁殖率（*r*）可更好地利用那些新增的“食物”，而被称为“r 策略者”。

2. K 策略与 r 策略之间的演替　在秸秆还田后，大量具有活性、易分解的水溶性碳源（如糖、淀粉、氨基酸等）进入土壤中，这些水溶性碳源为土壤微生物提供了丰富的“食物”，导致大量微生物被激活，并随之释放大量的 CO_2。在这个过程中，微生物的活性和数量呈现显著的增长，特别是那些采用 r 策略的微生物。在食物充足的情形下，K 策略者独有的可消化难分解有机质的特殊酶失去用武之地，因为新增了大量易利用碳汇，使 r 策略者的数量及呼吸作用产生的 CO_2 均呈指数型增长。随着微生物的繁殖，在微生物生物量上升的同时也合成了新的胞外有机化合物，此时活体生物量约占土壤有机质的 1/6，如此高的生物量甚至可刺激一部分原本稳定有机质的分解，这种现象被称为激发效应。激发效应多出现在植物根际，这是因为植物根系分泌物及凋落物的存在，使根际土壤比非根际土壤具有更多的活性碳源。在根际中，有机质的持续输入会产生更大的微生物生物量和更高的碳周转率。

当激发效应产生时，易分解的有机质已被增殖的微生物群落消耗殆尽，如果没有持续的外源碳供给，r 策略者因其庞大的生物量和有限的食物会逐渐陷入饥饿甚至死亡，而 K 策略者在这种情况下仍旧缓慢地消化着诸如木质素、纤维素之类的难降解有机质。在 r 策略者逐渐消亡的同时，死亡的细胞为存活着的微生物提供了新的碳源，余下的微生物依旧持续产生和释放 CO_2 和 H_2O，而作为新的易分解碳源，死亡细胞的分解伴随着矿化或简单无机产物（硝酸根、硫酸根等）的释放。当这些碳源耗尽，碳源进一步匮乏时，微生物活性进一步降低，最终，K 策略微生物的数量会回落到原始状态，并蛰伏等待下一次新的碳源输入（图 4.4）。微生物的状态虽然趋于初始，但一些变化还是在土壤中无声无息地发生了：一些极少量的、在分解前因进入土壤孔隙而未被微生物分解的小颗粒植物残体（微生物难以进入紧实的土壤孔隙并接触其中受到物理保护的残体）的存在使得土壤有机质库存略有上升。除此之外，另有一些汇入的碳源被转化为土壤腐殖质，这从某种意义上也保护了少量外源碳不被土壤微生物所矿化。在一个成熟且稳定的土壤生态系统中，这些在 r 策略微生物无数次交替涨落的过程中略增加的碳库存往

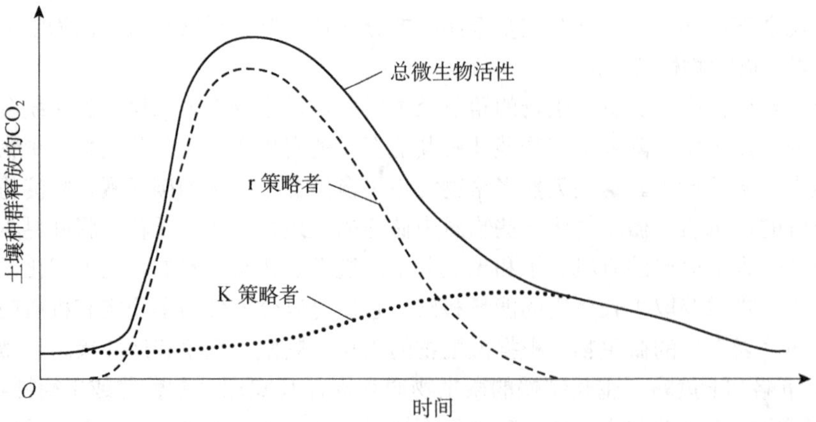

图 4.4 新鲜植物残体添加到土壤后不同策略者的相对生长和活性及二者的总和（Brady and Weil，2019）

往不会被积累，因为 K 策略者会持续而缓慢地消化这些稳定的难分解有机质，由此土壤有机碳库水平在年复一年中几乎无增无减。

4.2.2.3 有机碳分解过程的影响因素

土壤微生物能够利用各种类型的底物（从新鲜残体和根分泌物中的简单糖类到土壤有机质中复杂的腐殖质），是有机碳分解的主要驱动力。因此，影响微生物群落及其活性的因素也会对土壤有机碳的分解产生影响，主要包括有机质特性及外部环境条件。

1）有机质特性。有机质的组成成分、结构和物理状况等与其分解密切相关。前文已经讨论了有机质的组成成分和结构与分解过程之间的关系。在这里，我们还关注一些影响有机碳分解质量的因素。有机质（如植物残体）的颗粒大小是另一个重要的物理因素，颗粒越小，分解速率越快。颗粒变小的原因包括物质自身的性质、机械处理（如研磨、切碎、耕种等）及土壤动物的咀嚼作用。当残体变成较小的颗粒时，表面积增加，分解速率加快。同时，这也破坏了木质细胞壁和叶片表面的蜡质层，产生了更多易分解的组织和细胞内物质。此外，一些有机质，包括嵌入团聚体中的微小生物组织，具有疏水性（即斥水性），难以被水溶性微生物酶类所分解。含有抑制微生物生长繁殖的有毒有害成分也可以降低其分解速率。

2）土壤氮含量。土壤微生物需要一个营养均衡的环境来维持生长。它们通过代谢含碳物质来获得能量，并生成必需的有机化合物。但是，仅靠碳是不够的，它们还需要氮来合成氨基酸、酶和 DNA 等细胞成分。一般来说，土壤微生物每合成 1 份氮到其细胞中，就需要 8 份碳。由于只有 1/3 的碳能合成到细胞中，微生物每利用 24 份碳，就需要同步消耗 1 份氮。如果氮不足，有机质料的腐解就会延缓。

3）土壤氧气。根据微生物对氧气需求的不同，可将它们分为专性好氧微生物、兼性厌氧微生物和专性厌氧微生物。对于专性好氧微生物来说，当氧气浓度较低时，矿化释放的 CO_2 急剧下降。兼性厌氧微生物可以利用氧气或有机酸作为电子受体，因此可以在氧气浓度较低或无氧的条件下进行呼吸作用。一般情况下土壤含有所有类型的微生物，这些土壤中矿化作用和氧气浓度的关系与兼性厌氧微生物中二者的关系相似。

4）土壤湿度。适当的土壤水分含量可以确保微生物获得足够的营养物质，提高它们的迁移能力并促进酶的反应，从而促进有机质的分解。在广泛的湿度范围内，土壤呼吸对土壤湿度的响应表现出平稳性。当土壤湿度过低或过高时，土壤呼吸率都会急剧降低。土壤湿度直接影响有机质的分解，这种影响是通过影响微生物的生理过程来实现的。土壤微生物群体非常适应各种土壤水环境。尽管一些微生物缺乏调节自身渗透势的生理机制以应对水分胁迫，但许多微生物具备渗透调节策略，能够在这种条件下存活和生长。这些微生物通常具有细胞-膜复合体，因此容易与溶质发生亲和作用和（或）诱导产生额外的溶质来进行调节。它们能够承受水分胁迫带来的极端下调冲击（导致质壁分离）和上调冲击（导致细胞质溢出），并能在土壤含水量很低的情况下保持生长。水分胁迫对微生物生长的影响因生物合成、能量产生、底物吸收速率及水分干扰的性质和方式而异。在极端干燥条件下，大部分土壤微生物会处于休眠状态或形成孢子，细菌在水势低于 1.0MPa 时会失活，而土壤真菌在水势低至-15MPa 时仍然活跃，因为它们可以通过菌丝的延伸在充满空气的孔隙间形成菌丝桥。土壤中的 CO_2 通量在干燥条件下较低，在中等土壤湿度水平时最大，当含水量很高时，好氧微生物的活性会受到抑制，导致土壤呼吸减缓。当田间的水分容量在 30%～90%时，有机碳的分解速率较快。此时，土壤中的气孔内部充满大量空气，有利于可溶性物质的扩散。此外，频繁的干湿交替也会促进土壤中的有机质分解。原因有如下两点：首先，干湿交替有助于破坏土壤结构，进而使原本耐分解的有机质变得容易被微生物分解；其次，在土壤干燥的过程中会有微生物死亡，而这些死亡微生物的分解会释放出营养物质，从而有助于促进其他有机质的分解。

5）土壤温度。微生物可分为嗜冷微生物、嗜温微生物和嗜热微生物 3 类。它们最适合的生长温度分别是 20℃、20～40℃和>40℃。在相当宽的温度范围内，有机碳分解产生的 CO_2 对温度的响应呈指数变化。土壤温度直接影响微生物的活性。虽然不同的微生物群适应不同的最佳温度，但一般来说，在 0～35℃，土壤温度的升高会促进微生物活性，从而加速有机质的分解。每升高 10℃，土壤有机碳的分解速率就会加快 2～3 倍，而在 30℃时，每升高 1℃就会使土壤有机碳的损失率增加 3%。当土壤温度高于 36℃时，微生物活性会逐渐降低，有机质分解速率也会减慢。温度可以通过影响基质和（或）氧气的运输间接影响土壤呼吸。气体和溶质通过土壤水膜的扩散是由土壤扩散率和体积含水量决定的。一方面，当土壤含水量保持不变时，土壤扩散率会随着温度的升高而增加。另一方面，在一定时间内，温度升高会增加水分蒸发，可能会降低土壤含水量和土壤水膜厚度。

6）土壤质地。根据土壤中砂、粉砂和黏土的含量百分比，土壤质地可被分为 12 种类型。土壤质地影响土壤的物理性能（如含水量、热平衡和通气情况）和化学性能（如吸附性能、pH、化学物质的迁移和转化等）。另外，土壤中的黏土矿物和金属氧化物还会直接与有机质发生作用，提高腐殖质含量，从而在一定程度上减少它们的微生物可用性，进而降低 CO_2 排放量和生物量。土壤质地越细或越黏重，有机质分解越缓慢，反之则越快。因此，砂土和砂壤土中的有机碳含量往往低于黏质土壤，具体原因可分为以下 4 个方面：其一，有机质与黏粒、高价金属离子等结合，增强其抗分解能力；其二，有机质嵌入黏土矿物晶体结构中，使其免受微生物分解；其三，黏重土壤的通气情况相对较差，好氧微生物的活性较低，使有机质分解较慢；其四，黏重土壤的湿度较高，导致土壤温度较低，微生物活性减弱，从而使有机质分解速率下降。

7）土壤酸碱度。土壤酸碱度不仅影响有机质溶解、土壤养分及氧化还原状况，也影响微生物群落结构与活性。土壤 pH 调控化学反应和微生物体内酶的多样性。一个细菌细胞含有约 1000 种酶；其中许多酶都对 pH 具有依赖性，并与细胞的组成成分（如细胞膜）有关。在土壤基质中，酶吸附到土壤腐殖质上后会使酶的最适 pH 变得更高。大部分已知的细菌能生长的 pH 为 4～9。真菌适度嗜酸，pH 为 4～6。土壤 pH 对微生物的生长和增殖及土壤呼吸都有明显的影响。一般来说，当土壤 pH<5.5 或 pH>8.0 时，土壤微生物的活性都下降，有机质分解比较缓慢。在中性条件下，土壤微生物活性最高，有机质分解速率最快。

4.2.3 土壤腐殖化过程及其影响因素

在土壤中，有机质的转化主要包括矿化和腐殖化这两个对立但相互联系的过程。它们的速率和平衡关系直接影响土壤养分供应和保持的平衡，以及土壤有机碳的累积和消耗的平衡。

4.2.3.1 土壤腐殖化理论

腐殖化作用是一个非常复杂的过程，主要由微生物主导的生物和生物化学过程及一些纯化学反应组成。近年来的研究提供了一些新的证据，但对整个过程仍然存在争议。目前，对土壤腐殖化作用的理解可以分为 3 个阶段：第一阶段是植物残体分解产生简单的有机化合物；第二阶段是通过微生物对这些有机化合物进行代谢和循环，增加微生物细胞；第三阶段是通过微生物合成的多酚、醌或植物来源的类木质素聚合形成高分子多聚化合物，即腐殖质。腐殖质的形成实际上是在土壤有机质矿化作用的基础上进行的，矿化作用提供了腐殖质形成所需的基本结构单元，通过聚合反应和缩合反应形成腐殖质。

形成土壤腐殖质的途径可以分为 4 种：糖胺缩合途径、多酚/醌微生物途径、多酚/醌植物途径和木质素途径。相应的形成机制包括微生物合成学说、细胞自溶学说、糖–胺缩合学说、多酚学说和木质素–蛋白质学说。此外，还有煤化学说、木质素学说和厌氧发酵学说等试图解释腐殖质形成过程的假说。关于微生物是否直接合成腐殖质或其前体成分，以及微生物在哪个环节参与等问题长期以来备受争议。微生物合成学说、多酚学说和厌氧发酵学说认为微生物在腐殖质形成中起到了作用，然而，木质素学说则认为微生物并不在腐殖质形成中起主导作用，而更强调植物的作用。木质素多酚学说和细胞自溶学说则同时承认了微生物和植物在腐殖质形成中的作用。另外，煤化学说和糖–胺缩合学说则强调了化学反应的重要性。接下来将详细介绍与腐殖质形成微生物学机制相关的假说。

1）微生物合成学说。该学说认为腐殖质的形成是生命–死亡、共生–抗生两个相反过程矛盾统一的结果，微生物利用死亡植物作碳源和能源，可在细胞内合成高分子腐殖质，微生物死后其被释放到土壤中，在细胞外再降解为腐殖酸和黄腐酸。此学说至今仍是腐殖质起源学说的基础。

2）糖–胺缩合学说与细胞自溶学说。这两种学说都解释了腐殖质形成的糖–胺途径，即微生物代谢产生的还原糖和氨基酸通过纯化学的聚合作用形成含氮的棕色腐殖质。糖–胺缩合学说主要从纯化学反应的角度说明了在土壤中微生物降解和合成的糖类与氨基化合物反应缩聚为有机高分子化合物的可能性，并提出了微生物代谢过程中产生的还原糖类和氨基酸非酶聚合作用形成棕色含氮聚合物的反应机制。这个理论用美拉德反应来解释。美拉德反应是法国化学家 L. C. Maillard 于 1912 年提出的，也称为羰氨反应或非酶棕色化反应。在该反应中，羰基化合物（还原糖类）与氨基化合物（氨基酸、肽、蛋白质、胺等）经过缩合和聚合，最终形成一类棕褐色、结构复杂且聚合度不同的高分子聚合混合物，称为类黑精。由此可见，在形成类黑精的过程中，还原糖和氨基酸之间进行非酶聚合作用在土壤腐殖质的形成转化中经常发生。

细胞自溶学说认为，当植物和微生物细胞死亡后，它们会释放出自溶物质，如糖、氨基酸、酚和其他芳香族化合物等。这些物质通过自由基参与缩合和聚合等化学反应，在土壤中形成腐殖质。这个过程强调了细胞的自溶和溶解是土壤腐殖质形成的关键步骤。

3）多酚学说。多酚学说和起源于木质素的多酚学说认为，腐殖质是由通过微生物作用降解产生的酚类和氨基酸类等化合物经过化学氧化聚合形成的。这两种学说强调了酚类在反应中的不同来源。起源于木质素的多酚学说指出，参与反应的酚类直接来自木质素，而多酚学说指出，参与反应的酚类来自以非木质素基质为碳源的微生物合成产物。这些理论基于以下观点：微生物可作用于木质素，将其分解并释放出酚乙醛和酸，或微生物可利用纤维素而非木质素作为碳源合成多酚化合物。多酚氧化酶可以氧化酚类生成醌，醌进一步与氨基酸等含氮化合物发生聚合反应，形成类似腐殖质的大分子物质。在这个过程中，咖啡酸首先形成，然后经过进一步的聚合反应，胡敏酸和胡敏素依次形成。

4.2.3.2　影响腐殖质形成的因素

腐殖质在土壤中形成和存在，受到土壤环境因素的影响。在这些因素中，微生物、土壤组成、气候和地带性是主要的影响因素，其中微生物扮演着主导角色。

1）微生物的影响。无论是通过哪种方式形成的土壤腐殖质，微生物都是必不可少的参与者。从腐殖质的本质上看，它不是一种单一的物质，而是一种性质相似的混合物，通常呈现为棕色或黑色的高分子有机胶体，具有酸性特征。目前的研究表明，土壤中不同的微生物群落会对腐殖质的结构和组成产生直接影响。例如，链霉菌属中的灰褐类群能够增加腐殖质中富啡酸的含量，而木霉属则对腐殖质中胡敏酸的含量有较大作用，球孢属能够形成分子量最大、芳香化程度最高的胡敏酸。

2）有机基质的影响。从土壤腐殖质形成的过程来看，有机质的进入是腐殖质生成的前提。在微生物作用下，植物残体经历腐殖化过程形成腐殖质。因此，不同生物残体中的有机基质将对形成的腐殖质的组成产生影响。在对不同地区土壤的检测中发现，我国南方热带雨林地区的砖红壤中，腐殖质主要富含富啡酸。而北方温带半湿润地区的黑土中，腐殖质则主要富含胡敏酸。这种差异与进入土壤的植物残体有关，即一方面是阔叶林的残体，另一方面是草原草甸的残体。

3）土壤的气候和地带性影响。土壤的特征受到气候和地理位置的影响，不同气候和地理位置导致土壤呈现出不同的特征。气候和地带的差异在很大程度上影响着土壤腐殖质的组成和结构。通过研究不同气候和水热条件对腐殖质的影响，可以发现严酷的大陆性气候条件有利于糖胺缩合途径的进行。干旱条件有利于富啡酸的形成，而排水不良或渍水条件则有利于胡敏酸的积累。在通气性差、多水和酸性条件下，富啡酸的形成更容易。高温或长期低温条件不利于胡敏酸的形成和积累，同时也导致芳化度降低。

4.2.4　土壤有机碳固定及其机制

土壤固碳本质上是一个互动的过程，其中植物的难以分解组分和微生物的代谢产物或死亡残体，通过与土壤团聚体的物理保护作用及矿物的化学结合等，实现碳的稳定固存。总的来说，土壤中存在化学、物理及生物 3 类碳固定机制，更确切地讲，调控土壤有机碳稳定的 3 种机制包括：化学稳定（chemical stabilization）机制、物理保护（physical protection）机制和生物化学稳定（biochemical stabilization）机制。

4.2.4.1　化学稳定机制

有机碳的化学稳定态是指与土壤中的黏粒（<2μm）和粉粒（2～53μm）结合形成的土壤有机碳成分。其含量主要受土壤黏粒含量和黏土矿物类型的影响。超过 85%的有机碳存在于矿物–有机质复合体（MOA）中。有机质与矿物结合主要通过物理和化学吸附实现，包括分子间力、

氢键、静电引力，以及通过多价阳离子或阴离子的配位吸附（离子键桥作用）。矿物颗粒的大小，即比表面积的大小对有机-无机复合体的稳定性具有重要影响。因此，与砂粒结合的有机碳化合物的稳定性最低，与粉粒结合的有机碳化合物的稳定性较高，而与黏粒结合的成分最为稳定。对不同颗粒级别的有机质进行化学分组的结果表明，随着颗粒级别的细化，胡敏酸和胡敏素的比例增加，富里酸和非腐殖物质碳的相对含量降低。

除了黏土矿物，金属氧化物也是有机碳结合的重要载体之一。以铁氧化物为例，在厌氧条件下，溶解性颗粒态天然有机质可作为电子受体接收微生物释放的电子，还原后又能作为电子供体将电子传递给铁氧化物和其他有机质，从而影响这些物质的矿化周转。在酸性土壤中，非晶态铁和铝氧化物的活性表面可能对土壤有机碳的稳定性产生更强的影响，而不仅仅是黏土矿物。因此，酸性程度较高或质地较粗糙的农业土壤的碳封存潜力可能与结晶性较差的矿物相的含量有关。在盐渍土壤中，可交换钙浓度的增加有助于碳的稳定性，因为钙离子增加了有机离子与黏土表面的桥接作用。

4.2.4.2 物理保护机制

物理保护态的有机碳是指存在于团聚体结构内部并受其保护的有机碳组分。团聚体本身形成了微生物和土壤酶与有机底物之间的物理屏障，阻止了有机底物的降解。这种屏障包括：①将底物和微生物隔离；②阻碍氧气扩散，导致团聚体内部，尤其是微团聚体内部呈还原状态；③隔离微生物与捕食性生物之间的接触。大于 250μm 的大团聚体对有机碳的物理保护作用较弱，因此只有小于 250μm 的团聚体中的有机碳被视为物理保护态。土壤微生物在长期进化过程中逐渐形成了分解各种有机组分的能力，但由于“偏好利用”效应，它们倾向于优先分解易降解、小分子的不稳定有机质，如葡萄糖等。因此，有机质是否能够与微生物接触（即空间可接近性），以及周围环境条件是否有利于微生物群落对碳源的分解，成为影响土壤有机碳稳定性的重要因素。团聚体结构的包裹作用、层状硅酸盐的嵌入、疏水性及有机大分子的包裹等物理化学过程，可导致空间错位，减少微生物和酶与土壤有机碳的接触，从而降低有机碳的分解作用。

团聚体作为土壤结构的基本单位被视为土壤碳保护的物理基础。不同大小的团聚体在保护土壤有机碳方面表现出明显差异。大团聚体通常由植物释放的黏性物质和真菌菌丝联结颗粒态有机质、矿质颗粒物和微团聚体而形成。由于其胶结力较弱、稳定性较差，并且通气性良好，大团聚体难以在颗粒态有机质和微生物之间形成物理隔离，因此其包裹的有机质更容易被分解。微团聚体对有机碳具有显著的物理保护作用，形成了非常稳定的有机-无机复合体等惰性有机碳组分。大团聚体对土壤有机碳的保护作用时间较短，在没有外界干扰的情况下仅为数年；而微团聚体的保护作用时间较长，一般可持续几十年。腐殖化过程完成并形成有机-无机复合体后，其保护作用甚至能够持续千年以上。

4.2.4.3 生物化学稳定机制

目前对从生物自身角度探讨有机碳稳定机制的研究还相对较少。生物合成不仅是稳定性碳的直接来源，同时也是其他碳组分转化为稳定性组分的“驱动力”。光合产物是土壤有机碳的主要供应来源。各类生产者、消费者和分解者之间及它们与环境之间的相互作用产生了复杂且高度异质的有机碳库。生物对于有机碳的直接贡献可分为两个方面：①通过再生或修复自身生物体，表现为加速周转、消耗活性有机碳及积累难降解有机碳（如脱毛、蜕皮等）；②形成稳定的、排斥性的或抗生素类物质，表现为生物生长减缓甚至死亡，从而产生难降解物质（如木质素、角质和几丁质等）。

进入土壤的有机质在物理破碎和淋洗等过程之外，还受微生物和酶的选择作用影响，碳水化合物和蛋白质等物质最先被分解，导致有机质颗粒减小，碳氮比例下降，从而富集难降解的复杂化学结构物质（如具有芳香环结构的木质素和烷基结构的碳）。此外，某些活性有机质（如纤维素、多肽、蛋白质）与难降解有机化合物（如木质素、多酚等）形成复合结构，使得微生物难以利用。生物化学稳定态的有机碳是指具有抗分解能力化学性质的有机碳，如木质素和多酚类物质，以及通过缩合作用形成的稳定态有机化合物（腐殖质），这些是微生物难以分解的有机碳组分。微生物和土壤动物的代谢产物也是难降解有机碳的重要组成部分。一般而言，细胞壁比细胞内部物质更难降解，真菌和放线菌合成的产物比细菌更难降解。某些微生物，尤其是放线菌，还能形成类似腐殖质的多聚物，而微生物的某些胞外酶（过氧化物酶、酚氧化酶）可以将酚氧化成醌，并与其他物质反应生成芳香多聚物。

由上可以看出，土壤有机碳自身的难降解性受到物理、化学和生物学过程的共同影响。

4.3　土壤无机碳循环

土壤无机碳循环是指土壤中无机碳（主要是碳酸盐）的形成、转化和流失过程。土壤无机碳主要分布在干旱和半干旱地区，是这些地区土壤碳库的重要组成部分。土壤无机碳循环受气候、植被、土壤类型、水文地质等因素的影响，与土壤有机碳循环也有密切的联系。土壤无机碳循环对全球碳平衡和气候变化有重要的影响，也是干旱区生态系统功能和服务的重要指标。

4.3.1　土壤无机碳转化过程

土壤中的无机碳库是陆地生态系统中除有机碳库之外的第二大碳库。大部分无机碳存在于干旱和半干旱地区。土壤中的无机碳主要指各种带有负电荷的无机碳化合物。土壤中的无机碳存在于固态、液态和气态三相中。气态无机碳指的是土壤呼吸产生的 CO_2；液态无机碳指的是 CO_2 与水反应生成的碳酸氢根离子（HCO_3^-）和碳酸溶液（H_2CO_3）；固态无机碳指的是碳酸盐，主要来源于成土母质、含有碳酸根离子的地下水、植物和动物残体及人为输入，其中主要的来源是石灰性母质和风积灰尘。相对于固态的碳酸盐而言，土壤中气态和液态无机碳的含量较少，因此认为碳酸盐是土壤中无机碳的主要组成部分。根据来源不同，土壤中的无机碳可以分为两种：原生碳酸盐和次生碳酸盐。原生碳酸盐来源于成土母质或母岩，是未经过风化成土作用而自然保存下来的碳酸盐；次生碳酸盐是通过土壤的风化成土作用，原生碳酸盐与土壤中的二氧化碳和水溶解形成的碳酸盐经过一系列化学反应溶解再沉淀而形成的，与土壤中碳酸盐的溶解、沉积及土壤中有机碳分解产生的二氧化碳再转化密切相关。

大量研究表明，土壤中普遍存在 CO_2（气）-CO_2（液）-HCO_3^-（液）-$CaCO_3$（固）的无机碳平衡系统。这个系统是指土壤中的呼吸作用产生的 CO_2 及大气中的 CO_2 在土壤水中溶解，形成富含碳酸盐的溶液，然后与 Ca^{2+}、Mg^{2+}等其他盐基阳离子结合沉淀形成次生碳酸盐，最终将 CO_2 通过土壤化学反应固定在土壤中。这个过程是由土壤湿度和 CO_2 分压的波动引起的，而溶解和再沉淀作用在时空尺度上不断循环进行。当土壤有机碳分解释放出 CO_2 时，它会溶解在水中，然后经过碳酸氢盐的溶解，最后转化为碳酸盐并沉淀下来。具体反应如下：

$$CO_2+H_2O \longleftrightarrow HCO_3^-+H^+$$
$$CaCO_3+H^+ \longleftrightarrow Ca^{2+}+HCO_3^-$$

CO_2的增加会导致平衡向右移动，导致$CaCO_3$的溶解。Ca^{2+}和HCO_3^-的离子迁移、降水及酸性降水和有机质分解产生的H^+都可以促使$CaCO_3$溶解。相比之下，在相对干旱、CO_2分压较低和较高pH的土壤环境中，含钙矿物的风化及外部提供的Ca^{2+}可以促进$CaCO_3$沉淀的形成。因此，反应平衡在不同的时间尺度上持续进行，从而控制土壤中无机碳的固定。

然而，一些学者认为土壤中的碳酸盐通过溶解和再沉积形成次生碳酸盐的过程只是简单的碳库之间的迁移，并不具有真正的碳固定能力。这是因为碳酸盐的溶解-沉积过程是可逆的（$CaCO_3+CO_2+H_2O \longleftrightarrow Ca^{2+}+2HCO_3^-$），溶解过程中消耗的$CO_2$在碳酸盐沉积时会再次返回到大气中。相反，一些学者认为真正具有碳固定效应的是硅酸盐的化学风化过程（$CO_2+CaSiO_3 \longrightarrow CaCO_3+SiO_2$）。在这个过程中，$CO_2$与硅酸盐反应产生碳酸盐和硅酸盐，其中碳酸盐具有相对稳定的性质，能够长期固定碳并降低CO_2在土壤和大气之间的循环。

4.3.2 微生物调控土壤无机碳的转化

土壤微生物可通过直接参与CO_2的固定、改变环境的酸碱度、吸收HCO_3^-和络合/螯合Ca^{2+}等形式实现土壤无机碳的转化和迁移。土壤微生物的呼吸作用是土壤中CO_2产生的主要途径，土壤中较高浓度的CO_2容易形成碳酸从而与碳酸盐岩发生化学反应。此外，细菌和真菌的代谢作用会产生和释放各种酶类，对土壤碳酸盐的转化产生影响。在众多酶类中，微生物碳酸酐酶是最重要的一类，它与Zn^{2+}相连的H_2O在一定生理条件下去质子化形成$EZnOH^-$，对疏水袋中的反应底物CO_2具有极强的亲核性（形成$EZnHCO_3^-$），其中的HCO_3^-会被溶剂中的H_2O取代而生成 $EZnH_2O$与HCO_3^-。同时，该水合反应产生的H^+也会影响$CaCO_3$的电离平衡，对碳酸盐岩的溶蚀产生驱动作用。碳酸酐酶不仅广泛分布于真菌、细菌与古菌中，在部分放线菌中也检测到了该酶的存在。普遍认为微生物通过改变土壤有机质产生腐殖酸，最终影响土壤无机碳的转化。腐殖酸对无机碳的溶解作用实质上是对其金属离子的络合、吸附和还原作用的综合结果，吸附在碳酸钙表面的腐殖酸通过解离的羧基和酚羟基与碳酸钙表面Ca^{2+}的络合作用以及未解离酸性官能团CO_3^{2-}和HCO_3^-的结合来促进碳酸钙的溶解。

4.4 土壤碳循环与气候变化

土壤碳循环不仅关系到陆地生态系统生产力的形成，也影响整个地球系统的能量平衡及全球的气候变化。土壤中的有机碳和无机碳的储存与释放对大气中的温室气体浓度和全球能量平衡具有直接影响。

4.4.1 土壤碳循环与大气CO_2浓度

土壤中发生的各种生物学过程对地球的大气组成具有重要、长期的影响。2007年有研究数据显示，大气中的CO_2含量为390ppm（$1ppm=1\times10^{-6}$），而在工业革命之前CO_2含量仅为280ppm。CO_2含量每年约增长0.5%。尽管化石燃料的燃烧是一个主要原因，但大气CO_2增加量的一大部分来源于全球土壤有机质的净损失。土壤每年向大气释放的 CO_2 量约占陆地生态系统与大气间碳交换总量的 2/3，同时也远远超过化石燃料燃烧每年向大气排放的碳量。

土壤向大气释放的 CO_2 主要是由土壤碳库中有机质矿化作用所产生的，土壤有机质产生 CO_2 的过程也叫土壤呼吸。但从严格意义上讲，土壤呼吸作用是指未受扰动的土壤中产生 CO_2 的所有代谢作用，包括 3 个生物学过程（植物根呼吸、土壤微生物呼吸及土壤动物呼吸）和一个非生物学过程（含碳物质的化学氧化作用）。土壤动物呼吸和非生物学过程所释放的 CO_2 一般很少，微生物呼吸和植物根系呼吸是土壤 CO_2 排放的主要来源。土壤呼吸释放的 CO_2 中 30%～50%来自根系的活动或自养呼吸作用，其余部分主要源于土壤微生物对有机质的分解作用，即异养呼吸作用。

气体交换的调控因素包括温度、湿度、Eh（受湿度和微生物影响）及基质的有效性（即碳的数量和质量）。草原和阔叶林地区富含养分，但缺乏木质素，而针叶林则相反。对 CO_2 的控制主要通过微生物活动的管理实现，在温带湿润的田间条件下，CO_2 排放较为显著；而在温带干旱条件下，植被覆盖较少，土壤中有机质含量较低，因此 CO_2 的排放量较小。热带地区的土壤有机质分解速率较快，是 CO_2 短期内增加的主要原因之一。

4.4.2　土壤碳循环与大气 CH_4 浓度

CH_4 在大气中的浓度远低于 CO_2，但其对温室效应的贡献几乎是 CO_2 的一半，这是因为每个 CH_4 分子吸收向外辐射的能力大约是 CO_2 的 25 倍。大气中的 CH_4 浓度每年以 0.6%的速率增加。截至 2000 年，大气中的 CH_4 浓度已达到 1.8ppm，是工业革命前的 2 倍多。土壤是 CH_4 的源和汇，既能向大气释放 CH_4，也能吸收大气中的 CH_4。根据 ^{13}C 同位素测定的推测，大气 CH_4 排放总量约 70%来自土壤生态系统的微生物活动和反刍动物的排放，其余来自化石燃料燃烧和生物燃烧。据估算，稻田 CH_4 排放约占我国 CH_4 总排放量的 17%。

土壤同时产生和消耗 CH_4，土壤生物过程是土壤向大气释放 CH_4 的主要途径。当土壤处于强厌氧条件下，如湿地和水田时，细菌在有机质分解过程中产生 CH_4 而不是 CO_2。土壤中的 CH_4 释放主要受甲烷氧化作用控制。甲烷氧化是指在氧气存在下，特定细菌（甲烷氧化菌）将 CH_4 氧化为 CO_2 和 H_2O。这种氧化作用是土壤中重要的生物过程，有助于减少排放到大气中的 CH_4 量。因此，土壤中的甲烷氧化菌对调节大气中 CH_4 浓度起着重要作用。环境因素的空间变异，如氧化层的存在和局部氧化环境，使得湿地和稻田既产生 CH_4 又发生甲烷微生物氧化过程。这些环境中 CH_4 的净排放量实际上是这两种过程综合作用的结果。CH_4 的排放量在空间和时间上变化很大，主要取决于土壤条件、地形、植被覆盖度等因素。较高的温度和湿度通常有利于 CH_4 的产生和释放，而较低的温度和湿度则有利于 CH_4 的氧化过程。

4.5　不同生态系统的碳平衡

土壤碳库增长或减少的速率，是由碳的增减平衡决定的。碳元素的增加主要来自原位的植物残体及施用的有机质料等，而碳元素的减少主要归因于呼吸作用（CO_2 的损失）、植物移除及侵蚀。不同生态系统在碳循环中强调不同的环节和路径，了解各个生态系统中碳循环和平衡的各种因素和过程，有助于合理管理碳库。

4.5.1 农田

农田生态系统是地球上三大重要生态系统之一，占据陆地生态系统总面积的38.5%。它在全球碳循环和碳平衡过程中扮演着关键的角色。农田生态系统既是碳排放源，也是重要的碳汇系统。一方面，农作物和土壤呼吸向大气中释放CO_2，形成巨大的碳排放量。另一方面，农作物通过光合作用吸收大气中的CO_2，以生物量的形式储存在作物中，形成强大的碳汇系统。

在作物生长季节，假设每公顷土地玉米通过光合作用产生约7500kg的碳，对应干物质产量约为17 500kg。这些碳主要分布在根部、籽粒和未收获的地上部残余物中，每部分含有约2500kg碳。在这个例子中，收获的籽粒被用来喂牛，大约有50%的碳（1250kg）会被氧化成CO_2释放到空气中。一小部分被牛同化为体重增加，剩余部分（1100kg）则成为未利用的粪便。玉米秸秆、根部和牛的粪便会留在田地里，通过耕作或蚯蚓的帮助混入土壤中。土壤中的微生物会分解作物残余物和粪便，其中约75%粪便中的碳、约67%根部中的碳和约85%表面残余物中的碳会以CO_2的形式释放到空气中。剩余的碳则会被同化为土壤中的腐殖质。因此，在一年内，约有1475kg碳会进入腐殖质库（其中825kg来自根部、375kg来自秸秆、275kg来自粪便）。每年一般会有2.5%的有机碳通过呼吸作用损失。在这个例子中，损失的碳达到了1625kg。此外，少量的有机碳会通过土壤侵蚀（160kg）、淋洗（10kg）及碳酸盐和碳酸氢盐（10kg）的形成而流失。综合来看，土壤腐殖质库总的净损失（1805kg）超过总增加（1475kg），因此在这个例子中，土壤每年净损失330kg碳，相当于总碳储存量的0.5%（图4.5）。如果这种损失持续下去，将会导致土壤质量和生产力的下降。但是在不同的土壤条件和生态系统中，这些数值会变化很大。

4.5.2 森林

森林生态系统是陆地中重要的碳汇和碳源。全球森林面积约为40亿hm^2，其中热带、温带、寒带分别占32.9%、24.9%和42.1%。全球陆地生态系统地上部的碳存储为500～600Gt，而森林生态系统地上部的碳含量约为483Gt。通常估计全球陆地生态系统地下部的碳储量为1500～2400Gt，而森林土壤的地下部碳储量为660～927Gt。

与其他植物一样，树木通过光合作用利用CO_2，将其转化为生物质和其他生命活动所需的物质。在地面上，森林中的大部分碳以木质生物量的形式被长期固定保存。其中一部分碳通过枯落物和根屑进入土壤，在微生物和其他异养生物的分解与呼吸作用下，被释放到大气中。这种森林生态系统与大气之间的碳通量，实际上是森林生长过程中固定的碳与因各种干扰（如疾病、火灾、昆虫侵袭或自然衰老）而释放的碳之间的差额（图4.6）。

与耕作的农田相比，未受干扰的森林，其土壤中腐殖质的氧化速率要慢得多。这是因为森林内的残余物不会因为耕作而混入土壤，而且没有物理干扰会降低土壤的呼吸作用。一些树种的枯落物富含酚类和木质素，这些物质能够显著降低分解和碳损失的速度。当叶子在森林土壤中被分解时，会产生大量的可溶性有机质（如富啡酸），淋洗损失占总碳损失的5%～40%，这一比例比所有农田土壤要高得多。然而，森林土壤中通过土壤侵蚀流失的有机质要少得多。总的来说，这些因素使得早期的森林土壤中的有机质每年都会有净增加，而成熟的森林则能够维持高水平的土壤有机质含量。

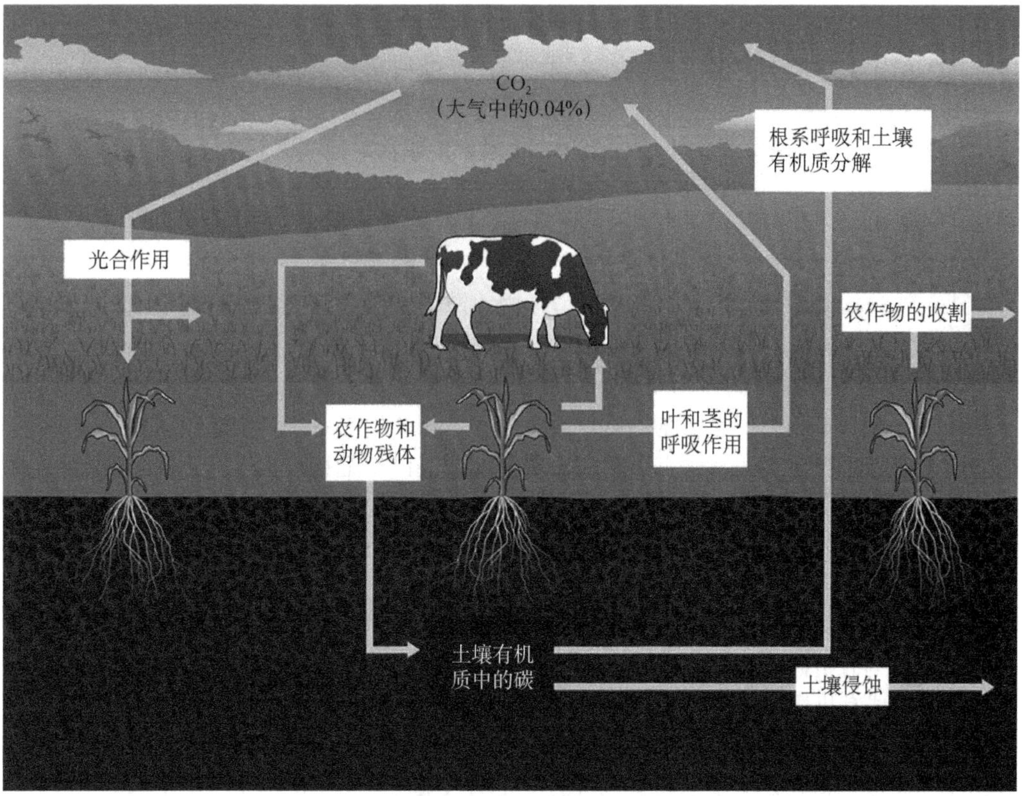

图 4.5　农田生态系统的碳循环（Magdoff and van Es，2021）

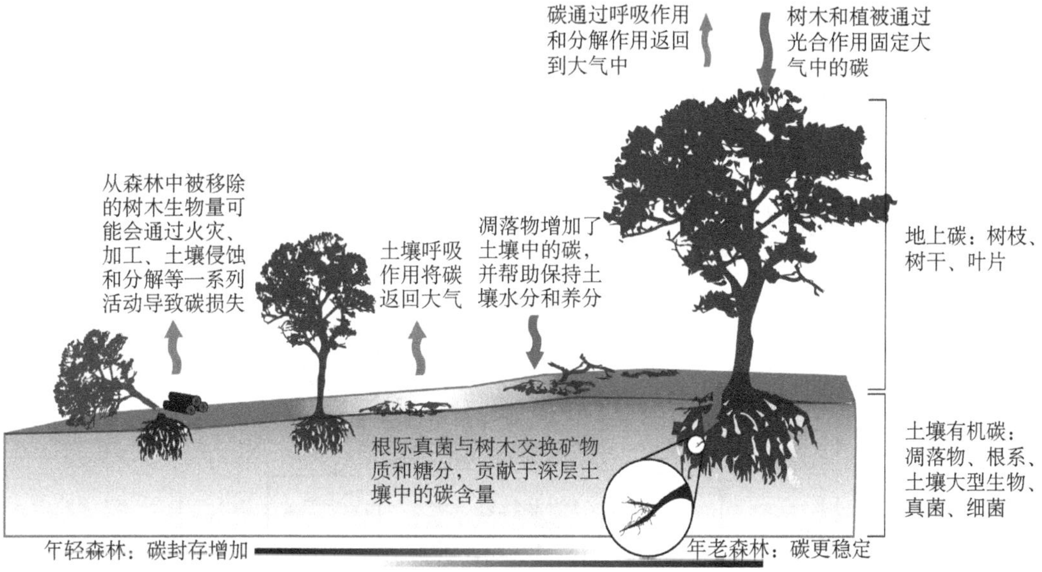

图 4.6　森林生态系统的碳循环（https://bwsr.state.mn.us/carbon-sequestration-forests）

4.5.3　草地

草地覆盖了地球陆地表面约 25%的面积，相当于约 34 亿 hm^2，同时也含有约 12%的陆地碳储备。与森林不同，草原主要由草本植物组成，因此地上植被中的碳仅占生态系统总碳库的一小部分。此外，由于收获、放牧、火灾和植物老化等因素，这些地上生物质碳的存续时间相对较短。与之相比，草原上的多年生草本植物拥有广泛的根系，通常占据这些生态系统中生物量碳的 60%～80%。这些地下生物质碳可能延伸到地表以下数米，为土壤提供丰富的碳，从而形成深层、肥沃、有机质含量高的土壤。因此，土壤中的碳占草原生态系统总碳的 81%。

4.5.4 湿地

湿地系统包括由淹水而引起的厌氧环境及由水淹环境所选择的耐水淹型植物。全球湿地面积约为 $8.56\times10^6 km^2$，占地球总面积的 6.2%～7.6%，只占陆地表面积很少的部分，为 2%～6%，但全球湿地有机碳总储量为 450Gt，占陆地生态圈表层有机碳总储量的 20%～30%。其单位面积碳储量在陆地各类生态系统中也是最高的，是森林生态系统单位面积碳储量的 3 倍。湿地中的碳主要储存在泥炭和富含有机质的土壤中，在气候稳定且没有人类干扰的情况下，相对于其他生态系统能够更长期地储存碳。

湿地生态系统的土壤碳循环主要涉及植物通过光合作用固定碳，并通过呼吸作用释放碳。湿地土壤中的有机碳积累是湿地净初级生产力（碳固定）和有机质分解（碳释放）之间的平衡。在自然条件下，湿地生态系统的土壤碳循环基本过程如下：大气中的 CO_2 通过湿地植物的光合作用转化为有机碳，并储存在植物体内。当植物的地上部和根部死亡后，残留物质留存在湿地土壤中形成有机质。微生物分解有机质，释放出 CO_2 和 CH_4 等气体进入大气。此外，溶解在水中的可溶性有机碳和悬浮的颗粒有机碳随着水而迁移，是湿地参与更广泛碳循环的重要途径（图 4.7）。湿地植物是湿地土壤有机碳的主要输入来源。由于湿地常年积水和季节性积水，有机质在缺氧条件下分解速率较慢，部分有机质无法完全分解，有助于泥炭的形成和有机碳的积累。受环境因素（如气候和水文条件）的限制，湿地生态系统中植物残体的分解转化速率较慢，通常表现为有机碳的积累。湿地土壤有机碳的分解和矿化过程与旱地存在明显差异。旱地的好氧环境通常导致植物和动物残体快速被分解，因此有机碳的持留量较低，且积累的是相对

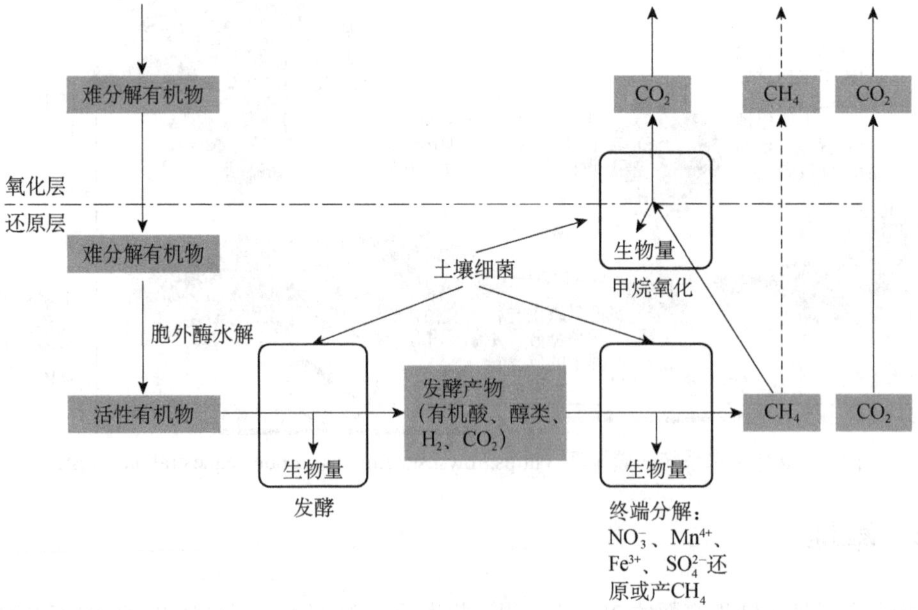

图 4.7 湿地生态系统的土壤碳循环过程（符颖怡供图）

稳定且难分解的物质。而湿地的渍水导致土壤剖面频繁出现缺氧环境，有机碳的分解速率明显降低。因此，除了木质素和难分解物质，湿地也积累了大量中度可分解的有机碳组分。与旱地土壤不同，自然湿地的土壤有机质积累没有明显上限。

4.5.5　岩溶

根据国际地球科学计划 IGCP 379“岩溶作用与碳循环”（1995～1999）的估算，全球岩溶作用每年消耗大约 6.08 亿 t 的大气 CO_2。岩溶作用是土壤无机碳积极参与全球碳循环的重要过程。中国的岩溶地区占据国土面积的 1/3，与青藏高原和黄土高原一样，广阔的岩溶地区是中国的重要地域优势之一。

岩溶生态系统是指受岩溶环境制约的生态系统。岩溶作用消耗 CO_2 的过程实质上是碳酸盐岩的溶解过程。这个过程有两个主要途径：一是裸露的碳酸盐岩直接从大气中溶解消耗 CO_2；二是土壤覆盖下的碳酸盐岩通过溶解作用消耗土壤中的 CO_2，从而减少土壤向大气中释放 CO_2 的量。岩溶作用消耗 CO_2 的过程实质上是碳酸盐的溶解与沉积过程（$CaCO_3+CO_2+H_2O \longleftrightarrow Ca_2^{+}+2HCO_3^{-}$），通常发生在 $CaCO_3$（固）-CO_2（气）-H_2O（液）三相不平衡系统中。CO_2 的主要来源是植物根系呼吸和微生物对有机质的氧化分解。在这个三相系统中，无机碳的固定或转化取决于气候条件、土壤类型、土地利用方式及土壤微生物等的相互作用。

4.6　土壤固碳及其调控

4.6.1　土壤碳库与环境

即便是土壤有机碳库的微小变动，也能引起大气中 CO_2 浓度的显著波动。根据科学估算，全球土壤有机质每降低 1%、2% 和 3%，大气中的 CO_2 浓度分别会增加 5ppm、12.5ppm 和 20ppm。在过去 150 年里，由于土壤有机碳的减少，大气中的 CO_2 浓度已经上升了约 80ppm。20 世纪期间，全球气温上升了 0.4～0.8℃。预计到 21 世纪末，全球气温可能升高 1.1～6.4℃，而海平面的上升幅度可能达到 0.18～0.59m。随之而来的将是更加严重和持久的自然灾害，如干旱、洪涝和台风。此外，中纬度地区可能逐渐转变为热带雨林，伴随而来的还有疾病的加剧。更为严重的是，气温的升高还将加速土壤中有机碳的分解，从而形成陆地与大气之间的恶性碳循环。因此，研究土壤有机碳循环转化特征与规律，扩蓄增容土壤碳库，不仅能提高土壤质量，对于控制碳排放和应对全球气候变化更是具有重大的理论和实践意义。

4.6.2　土壤固碳与调控

当土壤的固碳量高于土壤、植物呼吸作用的排碳量，即形成了碳素在土壤中的固定。所谓土壤固碳，是指将生物同化 CO_2 储存且稳定于土壤中，从而减少陆地生态系统 CO_2 排放的过程。土壤固定的碳包括有机碳和无机碳两部分。在本书 4.2.2 节中已经探讨了自养微生物固定 CO_2 的相关内容。在本节中，我们将把目光主要聚焦于土壤有机碳固定。作为一个复杂冗余的宏观系统，土壤固碳与缓解全球变暖、土壤健康、全球作物产量等息息相关。提高土壤固碳能力和潜力，要从碳库和碳流两方面考虑，通过人为干预和管理等措施促使土壤碳库和碳流向有利于土壤碳积累的方向发展。从碳库看，关键在于提高土壤的最大碳储量和碳积累效率。从碳流看，关键在于增加碳库的输入速率，延长碳在土壤中的保留时间。采取最佳管理措施能够使土壤成为一个净汇，并降低 CO_2 和 CH_4 的排放量。在这种背景下，秸秆还田、生物质炭化还田已被证明是有潜力的增强土壤固碳的方法。

1. 秸秆还田 秸秆还田是指将不宜直接作饲料的秸秆（麦秸、玉米和水稻秸秆等）直接或堆积腐熟后施入土壤中的一种方法。作物秸秆是农业生产过程中的主要副产品，含有丰富的氮、磷、钾等营养元素和其他微量元素，是一种宝贵的可再生有机资源。秸秆还田不仅能改善土壤结构，增加土壤团聚体稳定性，提高土壤中养分含量，而且能促进作物生长，增加作物产量，尤其重要的是能增加土壤有机质含量，减少土壤温室气体排放。据估计，秸秆约占生产性农作物总生物量的 50%，全球范围内每年农业生产约产生 40 亿 t 秸秆，具有巨大的固碳减排潜能。综合土壤固碳和稻田 CH_4 减排，推广秸秆“旱重水轻”还田技术（即主要还田于旱作季，尽量少还田于稻作季），中国农田每年可减少 CO_2 排放当量约 2.1 亿 t，相当于 2000 年中国全年 CO_2 排放量的 6.2%。

秸秆还田是提高土壤有机碳储量的重要农艺措施，秸秆降解是复杂的生物化学过程，其中间产物是土壤有机质的重要组分，这一过程受到秸秆化学组分、土壤微生物与土壤理化性质等因素的共同影响。秸秆碳氮向有机碳库的转化影响土壤有机碳的化学组分及土壤有机碳的稳定性。在秸秆归还于农田之后，经微生物的矿化作用转化成有机质和速效养分，既能改善土壤理化性状，增强土壤肥力，同时也达到了增加固碳的目的。已有多项全球性研究证明秸秆还田在宏观尺度上显著增加了土壤有机碳和活性土壤有机碳浓度。从物质补充的角度来说，玉米秸秆还田可有效补充土壤有机质及氮、磷、钾等营养元素。随着有机质的投入，土壤生物的“食物”增多，促进了其种类与活性的提高。同时，秸秆还田还能够通过合理耕作改善土壤结构。例如，深松与深翻等可有效打破犁底层，改善土壤结构。同时随着土壤有机质含量的增加，土壤团聚结构得以显著改善。

秸秆还田在稻田土壤温室气体排放方面具有特殊意义，秸秆还田往往促进 CH_4 的排放。此外，由于秸秆还田将大量不稳定碳引入土壤，不仅增加了活性土壤有机碳库的矿化，而且通过正激发效应加速了土壤稳定有机碳的矿化，同时增强了 CO_2 的排放。秸秆还田对土壤有机碳储存和动态的影响取决于许多因素，包括添加速率、气候、土壤质地和基质质量。

总的来说，秸秆还田在改善土壤有机碳积累、土壤质量（包括土壤养分状况）和作物产量方面的潜力巨大，通过秸秆还田增加的土壤有机碳在前 10～20 年可能比长期还田更明显。

2. 生物炭化还田 生物炭是指有机质在完全或部分缺氧的条件下低温热裂解生成的固态混合物，其原料包括作物秸秆、树木枝干、畜禽粪便和稻壳等，其在农业应用实现土壤固碳的技术近年来受到了广泛关注。部分研究表明，传统的将秸秆等有机质料直接还田的措施对提高土壤碳库的作用微弱，效果有限，因为这些物料分解迅速，同时会增加土壤温室气体（如 CH_4 和 N_2O）的排放。相反，将秸秆等生物质转化为生物炭后，其性质更加稳定，不容易分解，可以有效地“锁定”碳库，减缓其返回大气的速率。生物炭因其稳定性较高，难以被微生物降解，成为土壤的惰性碳库，只有极小比例的碳会通过微生物分解重新释放到大气中，而土壤则固定了更多的碳。如果将作物秸秆、树木枝干等转化为生物炭施于土壤，而不是直接燃烧，全球范围内的碳排放量将降低 12%～84%。国际生物炭组织估计，到 2040 年，仅利用农林废弃物每年可以减少 3.67 亿 t 二氧化碳当量的温室气体排放。因此，发展和推广低温热裂解生物炭技术，对农业应对气候变化和实现可持续粮食生产具有重要意义。

生物炭的稳定性是决定生物炭能否有效提升土壤碳库的直接因素。基于不同的生物炭种类及环境条件，生物炭的稳定性有所不同，其半保留时间短则几十年，长则上千年。由木质材料产生的生物炭比由粪肥产生的生物炭具有更长的平均停留时间，这可能与大量存在固有的顽固碳化合物有关。此外，可通过改变热解温度以产生高度稳定的生物炭。在高温（约 550℃）条件下产生的生物炭比在低温（约 400℃）条件下产生的生物炭在土壤中的持久性更强，主要是因为增加了非芳香族和芳香碳，以及生物炭中芳香碳的缩合度。

生物炭降解过程包括非生物过程和生物过程：非生物过程主要指生物炭中少量的以碳酸盐形式存在的碳（约占总碳的 0.5%）在酸性条件下的溶解；生物过程主要指微生物对生物炭中可利用的有机碳进行同化以获取能量和物质。生物炭中的糖脂、磷脂质等脂肪族化合物是微生物利用的主要成分。生物炭在被微生物降解的过程中，会伴随着氧（O）和氢（H）的增加，碳的减少，以及含氧官能团的增加（—COOH、—C═O、—OH）。

生物炭对土壤碳库的影响除了其本身保留的碳外，还包括其对土壤原有机碳分解增加或减少的量。生物炭对土壤原有机碳的分解表现出不同的效应。一般来说，当使用秸秆生物炭、快裂解生物炭或低温裂解生物炭时，土壤原有机碳的降解速率会被抑制。而当生物炭添加到砂性土壤中时，其会促进原土壤有机碳分解。生物炭对土壤有机碳分解产生负激发效应的机制包括：①生物炭中含有一定量的可利用有机碳成分，微生物可能会优先利用这部分碳，从而减少了对原有机碳的分解；②生物炭含有一定量的有毒化合物（酚类），能抑制微生物对有机碳的分解活性；③生物炭丰富的孔隙结构和比表面积对土壤有机质具有包裹和吸附作用，可能会隔离微生物及其产生的胞外酶与受保护有机碳的接触，从而降低有机碳的分解；④生物炭促进土壤有机–无机复合体的形成，从而增强土壤有机质的稳定性。而生物炭对土壤有机碳分解产生正激发效应的原因可能是生物炭的多孔性及其所含的营养元素为微生物的生长繁殖提供了有利环境，从而增加了微生物的数量和活性，促进其对土壤有机碳的矿化分解。总体来说，即使生物炭对土壤原有机碳的分解表现出正的或负的激发效应，这部分增加或减少的分解量相比于生物炭所固持的碳量也非常少。

总的来说，生物炭是一种有潜力的土壤改良剂，对土壤碳库的影响在于其稳定性和降解特性。通过综合考虑生物炭的类型、制备条件及土壤环境，可以更好地理解其在碳固定和土壤改良中的作用。这对促进可持续农业发展和应对气候变化具有重要意义。

3. 免耕　免耕是一种土壤管理方法，通过减少或避免传统的翻耕和深耕操作，对土壤微生物和土壤有机碳含量产生一系列影响。

首先，免耕对土壤微生物群落的结构和组成有着重要的改变。相对于传统的耕作方式，免耕为土壤微生物提供更稳定和适宜的生境，从而促进了土壤微生物群落的丰富性和多样性。这种变化有助于提高土壤微生物的功能和活性，增强它们在有机质分解和循环过程中的作用，从而对土壤有机碳的积累产生重要影响。

其次，免耕减少了土壤的扰动和氧气的进入，降低了有机质的分解速率。与传统的耕作方式相比，免耕将有机质保留在土壤表层，减缓了其分解速率，有利于有机质在土壤中的积累和稳定。同时，这种方法改善了土壤的物理性质，增加了孔隙度和通气性，促进了土壤水分的渗透和保持。这种改善的土壤结构为土壤微生物的生长和活动提供了更好的生境条件，进一步促进了有机碳的积累。此外，免耕还有助于减少土壤中有机碳的流失和损失，确保土壤有机碳的保持和积累。

另外，免耕还可以降低土壤的呼吸速率，即土壤中微生物对有机质的氧化分解过程。通过降低土壤呼吸速率，免耕可以减少土壤碳的损失，有助于土壤有机碳的保持和积累。

综上所述，免耕通过保护土壤生物多样性、促进有机质积累、改善土壤结构和降低土壤呼吸作用等方式，对土壤微生物产生积极影响，从而调控土壤有机碳含量。

主要参考文献

Brady N C，Weil R R. 2019. 土壤学与生活. 14 版. 李保国，徐建明译. 北京：科学出版社.

陈怀满. 2018. 环境土壤学. 3 版. 北京：科学出版社.

窦森. 2010. 土壤有机质. 北京：科学出版社.

窦森，李凯，关松. 2011. 土壤团聚体中有机质研究进展. 土壤学报，48（2）：412-418.

关连珠. 2016. 普通土壤学. 北京：中国农业大学出版社.

黄昌勇，徐建明. 2010. 土壤学. 3 版. 北京：中国农业出版社.

黄巧云，林启美，徐建明. 2015. 土壤生物化学. 北京：高等教育出版社.

姜丽芬，曲来叶，周玉梅，等. 2007. 土壤呼吸与环境. 北京：高等教育出版社.

孔繁翔. 2000. 环境生物学. 北京：高等教育出版社.

林而达，李玉娥，郭李萍，等. 2005. 中国农业土壤固碳潜力与气候变化. 北京：科学出版社.

刘满强，胡锋，陈小. 2007. 土壤有机碳稳定机制研究进展. 生态学报，27（6）：2642-2650.

潘根兴. 1999. 中国土壤有机碳、无机碳库量研究. 科技通报，15（5）：330-332.

王敬国. 2017. 生物地球化学物质：循环与土壤过程. 北京：中国农业出版社.

夏荣基. 1994. 腐殖质化学. 北京：北京农业大学出版社.

杨志敏. 2015. 生物化学. 3 版. 北京：高等教育出版社.

张丽敏，徐明岗，娄翼来，等. 2014. 土壤有机碳分组方法概述. 中国土壤与肥料，（4）：1-6.

张摇国. 2011. 土壤有机碳分组方法及其在农田生态系统研究中的应用. 应用生态学报，22（7）：1921-1930.

Gentry T J，Fuhrmann J J，Hartel P G，et al. 2021. Principles and Applications of Soil Microbiology. Amsterdam：Elsevier.

Holo H. 1989. Chloroflexus aurantiacus secretes 3-hydroxypropionate，a possible intermediate in the assimilation of CO_2 and acetate. Archives of Microbiology，151（3）：252-256.

Huber H，Gallenberger M，Jahn U，et al. 2008. A dicarboxylate/4-hydroxybutyrate autotrophic carbon assimilation cycle in the hyperthermophilic Archaeum *Ignicoccus hospitalis*. Proceedings of the National Academy of Sciences，105（22）：7851-7856.

Magdoff F，van Es H. 2021. Building Soils for Better Crops：Ecological Management for Healthy Soils. 4th ed. New York：Sustainable Agriculture Research & Education.

Ramesh A，Harani Devi P，Chattopadhyay S，et al. 2020. Commercial applications of microbial enzymes. *In*: Arora N，Mishra J，Mishra V. Microbial Enzymes：Roles and Applications in Industries. Singapore City：Springer.

Six J，Paustian K，Elliott E T，et al. 2000. Soil structure and organic matter Ⅰ. distribution of aggregate-size classes and aggregate-associated carbon. Soil Science Society of America Journal，64（2）：681-689.

第 5 章　土壤中氮的生物化学

本章彩图

氮素（N）是氨基酸的基本组成成分，是生命体生存和活动所必需的元素之一。自然界的氮可分为活性氮和惰性氮。活性氮是指能够被生物直接利用、具有生态环境和气候效应、能影响人类健康的氮化合物中的氮，如氨态氮（NH_4^+）、硝态氮（NO_3^-）、氨（NH_3）、氧化亚氮（N_2O）和氮氧化物（NO_x）等。相反，惰性氮基本不影响人类健康和生态环境，且不产生气候效应，主要包括占大气成分高达 80%的氮气和存在于地质库（如石油、煤炭）中的氮。

氮的缺乏与过量都会对全球生态系统的健康与生产能力产生重要影响。氮是植物干物质中含量最丰富的元素，仅次于氧和碳。氮是植物叶绿素、核酸和氨基酸的关键成分，对碳水化合物在植物中的利用也非常重要。氮能够增加作物谷粒的饱实度，提高植物种子和叶片中的蛋白质含量，增加莴苣和萝卜等植物的含汁量。充足的氮素供应可以促进植物根系的生长与发育，同时促进植物对其他养分的吸收。健康植物的叶片含氮量一般在 2.5%～4.0%，具体与叶片年龄及植物种类有关。植物能从土壤中获得了大量的氮。由于土壤微生物的同化作用固氮，或植物吸收大量的氮素，土壤中的缺氮现象非常普遍。叶片发黄是作物缺氮的表现，对世界各地的人类来说这往往预示着饥饿或经济损失。如今，由于氮肥的大量施用，氮过量几乎与氮匮乏一样普遍，而这两种现象对人类和生态环境的健康都会造成不利影响。当土壤氮素含量过高时，氮会通过淋失进入地下水造成硝酸盐污染，从而使地下水不适合人与动物饮用。同时，土壤大量的可溶性氮进入到水生生态系统，会打破水生生态系统的平衡，导致藻类暴发，水中溶解氧含量降低，造成鱼类和其他水生生物大量死亡。而且，土壤中的氮能够转化成氧化亚氮气体进入大气，会破坏臭氧层，也会导致气候变暖，从而对更大范围内的环境产生影响。显而易见，土壤氮素的迁移转化是全球氮循环的中心，其产生的生态、经济和环境效应都是其他元素所无法比拟的，在了解土壤氮的来源、形态、转化等特性的基础上掌握氮在土壤中的生物化学，是实现现代农业、解决环境保护面临的有挑战性问题的基础。

5.1　氮的基本性质及其在土壤中的分布

5.1.1　土壤中氮的形态与性质

5.1.1.1　土壤无机氮

土壤中氮的形态可分为无机态和有机态两大类，大多数土壤氮是以有机分子的形式存在的，有机氮的含量占 95%以上，包括氨基态氮、酸解和非酸解态氮。无机氮的含量远低于有机氮，除大量施用化肥外，无机氮（即矿物氮）占土壤总氮的比例很少超过 1%或 2%，主要包括铵态氮（NH_4^+-N）、硝态氮（NO_3^--N）和亚硝态氮（NO_2^--N）等。与大量的有机氮不同，大多数无机氮很容易溶于水，且很容易通过淋溶和挥发从土壤中流失。氮在土壤中存在的气态形式有氮气和氨分子，化合物形态有尿素、铵盐、硝酸盐和亚硝酸盐化合物等。此外，氮还有两种不同的稳定性同位素形态，包括 ^{14}N、^{15}N，其中 ^{14}N 在自然界中的丰度最高，达到 99.636%，最为常见，而 ^{15}N 在自然界中的丰度非常低，只占 0.364%。

5.1.1.2 土壤有机氮

土壤有机氮（SON）占总氮量的 90%左右，来自微生物对动植物残体的分解。在大多数陆地生态系统中，向土壤提供氮和能量的主要来源是地下和地上植物部分的凋落物。表层土壤中的有机质按干重计算，含有近 0.4%的氮。

1. 蛋白质与氨基酸 以热酸水解为基础的研究揭示了 SON 的不同比例。有机氮以多种形式存在，如 20%～40%的蛋白质、5%～10%的氨基糖、<1%的嘧啶和嘌呤衍生物，以及土壤中由醌与氮化合物聚合、木质素与 NH_4^+反应、胺与糖缩合等不同反应形成的少数未知化合物的复合物。所有这些氮组分都经历了多种转换过程。根据对蛋白质氢化物的识别，可溶性氮被分为不同的类别，即碱性（二氨基）氮、氨和酰胺氮、胡敏氮和非碱性（一氨基）氮。

草地和森林通常含有大量的 SON。耕地土壤中氨基化合物比例较高。可水解土壤有机氮占耕地土壤氮的 23%～55%。从表层土壤中回收的大量氮以 NH_3 形式存在，占土壤氮的 20%～25%，这是土壤氮的另一个特征。蛋白质的酰胺氮是对这种氮形式的称呼，但最近发现只有少量的 NH_3 可以衍生为氨基酸、谷氨酰胺和天冬酰胺的酰胺。一部分 NH_3 从部分破坏的氨基糖中释放，也从本地固定的 NH_4^+中释放。某些氨基酸的水解也产生 NH_3。有些氨基酸，如色氨酸，在水解过程中完全丢失；但另一些氨基酸，如苏氨酸和丝氨酸，部分被破坏。

土壤中的氨基酸以蛋白质和肽的形式存在，它们是由氨基酸残基通过酰胺键共价连接而成的。游离氨基酸也存在于土壤中，但比例很小，易被微生物分解，在土壤中的寿命很短。当游离氨基酸被吸附在矿物表面时，可以达到稳定游离氨基酸的目的。游离氨基酸被腐殖质胶体吸附或滞留在土壤团聚体的微孔或小空隙中也可以增加其稳定性。

土壤中氨基酸态氮的来源是植物残体、微生物群及其分解产物和代谢产物。不同类型的土壤，其氨基酸组成也不同。组氨酸、赖氨酸、鸟氨酸和精氨酸的氨基酸态氮在某些土壤中所占比例超过 1/3，而在其他土壤中不到 1/10。它在土壤溶液中的浓度低至 2μg/g 土壤，但在根际土壤中由于植物根系的渗出而高出 7 倍。土壤腐殖酸中氨基酸含量占总氮量的一半，对栽培响应的一般顺序是：天冬氨酸>谷氨酸>甘氨酸>缬氨酸>赖氨酸>精氨酸>苯丙氨酸>蛋氨酸。

微生物降解氨基酸的速度非常快。但当氨基酸、肽与腐殖酸结合时，便不会发生快速降解。长期耕作会定量和定性地改变土壤中氨基酸的组分与性质。一般而言，种植豆科作物可以提高土壤氮含量，而耕作可使土壤氨基酸态氮含量显著下降。同一土壤类型的未耕作土壤和耕作土壤的肽与氨基酸含量和组分也不同。

2. 氨基糖 氨基糖是一种含氮的碳水化合物，占土壤氮总量的 5%～10%。在土壤中，氨基糖含量最多的是 D-氨基葡萄糖（GLC），其次是 D-氨基半乳糖。在土壤中也观察到其他氨基糖，如 D-山梨胺、D-岩藻胺和胞壁酸（MurA）。土壤中氨基糖一般由黏液或黏液多糖的结构成分构成。氨基糖还可以与黏蛋白、黏肽、甲壳素和抗生素结合。土壤中的氨基糖主要来源于微生物。细菌细胞壁的胞壁质（murein）层含有胞壁酸。胞壁酸对氨基糖含量的贡献为 3%～

16%，已被用作土壤细菌的生物标志物。土壤中氨基葡萄糖（GluN）的主要来源是真菌的细胞壁，甲壳素是这些细胞壁中的主要成分。

3. 核酸　核酸及其分解产物以两种方式成为土壤有机质的一部分：一种是通过引入土壤中植物死亡物质及其腐烂的核酸，另一种是通过土壤中微生物的含氮化合物。像胰蛋白酶和胃蛋白酶这样的蛋白酶不会裂解核酸的嘧啶衍生物及其他分解产物，但这种裂解可以由核酸酶来完成。微生物也经历类似的分解。从这一点可以清楚地看出，由于植物含有核蛋白，核酸产物的分解在土壤中不断发生。嘌呤碱基包括次黄嘌呤、鸟嘌呤、黄嘌呤和腺嘌呤存在于动物和植物组织中，也来源于核蛋白分解。土壤有机氮不到 1%来自核酸中的嘌呤和嘧啶碱基，大部分来自细菌，少量来自植物。所有的 RNA 和 DNA 碱基（腺嘌呤、鸟嘌呤、胞嘧啶、胸腺嘧啶、尿嘧啶和 5-甲基胞嘧啶）都已在土壤有机质水解物中被鉴定出来。

5.1.2　土壤中氮的分布

陆地系统中大部分氮分布在土壤中，其中淋溶层（A 层）含量一般为 0.02%～0.5%，耕作土壤的氮含量一般在 0.15%左右。每公顷耕作土壤 A 层的含氮量大约是 3.5Mg，深层土壤的含氮量可能也大致相同；在森林土壤中，枯枝落叶层（O 层）可能含氮 1～2Mg。无论是森林还是农作地区，土壤中的氮储量都是其他地表植被（包括根系）氮储量的 10～20 倍。土壤下层干旱区每公顷含氮量近 104kg，占全球氮含量的 3%～16%。在荒漠土壤中，长期的淋溶导致硝态氮在土壤下层积累。在荒漠生态系统中，氮的自然来源包括风成沉积、硝酸盐沉淀和固氮生物中的 NH_4^+和 NO_3^-。在养分有限的植被群落中，底土中 NO_3^-的最大浓度可超过 2000mg。很明显，并不是所有的 NO_3^-都在土壤中被消耗，一旦 NO_3^-在土壤中被浓缩，它就会通过植物的水蒸腾向上移动回到大气中。在地下水中，水的向下运动受到限制，使 NO_3^-多年积累。沙漠土壤的微生物数量、有机质、水分含量和 pH 介于中性至碱性之间，这些都促进了 NO_3^-的稳定性，从而抑制了反硝化作用。

在亚湿润和湿润地区的土壤中，顶部 15cm 的土壤每亩①含 150～250kg 氮。尽管数量巨大，但在任何时候都不会超过总氮的 1%。在地球表面的每一亩土地上，有近 6000t 氮。林木对全氮的贡献约占生态系统总氮的 13%，北方森林土壤有较大的氮库。在许多研究中，土壤氮库变化很大。森林生态系统主要树种和土壤质地影响了氮的储存，因此不同的土壤质地具有不同的氮量。在典型的寒带森林中，观察到粗质地土壤中的氮量为 480g/m^2，细质地土壤中的氮量为 680g/m^2，而石灰性土壤中的氮量为 1120g/m^2，以山毛榉和橡树为主的地点氮量为 680g/m^2，而以松树为主的地点为 230g/m^2。

森林土壤是森林生态系统最大的氮库，通常超过生态系统总氮量的 85%。大部分土壤氮是惰性的且对植物吸收和土壤氮淋溶无效，只有缺乏严格定义的那部分“可矿化的”氮库才具有生物学意义上的活动性。虽然 NH_4^+强烈地吸附于阳离子交换场所，但在未受扰动的土壤中，NH_4^+库很小。土壤中可交换的 NH_4^+含量在施肥后的一个较短时期内（6～12 个月）可被提高，但随着被植物和异养微生物吸收，以及硝化作用、挥发而迅速降至低水平。硝化过程中产生的 NO_3^-可部分地被植物和微生物吸收，或在一些厌气土壤中被还原为气态氮（N_2、N_2O）。由于 NO_3^-难以吸附于大多数土壤中，因此在好气土壤中硝化作用总是导致 NO_3^-淋失增加。土壤的低

① 1 亩≈666.7m^2

pH 通常不利于硝化作用，但在增加氮的有效性或降低植物氮需求的条件下，低 pH 土壤中的净硝化也可发生。许多研究表明，在高大气氮输入的条件下，低 pH 土壤也有显著的硝化率。

5.2 土壤氮循环

氮循环是地球上复杂的生物地球化学循环之一，在特定微生物的作用下，它可转化为各种形式。陆地生态系统中的氮以不同形态存在于大气圈、岩石圈、生物圈和水圈，并在各圈层之间相互转换。大气中的氮以分子态氮（N_2）和各种氮氧化物（NO_2、N_2O、NO 等）形式存在，它们在微生物作用下通过同化作用或物理、化学作用进入土壤，转化为土壤和水体中的生物有效氮，即铵态氮（NH_4^+-N）和硝态氮（NO_3^--N），然后又从土壤和水体中的生物有效氮回归到大气中。

在土壤生态系统中，氮素循环分为内部氮循环和外部氮循环。对土壤生态系统来说，去除或增加氮的过程都是在外部氮循环的作用下进行的。外部氮循环包括干、湿氮沉降，氮（N_2）固定，氮素施肥，径流侵蚀，氮素淋溶，氨挥发和反硝化的氮损失。氮从一种化学形式转化为另一种化学形式，或在不同氮库间调动氮的过程是内部氮循环的过程。氮的内部循环过程包括根系周转、氮的矿化（将有机氮转化为无机氮的过程）、植物对氮的同化、氮在植物凋落物中返回土壤、硝化作用（从 NH_4^+或有机氮中产生 NO_2、NO_3）和微生物对氮的同化。土壤中最重要的氮生物化学转化过程包括生物固氮、氮的矿化、氮的同化、硝化作用、反硝化作用、硝酸盐异化还原为铵等（图 5.1）。

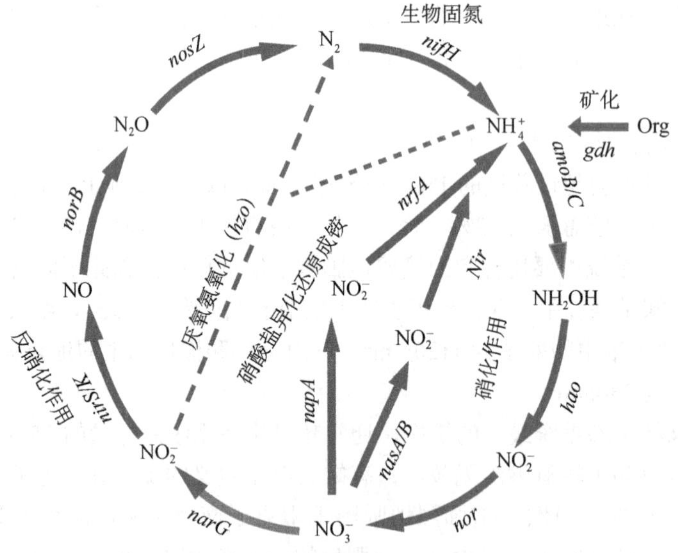

图 5.1 土壤氮素生物化学循环（李勇提供）

Org.有机氮

5.2.1 大气氮的生物固定

大气中有地球上最丰富的氮素，但是氮气中的氮元素是由三共价键相连，大多数生物不能打断氮气的三共价键使之形成易被利用的活性氮。只有一部分生活在土壤或根际的微生物能够直接利用这部分氮素，这一将大气中的分子氮气转变为生物可以利用的活性氮的过程称为生物固氮。除了植物的光合作用，生物固氮可能是地球上生命最重要的生化反应。这一过程将大气中的惰性氮气（N_2）转化为活性氮，通过氮循环，所有形式的生命都可以获得活性氮。这一过程是由有限数量的细菌进行的，包括几种根瘤菌、放线菌和蓝细菌（以前称为蓝藻）。

在全球范围内，每年有大量的氮被生物固定，仅陆地系统一年的固氮量就大约有1.39亿Mg。然而，现在通过肥料固定的氮也几乎达到了这一规模。

5.2.1.1 固氮机制

生物固氮的过程是固氮酶催化氮气还原成氨。这是描述生物固氮的一个通式，其中还需要铁和钼元素。

$$N_2+8e^-+8H^+ \longrightarrow 2NH_3+H_2$$

固氮酶由两个蛋白质构成，其中较小的蛋白质分子含有铁，而较大的蛋白质分子含有钼和铁（图5.2）。大蛋白质分子利用小蛋白质分子提供的电子将大气中的氮气转化为氨。

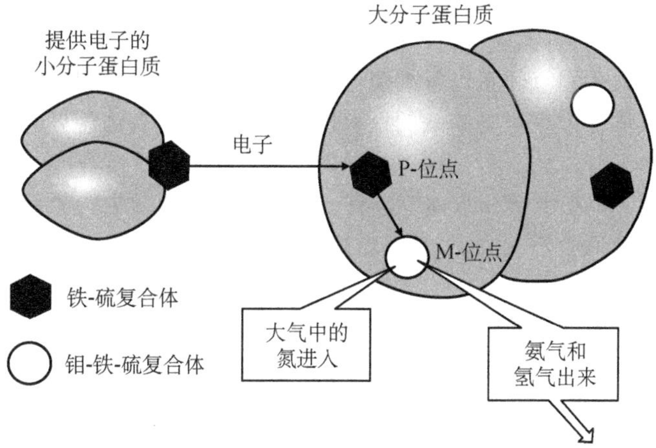

图5.2 由两个蛋白质分子组成的固氮酶复合体（Brady and Weil，2019）

生物固氮有几个特性：第一，固氮过程打破三共价键需要大量的能量，植物可以通过光合作用提供能量而促进固氮的活性。第二，固氮酶易被自由氧破坏，固氮生物需要保护固氮酶不受氧的影响，根瘤中形成的豆血红蛋白能保护固氮酶不受自由氧破坏。第三，固氮过程受产物抑制，也就是说氨的积累会抑制固氮，同时硝酸盐的积累也会抑制结瘤。第四，固氮生物对钼、铁和硫等营养元素的需求相对较高，因为这些元素或是固氮酶的组成成分，或参与固氮酶的合成与作用。

5.2.1.2 生物固氮的类型

生物固氮是由微生物与高等植物共同或单独完成的，主要有与豆科植物共生固氮、非豆科植物的共生固氮、非共生固氮三种类型。

1. 与豆科植物共生固氮 与豆科植物共生固氮的前提是豆科植物与根瘤菌共生。在共生体中，豆科植物为根瘤菌提供碳水化合物作为能量来源，根瘤菌为豆科植物提供活性氮化合物。豆科植物与这种细菌共生是农田土壤生物固氮的主要来源。与豆科植物共生的主要微生物是根瘤菌属（*Rhizobium*）和慢生根瘤菌属（*Bradyrhizobium*）的细菌。根瘤菌感染植物根须和皮层细胞，最终诱导形成固氮场所——根瘤。

根瘤菌对植物的感染具有一定的选择性，特定的根瘤菌属或慢生根瘤菌属的细菌能够感染一部分豆科植物，而对另外的豆科植物没有效果。例如，菜豆根瘤菌（*Rhizobium phaseoli*）能够感染菜豆，却不能感染大豆而形成根瘤。

即便是高效的根瘤菌与豆科植物共生固氮，其速率也取决于土壤和气候条件，并受到肥料的抑制。土壤有效氮浓度过高，不管是来自土壤还是所施加的肥料，都会显著抑制生物固氮作用。只有当矿质氮供应不足时，植物才会耗费大量能量进行生物固氮。

豆科植物有强大的共生固氮能力，每年最高可达 500kg N/hm^2，当与其他作物混作时，能通过根系分泌物或根系脱落物显著促进其他植物生长。但并不是所有的共生固氮都能增加土壤的氮素含量，豆科植物以绿肥的形式返回土壤时会显著增加土壤氮素含量。对那些收获种子或干草的豆科作物来说，其固定的大部分氮都会随产物而收走。

2. 非豆科植物的共生固氮 非豆科植物的共生固氮又分为结瘤非豆科植物共生固氮和无瘤非豆科植物共生固氮两种类型。

能进行结瘤共生固氮的非豆科植物种类也比较广泛，在超过 12 属的非豆科植物中，有近 200 个物种能够形成瘤并进行共生固氮，而共生的微生物主要是放线菌和蓝细菌。

无瘤非豆科植物共生固氮体系以蓝细菌作用最为显著，其中鱼腥藻复合体在热带、亚热带稻田中广泛存在，其固氮效率可与高效的豆科植物和根瘤菌复合体相提并论，具有较高的生产实践意义。

3. 非共生固氮 在土壤和水体中，有一些独立生存的微生物能够进行固氮作用。这些微生物并不与高等植物联合进行固氮，所以这种固氮作用被称为非共生固氮。非共生固氮又分为异养生物固氮和自养生物固氮。

能进行异养生物固氮的主要是固氮菌属（*Azotobacter*）、固氮螺菌属（*Azospirillum*）和梭菌属（*Clostridium*）等的细菌，它们从根系分泌物中或土壤有机质腐解过程中获取碳源，在缺氮土壤中作用显著。

自养生物固氮主要是指光合蓝细菌，能同时固定 CO_2 和氮，其主要是在湿地系统，包括水稻田中有重要意义。

各种类型生物固氮的效率差异比较大，总体来说，根瘤菌与豆科植物共生固氮的效率最高，其次是结瘤非豆科植物共生固氮，而无瘤非豆科植物共生固氮和非共生固氮的效率都比较低。

5.2.2 土壤有机氮的矿化

土壤中，大多数氮（95%～99%）存在于大的有机分子中，由此可保护土壤中氮免受损失，但这也使土壤中的氮不能直接被植物根系吸收。氮矿化是指在土壤动物和微生物的作用下，将植物不能直接利用的大分子有机氮转化为植物可以直接利用的无机氮（NH_4^+-N 和 NO_3^--N）的过程。

介导这一生物化学过程的酶主要由微生物产生（但也有一些由植物根系和土壤动物产生），包括打破 C-H 和 C-NH_2 键的水解酶和脱氨酶。酶可以在微生物细胞内催化反应，但大多数情况下，它们可被微生物分泌至胞外并呈游离态，并在土壤溶液中或吸附在胶体表面上进行细胞外工作。

氮矿化受许多因素的影响，如有机质含量、土壤类型、全氮有效性、ATP 含量、微生物氮含量、微生物呼吸、水溶性氮、pH、C/N 值、土壤水分、温度、干燥度、木质素含量、凋落物纤维素含量、植物/土壤相互作用和无机养分供应等。在土壤中，有机形态的氮通过矿化过程释放 NH_4^+-N。有植被覆盖的土壤中 NH_4^+-N 浓度很低，一般为 5mg/kg 或以下。但浓度低并不表明矿化速率低，而是表明植物吸收或硝化作用迅速。氮是微生物生长的必需生命元素，微生物对氮的矿化或固定则取决于基质与分解生物的 C/N 值。该底物用于能源生产和新生生物量的合成。

许多研究表明，表层土壤中的有机氮每年有 1.5%～3.5%被矿化。在大多数土壤中，这种矿化速率为自然植被的正常生长提供了充足的无机态氮；在有机质含量相对较高的土壤中，矿化也可为作物提供足够的无机态氮。此外，基于同位素示踪研究表明，在用合成氮肥改良的农田土壤中，无机态氮占作物吸收氮的绝大部分。如果已知土壤的有机质含量，就可以粗略估算在一个典型的生长季节可能矿化的氮量。

在土壤氮循环中，氮矿化被认为是控制植物氮有效性的中心点。影响氮矿化程度的因素随深度不同而不同。研究证实，一般当深度为 1m 时，氮矿化减少，并随着深度的增加，氮矿化迅速减少。

5.2.3　土壤无机氮的生物固定

与矿化相反的是固定化，即无机氮转化为有机氮。矿化作用生成的铵态氮、硝态氮和某些简单的氨基态氮（$—NH_2$），通过微生物和植物的吸收同化，成为生物有机体组成部分，称为土壤无机氮的生物固定（同化）。氮的固定化也可能存在非生物过程，可能涉及与高 C/N 值有机质的化学反应，在森林土壤中可能非常重要。

NH_4^+-N 以非交换性（固定性）和交换性两种形式被黏土固定。以交换形式存在的 NH_4^+-N，其液相离子处于动态平衡状态，生物有效性高，易被微生物代谢利用从而发生生物固定。当添加高 C/N 值基质时，微生物对土壤无机氮进行快速固定。植物根系对 NH_4^+-N 的竞争能力强于硝化细菌，所以在有植被的情况下，如果土壤 NH_4^+浓度过低，硝化作用势必会受到抑制。

总氮矿化是指微生物产生的可溶性总氮，总氮固定化是指微生物对可溶性总氮的消耗，两者之间的平衡是净氮矿化。当总矿化量超过总固定量时，土壤中无机氮增加，称为净矿化量。反之亦然，土壤中的无机氮减少，因此称为净固定化。当微生物分解有机残留物所需氮量超过其代谢残留物所能获得的氮量时，土壤中的氮会发生生物固定。这种情况下，微生物因呼吸代谢会大量利用土壤溶液中的 NH_4^+和 NO_3^-，使得矿质氮逐渐被消耗殆尽，导致土壤溶液中基本上没有矿质氮。当微生物死亡时，它们细胞中的部分有机氮可转化为土壤有机氮形态氮，一些又可能以 NH_4^+和 NO_3^-形式释放出来。土壤中矿化和生物固定同时发生；净效应是矿质氮供应的增加还是减少，这主要取决于正在进行分解的有机残留物中的 C/N 值。当分解物中的氮量大于所需氮量时，无机氮以净氮矿化释放；而当分解有机质中的氮量与微生物生物量所需氮量相当时，则不产生净氮矿化。如果被分解的物质只有少量氮，那么为了完成分解过程，会从土壤中固定更多的无机氮。土壤多肽和蛋白质的降解通常是氮矿化的限速步骤。

必须注意的是，固定化和矿化在土壤中往往是同时发生的。富含蛋白质和氮的土壤有机质被一类微生物降解，而 100μm 外的另一类微生物可能在降解高碳低氮碎屑的时候需要氮，固定化过程由这类微生物完成，矿化过程由第一类微生物完成，或者被第一类微生物矿化的土壤有机质可能被第二类微生物固定化。固定化和矿化是由广泛的微生物，即厌氧菌、好氧菌、细菌和真菌介导驱动的。土壤动物在固定化和矿化过程中也起着重要作用。土壤中碎屑投入的质量和数量是控制固定化和矿化模式与速率的重要因素。在适宜的温度和水分条件下，微生物的高活动率是由有机质引导的，从而导致高的固定化率和矿化率。按一般规律，当 C∶N>25∶1 时，将促进土壤氮的固定化；当 C∶N<25∶1 时，将促进土壤氮的矿化。

5.2.4 土壤氨的氧化与硝化作用

5.2.4.1 经典两步硝化过程

经典的硝化过程将是 NH_3 或 NH_4^+ 等还原态的无机氮先氧化为亚硝酸盐然后氧化为硝酸盐的过程。其中氨氧化过程（$NH_3 \rightarrow NO_2^-$）将氧化氨生成亚硝酸盐，这是硝化过程的第一步也是限速步骤，因此也是平衡土壤中铵盐与硝酸盐的主要贡献者。氨氧化细菌（AOB）、氨氧化古菌（AOA）是氨氧化过程的驱动者。硝化过程的第二步是亚硝酸盐氧化，将亚硝酸盐氧化为硝酸盐，主要由亚硝酸盐氧化细菌（NOB）催化完成。

AOB 和 AOA 是从氧化 NH_3 获得能量且以无机碳为主要碳源的化能自养型细菌和古菌。AOB 和 AOA 分别通过卡尔文循环和 3-羟基丙酸/4-羟基丁酸循环同化 CO_2。AOB 和 AOA 均以 NH_3 作为唯一的能量来源，这也是区别氨氧化微生物与其他微生物的重要特征。AOB 属于变形菌门，大多数可培养的 AOB 属于 β-变形菌纲中的亚硝化单胞菌科，主要包括亚硝化单胞菌属（*Nitrosomonas*）、亚硝化螺菌属（*Nitrosospira*）、亚硝化弧菌属（*Nitrosovibrio*）和亚硝化叶菌属（*Nitrosolobus*）4 属。一些从海洋环境中分离出的 AOB 属于 γ-变形菌纲［如亚硝化球菌（*Nitrosococcus oceani*）］。在很长一段时间内，AOB 被认为是环境中硝化过程的唯一驱动者，直到 2005 年在海洋水族馆中分离出第一株 AOA［亚硝化侏儒菌（*Nitrosopumilus maritimus*）］才改变了这一观点。目前已从不同生态环境中分离出众多 AOA：*Nitrososphaera viennensis*（中性土壤）、*Nitrosotalea devanaterra*（酸性土壤）、亚硝化暖菌（*Nitrosocaldus yellowstoneii*）、*Nitrososphaera gargensis*（温泉）、*Nitrosoarchaeum*、细小亚硝化菌（*Nitrosotenuis* sp.）（淡水和咸水）及 *Nitrosocosmicus exaquare*（污水处理厂）等。

AOB 和 AOA 均含有参与氨氧化过程的关键酶——氨单加氧酶（AMO）。AMO 由 AmoA、AmoB、AmoC 三个亚基蛋白质构成，分别由 *amoA*、*amoB* 和 *amoC* 三个基因编码，其中 *amoA* 基因含有 AMO 的活性位点。根据其他单加氧酶的同源性及疏水性推测，AOB 的 AmoA 和 AmoC 应该是跨膜整合蛋白，而周质蛋白 AmoB 则可能含有铜催化活性位点。对于 AOA 而言，其氨氧化过程尚不明确，但是基因组分析表明编码三个 AMO 亚基的基因具有明显的同源性。AOA 还可能含有 ORF38 或 *amoX* 基因编码 AMO 的第 4 个亚基。

AOB 和 AOA 产生 N_2O 的机制不同。大多数可培养的 AOB 含有亚硝酸盐还原酶和一氧化氮还原酶（NorB/Y）的表达基因，因此可以将 NO_2^- 还原为 NO 和 N_2O，即硝化细菌反硝化过程。AOB 产生 N_2O 的另一个机制是：AOB 含有细胞色素 P450 厌氧氧化羟胺，以及代谢中间产物（NO、NH_2OH、NO_2^-）与基质或重金属之间的非生物反应。但是目前的研究表明 AOA 并不能催化硝化细菌的反硝化过程。当环境中 AOA 比较丰富和活跃时，通过代谢过程中间物质的非生物反应可以产生大量的 N_2O。

NOB 的系统发育要比 AOA 和 AOB 复杂，目前已发现 7 个不同属的 NOB，它们分别属于 4 个不同的门：绿弯菌门（Chloroflexi）（*Nitrolancea*）、变形菌门（Proteobacteria）［硝化球菌属（*Nitrococcus*）、*Nitrotoga* 和硝化杆菌属（*Nitrobacter*）］、硝化刺菌门（Nitrospinae）［硝化刺菌属（*Nitrospina*）和暂定种 *Nitromaritima*］和硝化螺菌门（Nitrospirae）［硝化螺菌属（*Nitrospira*）］。除了 *Nitrolancea hollandica* 外，所有 NOB 都是革兰氏阴性菌。NOB 各类群在不同生境的分布极

不均匀。例如，属于硝化刺菌门的 NOB 分布于海洋生态系统中；属于绿弯菌门的 NOB 存在于污水处理厂及饮用水厂等工程系统中；属于变形菌门和硝化螺菌门的 NOB 广泛分布于土壤、淡水及海洋等所有生态系统中。在所有的 NOB 类群中，*Nitrospira*-NOB 的多样性是最丰富的，包含至少 6 个系统发育子类群，且每个子类群都有一个栖息地特有的菌株。

亚硝酸盐氧化还原酶（NXR）是 NOB 的关键酶，该酶是在 *Nitrobacter* 中被首次分离发现的，能将亚硝酸盐氧化为硝酸盐，并且每次反应都将 2 个电子传递到呼吸链中。NXR 属于细胞膜结合酶，由 3 个亚基 NxrA（α）、NxrB（β）和 NxrC（γ）组成，前两个亚基的编码基因常被作为功能和系统发育标记来分别检测和识别未培养的 *Nitrobacter*-NOB 和 *Nitrospira*-NOB。根据在细胞中的位置将 NXR 分为两种：一种 NXR 亚基位于周质空间中，另一种 NXR 亚基则位于胞质空间中。*Nitrospira*、*Nitrospina* 和 Candidatus *Nitromaritima* 的 NXR 属于周质 NXR，而 *Nitrobacter*、*Nitrococcus* 和 *Nitrolancea* 的 NXR 则属于胞质 NXR。这两种 NXR 之间差异较大，周质 NXR 属于Ⅱ型二甲基亚砜（DMSO）还原酶家族，而胞质 NXR 在系统发育上隶属于膜结合呼吸硝酸盐还原酶（NAR）。这两种 NXR 所主导的亚硝酸盐氧化过程也有一定差异，周质 NXR 更经济节能，而具有胞质 NXR 的 NOB 必须通过细胞膜运输 NO_2^-和 NO_3^-。

5.2.4.2　全程氨氧化过程

在微生物的作用下将氨直接氧化为硝酸盐而不产生亚硝酸盐的过程称为全程氨氧化过程（complete ammonia oxidation），参与该过程的细菌称为全程氨氧化菌（comammox *Nitrospira*）。与目前所知的氨氧化细菌和亚硝酸盐氧化细菌不同的是，全程氨氧化菌含有编码氨氧化的氨单加氧酶、羟胺氧化还原酶及亚硝酸盐氧化的 NXR 的一整套基因。目前研究富集得到的全程氨氧化菌均属于硝化螺菌属的分支Ⅱ，并可进一步分为 clade A 和 clade B 两大分支。目前获得的全程氨氧化菌株 *Nitrospira inopinata*、Ca. *Nitrospira nitrosa*、Ca. *Nitrospira nitrificans* 和 Ca. *Nitrospira kreftii* 均属于 clade A 分支。现已证实全程氨氧化菌存在于多种生境中，包括土壤、水体及其沉积物、热泉等自然生境和污水处理厂、水产养殖系统生物滤池、饮用水厂快砂滤池等工程生境。

全程氨氧化菌的氮代谢途径与 AOB 和 AOA 有所不同。β-AOB 具有 2～3 份 *AMO* 和 *HAO* 基因簇的拷贝，而全程氨氧化菌通常只有 *AMO* 和 *HAO* 基因的 1 份单拷贝，与 γ-AOB 和 AOA 相同。此外，大多数全程氨氧化菌还具有 NXR 的单份拷贝，而有的全程氨氧化菌可以拥有 5 份 NXR 拷贝。全程氨氧化菌分支 A 具有与 β-AOB 同源相似性的低亲和力 RH 型氨转运蛋白序列；而分支 B 则与典型的硝化螺菌相似，具有高亲和性 Amtb 型氨转运蛋白序列。因此，全程氨氧化菌 clade A 和 clade B 之间对氨吸收亲和力可能存在差异。此外，大多数全程氨氧化菌基因组中含有脲酶基因，可以通过尿素降解获得氨，这与部分 AOA 和 AOB 相似。全程氨氧化菌还具有多个不同的尿素转运体，除了高亲和力的尿素 ABC 转运体，还含有外膜孔蛋白（fmdC）（参与极低浓度对短链酰胺和尿素的吸收）及尿素羧化转运体（uctT）。此外，全程氨氧化菌基因组独特地含有一个胍丁胺酶基因，可以水解胍丁胺，产生腐胺和尿素，是全程氨氧化菌与典型硝化螺菌系统区分的一个代表性特征。全程氨氧化菌基因组缺乏一种同化亚硝酸还原酶（nirA）或八血红素细胞色素 c（octaheme cytochrome c，OCC）的基因。所以在亚硝酸盐作为唯一氮源存在时，全程氨氧化菌将无法生长。

5.2.4.3　硝化细菌反硝化

硝化细菌反硝化是硝化过程的一个途径，NH_3 被氧化为 NO_2^-，然后被直接还原为 N_2O 和

N_2，中间没有硝酸盐生成，因此不等同于硝化-反硝化联合反应。整个硝化细菌反硝化过程是由自养的 AOB 单独完成的，但是在 AOB 中并没发现编码 N_2O 还原酶的基因，因此 AOB 可能是 N_2O 的净产生者而不是消耗者。AOB 通过硝化细菌反硝化过程产生 N_2O 是其普遍特征，并且不是一个严格厌氧的过程。硝化细菌反硝化过程在低有机碳浓度、低 O_2 浓度和低 pH 条件下进行，是 N_2O 的一个重要来源。

5.2.4.4 异养硝化

异养硝化是一些系统发育不相关的异养微生物利用有机质作为碳源和能源，将还原态氮（氨或有机氮）氧化为 NH_2OH、NO_2^- 和 NO_3^- 的过程。由于低 pH 会抑制自养硝化微生物的活性，通常在酸性土壤中，异养硝化在 NO_3^- 的产生过程中起重要作用。土壤中底物的特性和可利用性是影响异养硝化的另一个重要因素。与自养硝化过程相比，异养硝化的氧化 NH_4^+ 过程与能量守恒无关，并且酶的调节途径也与自养硝化不同。在一些特定的异养硝化微生物中每个细胞产生的 N_2O 量都远高于自养硝化微生物。在酸性土壤及某些高有机质的土壤中异养硝化过程是 N_2O 产生的主要途径。

5.2.4.5 厌氧铵氧化

硝化-反硝化联合脱氮过程是氮素循环的经典途径，在很长一段时间内被认为是气态氮损失的唯一路径，直到厌氧条件下微生物驱动的氨氧化过程被发现，才对氮循环过程有了进一步的认知。该过程被称为厌氧铵氧化（anammox），其反应方程如下：

$$NH_4^+ + NO_2^- \longrightarrow N_2 + 2H_2O \ [\text{吉布斯能（}\Delta rGm\text{）}=-357kJ/mol]$$

在厌氧铵氧化过程中，微生物以 CO_2 作为碳源，亚硝酸盐作为电子受体，将 NH_4^+-N 直接氧化成 N_2，羟胺（NH_2OH）和联氨（N_2H_4）是厌氧铵氧化过程的代谢产物。厌氧铵氧化过程需要严格的厌氧环境，有研究证明，即使氧气含量为大气 0.5%的条件下，厌氧铵氧化菌的生长仍会受到抑制。

厌氧铵氧化细菌是一种生长缓慢的微生物，倍增时间长达 11 天，适宜生长温度为 37℃，最适 pH 为 8，对铵根离子和亚硝酸盐底物具有极高的亲和性。目前已鉴定的厌氧铵氧化细菌均属于浮霉菌目（Planctomycetes）的厌氧铵氧化菌科（Anarmnoxaceae），包括以下 6 属：Ca. *Brocadia*、Ca. *Kuenenia*、Ca. *Anammoxoglobus*、Ca. *Jettenia*、Ca. *Anammoximicrobium* 和 Ca. *Scalindua*。

5.2.4.6 影响硝化微生物的土壤条件

通常在土壤中，AOB 喜欢高氨环境而 AOA 倾向于低氨环境，这与 AOA 和 AOB 的氨氧化动力学差异有关。第一株发现的 AOA（*Nitrosopumilus maritimus* SCM1）是目前所有纯培养氨氧化微生物中 NH_3 的半饱和常数（K_m）最低的微生物，只有 3nmol/L 左右。纯培养的全程氨氧化菌（*Nitrosopumilus inopinata*）的 K_m 较高，大约为 63nmol/L，但是远低于报道的 AOB 的 K_m（0.3～4.0μmol/L）。从土壤中分离的 *N. viennensis* 及温泉分离的 *N. gargensis* 和 *Nitrosotenuis uzonensis* 的 K_m 值显著高于 *N. inopinata* 和 *N. maritimus* SCM1。但是从海洋沉积物和土壤中分离的 *Nitrosoarchaeum koreensis* 的 K_m 值（20～40nmol/L）与全程氨氧化菌相当。AOA 对 NH_3 的亲和力并不是始终比 AOB 高。例如，一些寡营养的 AOB（包括 *Nitrosomonas* cluster 6a G5-7、*Nitrosomonas oligotropha* 和 *Nitrosospira briensis* ATCC 25971）的 K_m 值在已报道的 AOA 范围之

内。因此在寡营养环境中，AOA 不一定是最具有竞争优势的氨氧化微生物，对底物较高亲和力的全程氨氧化菌可能与 AOA 共存并直接参与对底物的竞争。

土壤 pH 是调控陆地环境中氨氧化微生物地理分布和代谢活性的主要因素。氨氧化过程的直接底物 NH_3 的可利用性随着 pH 的降低呈指数下降。许多研究均表明 AOA 在酸性土壤中起主导作用。例如，在不同 pH 梯度的土壤中，AOA 的丰度及 *amoA* 基因的活性随着 pH 的增加而降低，AOA 与 AOB 拷贝数的比值也随着 pH 的增加而降低。利用 ^{13}C-稳定性同位素核酸探针（DNA/RNA-SIP）技术对酸性土壤中的活性氨氧化微生物进行研究发现，只有 AOA 同化 ^{13}C-CO_2 进行自养生长，说明 AOA 是酸性土壤氨氧化过程的主导微生物并且大多数属于 Group1.1a associated 分支。在中性及碱性土壤中，尤其是在施肥等高氮的投入下，相对于 AOA，AOB 的响应更加明显。因此目前通常认为 AOB 是高氮投入的中性及碱性环境中的主要硝化微生物，而 AOA 更喜欢低氮、低 pH 和高温等比较苛刻的环境。土壤 pH 对全程氨氧化菌的分布也有潜在影响。对中国境内 300 个森林土壤样品分析发现，pH 与全程氨氧化菌丰度呈负相关。来自酸性茶园土壤的全程氨氧化菌富集物在 pH<4.0 条件下仍有硝化活性，说明全程氨氧化菌可在酸性条件下氧化氨。

目前从土壤中分离的 AOB 菌株最适温度为 20～30℃，而从土壤中分离的 AOA 菌株最适温度为 25～37℃，表明 AOA 可能更喜欢高温环境。对俄勒冈州 8 种土壤温度梯度（4～42℃）的研究表明，土壤中 AOA 的最适温度超过 AOB 近 12℃。在 4℃和 28℃条件下培养，土壤中 AOA 的群落结构差异显著，而 AOB 的群落结构差异很小，表明 AOA 对温度的变化更敏感。富集培养的全程氨氧化菌菌株大多生长在 20～27℃。

含水率与土壤氧气含量成反比，在含水率较高情况下，土壤氧气含量较低。土壤中，含水率通过影响氧气含量调控硝化作用的强度。氧气是 AMO 的底物和末端电子受体，在氨氧化过程中起着重要作用。AOA 通常比 AOB 更偏好低氧环境，如土壤 AOA 代表菌株 Ca. *Nitrosoarchaeum koreensis* MY1 的氧气 K_m 为 10.38μmol/L，而 AOB 菌株的氧气 K_m 为 30～2000μmol/L。AOA 和 AOB 对氧气浓度的不同偏好意味着含水率可能是影响土壤生境中 AOB 和 AOA 生态位分异的环境因子。例如，在三峡消落带土壤中，AOA 与 AOB 丰度比值在周期性淹水、氧气浓度较低的消落带样品中为 14.1～56.7，而在含水率较低、氧气浓度较高的对照样品中仅为 2.4～8.6。土壤含水率对全程氨氧化菌分布也有潜在影响。由于铁氧还蛋白对氧的敏感反应，三羧酸循环途径通常被厌氧或微好氧生物所采用。全程氨氧化菌基因组编码还原性三羧酸循环的基因，推测全程氨氧化菌偏好低氧环境。全程氨氧化菌电子传递链细胞色素 bd 末端氧化酶比大多数 AOB 和 AOA 的 aa3 型血红素铜氧化酶具有更高的氧亲和力，也说明全程氨氧化菌偏好低氧环境。

5.2.5　土壤硝态氮的反硝化损失

反硝化作用是硝酸盐逐步被还原为气态氮（NO、N_2O 和 N_2）的微生物呼吸过程。反硝化作用生化过程的通式可用下式表示：

$$2NO_3^- \longrightarrow 2NO_2^- \longrightarrow 2NO \longrightarrow N_2O \longrightarrow N_2$$

一般而言，当 O_2 水平非常低时，N_2 是反硝化的终产物。但是由于田间通气状况时有波动，因此在反硝化过程中常常产生 NO 和 N_2O。这三种气态产物的比例受 pH、温度、耗氧程度及硝酸根离子和亚硝酸根离子浓度的影响。例如，在硝酸根离子和亚硝酸根离子浓度很高而且氧气供应充足的条件下有利于 NO_2 释放。在非常酸的条件下，几乎都是以 N_2O 形式损失。NO 的产生一般较少，且多数都是在酸性条件下发生的。

土壤中参与反硝化过程的生物通常数量巨大，且大部分属于严格厌氧型微生物，如假单胞菌属、芽孢杆菌属、微球菌属和无色杆菌属等的细菌，这些都是异养型细菌，它们从氧化有机质的过程中获得碳和能量。反硝化过程由不同功能基因所编码的不同还原酶所调控：反硝化过程的第一步由 *narG* 或者 *napA* 基因编码的硝酸还原酶调控；第二步由两种完全不同的亚硝酸盐还原酶调控，编码基因为 *nirK* 或 *nirS*，其中含有铜离子的 *nirK* 基因和含有细胞色素 cd1 的 *nirS* 基因在同一细胞中是相互排斥的；第三步为 N_2O 的产生过程，由 *cnorB* 或 *qnorB* 基因编码的一氧化氮还原酶调节；第四步即 N_2O 被还原为 N_2 的过程由氧化亚氮还原酶催化完成，编码该酶的基因是 *nosZ*，这也是生物圈中唯一已知的可将 N_2O 还原为 N_2 的生物过程。相对于 *napA*、*cnorB* 及 *qnorB* 基因，*nirS*、*nirK* 和 *nosZ* 基因通常受到广泛关注。这些反硝化基因的丰度、结构和代谢活性可以反映出土壤中来自于反硝化 N_2O 的释放。例如，土壤中较高的（*nirK*+*nirS*）/*nosZ* 基因丰度值与较高的 N_2O 产生相关，反之亦然。有接近 1/3 含有 *nirS* 和 *nirK* 基因的反硝化菌（如根癌土壤杆菌）缺乏 *nosZ* 基因，因此这些细菌也就无法还原 N_2O。

除了细菌，一些真菌也可以通过异养反硝化产生 N_2O。真菌反硝化通常在半干旱地区、热带耕地泥炭、林地、草地和酸性土壤等生态系统中起重要作用。由于反硝化真菌含有带铜离子的亚硝酸还原酶及带细胞色素 P450 的一氧化氮还原酶，可以将 NO_2^- 还原为 N_2O。但是大多数真菌缺乏将 N_2O 还原为 N_2 的 *nosZ* 基因，因此 N_2O 是真菌反硝化的主要产物。

反硝化作用造成的氮损失难以预测，这与农田管理措施和土壤条件有关。对森林土壤生态系统的研究表明，丰水时期的反硝化会造成缓慢但相对稳定的氮损失。相比之下，大多数农田土壤氮损失时空变异较大，一般发生在一年之中的夏季某个时段，主要是由于降水量较大，土壤通气不良。

地势低洼且有机质丰富的地区，其氮损失速率可能是农田土壤平均速率的 10 倍。对于湿润地区且排水良好的土壤，尽管可能会因为偶然的水分饱和而导致一天 10kg/hm^2 的氮损失量，但是该土壤一年内通过反硝化作用造成的氮损失量很少会超过 15kg/hm^2。在那些排水不畅且氮肥用量较大的地区，其氮损失量会相当巨大，可达 30～64kg/hm^2。

5.2.6 土壤硝酸盐异化还原为铵作用

硝酸盐异化还原为铵（dissimilatory nitrate reduction to ammonium，DNRA）是在厌氧条件下，硝酸盐被还原为 NO_2^- 和 NH_4^+ 的过程。该过程是在土壤细菌的作用下，硝酸盐还原为铵，并伴随 N_2O 产生的过程。硝酸盐异化还原过程主要发生在严格厌氧的环境中，并且在 C/N 值较高的条件下会优先于反硝化过程发生反应，同时也可与反硝化过程同时发生。但也有研究表明，DNRA 对氧气浓度和氧化还原条件的要求并没有之前报道的那么严格。例如，在热带山地土壤、草地、稻田等生态系统中可以检测到 DNRA 的存在，尤其是在热带山地土壤，DNRA 的速率是反硝化过程的 4 倍并且可以解释 75%的氮素周转情况。与硝化作用和反硝化作用导致土壤氮素损失不同，DNRA 将土壤中的硝酸盐还原为可供植物利用的铵，有利于土壤中氮素的蓄持，还可以减少土壤反硝化过程产生的 N_2O。不过，目前已有部分研究证实，DNRA 也能够为厌氧铵氧化提供铵，使铵最终转变为 N_2 而损失，且在一定条件下 DNRA 与厌氧铵氧化耦合，这甚至会导致损失更多的土壤氮素。

5.2.7 非生物化学氮循环

土壤氮素的生物化学循环是全球氮循环的重要组成部分，是土壤生态系统元素循环的核心之一。然而土壤氮素循环除了重要的生物化学循环外，还有很多非生物化学循环过程。这些非生物化学氮循环过程影响着氮素进入土壤、氮素在土壤的留存及氮素流出土壤，对整个土壤氮循环过程产生重要影响，同时影响着人类和生态环境健康。

5.2.7.1　大气氮的沉降

1. 氮沉降形式　随着地球人口的不断增长，活性氮进入土壤氮循环中的数量越来越多，正在成为一个日益严重的全球环境问题。大气中的活性氮由少量但不断增加的氨和氮氧化物气体组成，这些气体源于土壤、海洋、植被和化石燃料燃烧（特别是在车辆发动机中）的排放。这些氮气一般在云层中通过反应转化为 NH_4^+ 或 NO_3^-，在闪电过程中，N_2 和 O_2 发生反应在大气中形成额外的硝酸盐。含氮化合物从大气中移除并降落到地表的过程称为大气氮沉降（N deposition），它是氮素生物地球化学循环中的重要环节。化石燃料燃烧、氮肥施用、畜禽养殖等人为活动，致使活性氮的排放量增加，这部分氮素最终以干/湿沉降的方式返回到地球表面，以营养源和酸源的形式介入土壤生态系统，改变了氮素的自然循环。

全球氮沉降总量约为每年 105Tg。在城市下风的高降水区（汽车尾气和燃煤电厂中的氮氧化物产生的硝酸盐）、集中的动物饲养作业（粪便中挥发的氨）和施肥的稻田中沉降最多。硝态氮与铵态氮的比例随地点不同而不同，硝态氮所占比例为 1/3～2/3。虽然沉降的氮可以刺激农业系统中更大的植物生长，但对森林、草原等生态系统却非常有害。特别是硝酸盐与雨水酸化有关，而且铵很快硝化，这两种形式都导致土壤酸化。从大气中（或通过施肥）沉降成铵和硝酸盐而增加的氮还会影响另一个对全球变化具有重要影响的土壤过程，即 CH_4 氧化。第 4 章中已有述及，CH_4 是影响气候变化的一种重要温室气体，土壤 CH_4 氧化将 CH_4 从大气中清除有助于维持全球大气 CH_4 的平衡。森林土壤的 CH_4 氧化率特别高，但也可能受到氮沉降的较大影响。矿质氮还显著降低了草地和农田的 CH_4 氧化能力。

大气沉降的氮化合物有干、湿两种。湿沉降的氮主要是 NH_4^+ 和 NO_3^-，以及少量的可溶性有机氮。干沉降的氮主要有气态 NO、N_2O、NH_3，以及颗粒态 $(NH_4)_2SO_4$ 和 NH_4NO_3，还有吸附在其他颗粒上的氮。除了自然来源之外，大气中的氮化合物主要来源于工业（NO_x）、化石燃料的燃烧（NO_x）、农田施肥和集约畜牧业（NH_x）。

2. 氮沉降的影响　降水中的氮在农田中可能被认为是有益的肥料，但长期添加到一些森林土壤中可能是严重的污染物。大多数森林土壤的氮素是有限的，也就是说，它们含有多余的碳，所以任何增加的氮很快就会被微生物和化学固定所束缚，因此，硝酸盐很少因淋洗而损失。然而，一种被称为氮饱和度的情况被发现于北欧某些成熟的森林，它是由高水平氮沉降造成的，北美成熟森林的程度较轻。氮饱和度是指森林系统无法保留通过沉降而获得的全部甚至大部分氮，导致硝酸盐的淋溶，以及相关的土壤酸化和钙/镁的流失。氮沉降最终会降低树木生长，并以多种方式破坏森林土壤生态系统，其中多数情况下可能与氮饱和度有关。氮沉降超过 8kg N/（$hm^2 \cdot a$）可能最终会对敏感的森林和水生生态系统造成损害。长期氮沉降对森林土壤生态系统的影响作用受到氮沉降量、森林类型（如落叶或常绿）、土壤性质（如质地、矿物学和酸度）、土地利用历史和林龄、气候变量等诸多因素的调控。例如，与经常伐木或最近从农业转产的快速生长的年轻森林相比，在缓冲性差的土壤上的成熟针叶林通常能更快地达到氮饱和状态。

在缺氮的森林土壤中，各种生物组分别对有限供应的有效氮进行激烈的竞争。在有机氮分解过程中释放的 NH_4^+ 将被迅速吸收而达到生物学上的固定，很少有多余的 NH_4^+ 被微生物进一步氧化利用。由于硝化作用降低，氮通过 NO_3^-淋溶而从土壤中损失将受到限制。在氮沉降量较低的地区，几乎所有的沉降氮（>95%）都被林冠或土壤吸收，氮沉降将具有施肥作用。在具有充足氮供应的森林土壤中，植物和微生物之间的氮竞争将不那么激烈，大量的 NH_4^+可供给硝化作用利用。由于氮不再缺乏，且由于 NO_3^-的易移动性质，NO_3^-将很可能从土壤剖面中淋出。在氮沉降量较高的地区，氮淋失增加，在一些森林中，其淋失量达到 10～15kg/（hm^2 • a），甚至更高。

一些模拟氮沉降的实验表明，土壤中 NO_3^-的淋溶随着氮沉降的增加而增加；NO_3^-的淋溶，不论是硝化引起的，还是 NO_3^-的加入引起的，都具有强烈的酸化作用；在氮饱和的森林生态系统中，氮沉降（以 NO_3^-或 NH_4^+）的适当增加，将导致 NO_3^-淋溶的增加和土壤酸度的提高。

较高的氮沉降量不仅可引起 NO_3^-的大量输出，而且可引起盐基阳离子以等价量伴随着 NO_3^-一起淋失。这将反过来引起由土壤盐基饱和度下降而导致的一些养分缺乏现象。已有证据表明，由于土壤中产生了过剩的 NO_3^-，Ca^{2+}、Mg^{2+}等盐基阳离子的淋失随之增加；矿质土壤中 Ca^{2+}的净损失对土壤酸化有重要作用。土壤酸化将反过来急剧增加土壤中的阳离子特别是 Al^{3+}等的通量。土壤 pH 和根际 Al/Ca 值通常可作为森林土壤酸化和潜在的森林土壤危害指标。前人通过比较酸沉降对森林土壤的影响发现，在石灰性土壤中，HNO_3 促使 Ca^{2+}活化和淋失；在酸性土壤中，除了 Ca^{2+}，还促使 Al^{3+}活化和淋失。Al^{3+}浓度与 NO_3^-浓度密切相关。在许多情况下，Al^{3+}浓度与 NO_3^-浓度的相关性高于它与 SO_4^{2-}浓度的相关性，这意味着在活化 Al^{3+}方面，HNO_3 比 H_2SO_4 更重要。NO_3^-浓度的上升将提高土壤溶液的酸度和 Al^{3+}浓度，使土壤的缓冲范围由盐基阳离子向 Al^{3+}转移，即土壤的缓冲性能向着低 pH 转移。

5.2.7.2 工业固氮

1908 年，德国化学家弗里茨 • 哈伯（Fritz Haber）在高温、高压条件下，利用金属催化剂直接将氮气和氢气转化为了氨，只是那时候合成氨需要在 100 个标准大气压（1 标准大气压=101.325kPa）的反应条件下进行，这是一个很危险的反应条件，一旦出现失误，那就是人命关天的大事。卡尔 • 博施（Carl Bosch）解决了高压合成氨的技术难题，设计出了能循环反应的工业装置，并在 1913 年建成了世界上第一间用于合成氨的工厂，生产出了第一批氨。这种合成氨（人工固氮）的方法被称为哈伯-博施（Haber-Bosch）法，哈伯和博施也因此分别于 1918 年和 1931 年获得了诺贝尔化学奖。

20 世纪最大的进步之一是通过哈伯-博施工艺实现工业氮气的固定。虽然这是一个经济有效的过程，但这个过程需要更多的能量。在哈伯-博施过程中，N_2 固定过程是由水和天然气生成 H_2，大气中的 N_2 在 600℃和 106kPa 条件下与 H_2 结合经催化形成氨。在随后的 100 多年间，随着技术的发展，持续增产的氨逐步提高了粮食产量，养活了越来越多的人口。经过数据分析和估计，荷兰阿姆斯特丹自由大学的扬 • 威廉 • 埃里斯曼（Jan Willem Erisman）和加拿大曼尼托巴大学的瓦茨拉夫 • 斯米尔（Václav Smil）都一致认为由人工固氮产生的氮肥养活了至少 40%的全球人口。

目前，每年在农田中增加 9000 万 t 氮肥。氮肥利用量国家或地区排名前几位的是印度、欧洲、北美洲和中国。玉米、水稻、大麦、小麦、高粱等谷物是获得这些肥料比例较高的主要作物。除农作物外，美国和中国的蔬菜和水果、欧洲的草原及印度的棉花和甘蔗都大量使用氮。尿素是工业生产中最廉价、氮含量最高的肥料，且易于搬运和运输，占肥料氮肥产量的 75%。在其他重要的氮肥中，硝酸铵占总氮肥产量的 16%，硫酸铵占总氮肥产量的 5%，硝酸铵钙占总氮肥产量的 4%。

5.2.7.3　土壤氨挥发损失

氨以各种形式存在于土壤中，作为游离的 NH_4^+，或者被土壤颗粒吸附或有机质物理吸收。当近表面有游离氨时，挥发现象发生，挥发速率随温度和 pH 的增加而增加。植物既是氨的汇，又是氨的源。氨排放受土壤氮含量、树龄和叶片氨气（NH_3）补偿点等因素的影响。放牧动物排泄的粪便和尿液中的一定比例的氨水解成铵，铵再去质子化成氨。虽然氨的总损失与具体的土壤管理和环境因素有关，但动物废物的氨挥发发生得更快（以小时至天计）。由于氨挥发，尿素和氨肥中的氮损失很大。在总施氮量相同的农业生态系统中，由降水导致的土壤氨挥发损失可达 50%，而淹水使损失进一步增至 80%。当氨挥发时，氨必须与土壤表面接触，如果采用钻孔或掺入的方式施用氮肥，可以减少损失。施肥过程中动物排泄物产生的氨排放量占全球氨总排放量的 57%左右，是大气中最重要的氨排放源。

氨可以从植物残留物、动物排泄物及无水氨和尿素等肥料的分解中产生。这种气体可能扩散到大气中，导致有价值的氮从土壤中流失，并对环境有害，增加大气中的氮沉降。氨气根据以下可逆反应与铵离子达到平衡：

$$NH_4^+ + OH^- \rightleftharpoons NH_3 + H_2O$$

从以上反应可以得出两个结论。首先，氨挥发在高 pH 水平（即 OH^-驱动反应向右）时会更加明显；其次，添加产氨物质或水会使反应向左推进，从而提高溶解它们溶液的 pH。

土壤胶体、黏土矿物和腐殖质等都可以吸附氨气，所以当这些胶体含量低或氨与土壤接触不密切时，氨损失最大。由于这些原因，砂质土壤、碱性或石灰性土壤中的氨损失可能相当大，尤其是当产生氨的物质留在土壤表面或附近及土壤干燥时。土壤表面经常出现的高温也有利于氨挥发。

将肥料掺入表层土壤几厘米可以减少 25%～75%的氨损失，而这些损失主要发生在土壤表面。在天然草地和牧场，蚯蚓和蜣螂吸收动物粪便对于维持这些生态系统良好的氮平衡和高动物承载能力至关重要。适时施用灌溉水可以大大减少地表肥料中氨气体的损失。

在鱼塘和淹水稻田表面施用氮肥造成的气态氨损失也很明显，即使是在微酸的土壤上也是如此。施用的肥料刺激藻类在稻田水中生长。当藻类进行光合作用时，它们从水中提取 CO_2，并减少碳酸的生成量。结果表明，稻田水 pH 显著升高，特别是在白天，一般在 9.0 以上。在这些 pH 水平下，氨气从铵化合物中释放出来，直接进入大气。与旱地土壤一样，如果肥料放置在土壤表面以下，这种损失可以显著减少。天然湿地以类似的日循环损失氨气。

5.2.7.4　土壤铵离子的矿物固持

像其他带正电荷的离子一样，铵离子被吸附到带负电荷黏土和腐殖质的表面，在那里它们以交换形式存在，可供植物吸收，但部分被保护从而不被淋洗。然而，由于其特殊的尺寸，铵离子（以及类似尺寸的钾离子）可以被包裹或固定在某些 2∶1 型黏土矿物晶体结构的空腔内。蛭石对这种铵离子（和钾离子）的固定能力最大，其次是细粒云母和一些蒙皂石。固定在晶体结构刚性部分的铵离子和钾离子以不可交换的形式存在，它们只能缓慢地释放。这一物理化学过程与生物固氮过程具有本质的不同，生物固氮是在一种固氮微生物驱动下将惰性大气中的 N_2 固定为活性的、植物可用的氮形式的生物化学过程。

底土黏土矿物对铵的固定作用一般大于表土，这是由于底土黏土矿物含量较高。在黏粒以 2∶1 型黏土矿物为主的土壤中，层间固定的铵离子通常占表层土壤总氮量的 5%～10%，占下层土壤总氮量的 20%～40%。另外，在高度风化的土壤中，由于 2∶1 型黏土矿物的存在，铵的固定作用很小。在一些森林土壤中，O层和A层中约有一半的氮被铵固定或与腐殖质发生化学反应而被固定。作为一种保存氮的有效途径，铵的固定被认为是一种优势，但因固定铵的释放速率往往太慢，在满足一年生植物的氮素需求方面并没有太大的实用价值。

5.2.7.5 土壤硝态氮的淋失

由于土壤颗粒大多带负电荷，NO_3^-作为阴离子不但不能被土壤颗粒吸附，还会受到土壤颗粒负电荷的排斥力，很容易被淋溶出土体从而排到地下水中。通过土壤剖面的水流量和水分通过时土壤中NO_3^-浓度是硝态氮淋溶的两个主要决定因素。收获、火耕、放牧、休耕是许多生态系统干扰中的少数几种，这些干扰往往会增加农业和自然系统中NO_3^-的淋溶。这主要是由于土壤中NO_3^-积累的内在联系过程（矿化和植物对氮的吸收）随着水文循环不平衡导致的排水增加而脱节。在灌溉或高降水量条件下，质地较轻、根系较浅作物的土壤往往会释放大量的硝酸盐。总的来说，在灌溉土壤和砂质土壤上硝态氮淋溶率很高，在经常受到干扰的农业生态系统中硝态氮淋溶率要大得多，那里施用了大量的动物粪便、豆类植物和肥料。

最近对温带农业生态系统的研究表明，森林的NO_3^-释放量最少，而集约化蔬菜生产系统的NO_3^-释放量较高。最近对温带农业生态系统的一项审查得出结论，总体而言，森林中NO_3^-淋溶的潜力最小，按采伐草地<放牧牧场<耕地<耕作牧场的顺序递增，集约化蔬菜生产系统中NO_3^-淋溶的潜力最高。在管理的和自然的陆地生态系统中，有机氮通过淋溶损失的规模仍然未知。森林和农业土壤中溶解态有机氮和水浸态有机氮的含量分别为0.1～5mg/L和10～30kg/hm^2。

在全球范围内，化肥引起的硝酸盐淋溶和N_2O排放估计分别占19%和8%。从根区到土壤厚度对地下水的影响，都决定了含水层的污染风险。在浅层土壤中，裂隙土壤中硝酸盐淋溶到地下水中的可能性很大。此外，各种研究表明，在岩溶地区，硝酸盐通过农业土壤淋溶到地下水中。土壤中含有大量的硝酸盐，当降水量超过蒸发量而作物吸收的硝酸盐很少时，可耕作土壤中的硝酸盐淋溶量就很大。

为了获得较高的作物产量，肥料氮被添加，这最终增加了硝态氮的淋溶损失。当高施肥量与高灌溉制度结合时，质地较轻的土壤硝酸盐淋失量较大。硝酸盐淋溶不仅使土壤肥力丧失，而且对人类健康构成威胁。当饮用水中含有硝酸盐时，会有患甲基血红蛋白血症的风险，并与心脏病和癌症的发生有关。报告显示，一半的欧洲人生活在地下水硝酸盐含量高（约5.6mg硝酸盐/L）的地区，约20%的人生活在硝酸盐浓度超过推荐水平（11.3mg硝酸盐/L）的地区，并估计在法国布列塔尼，80%的地表水中硝酸盐浓度高于11.3mg N/L。

降水分布和蒸散模式在年季间的变化会影响淋溶模式。淋溶的程度和模式主要取决于降水量。土壤物理性质也影响淋溶，因为蓄水量和导水率与土壤的结构和质地直接相关，构造不良的砂土比构造粗糙的黏土损失更多的NO_3。湿黏土具有较高的反硝化速率，进一步减少了淋失。蒸渗仪、钻孔、集水区和柱的研究表明，粗质地土壤的硝酸盐淋溶速率比细质地土壤快。

淋溶还受土壤有机氮的影响，土壤有机氮在农业土壤中的硝化和矿化过程也会引起NO_3^-的淋溶。然而，由于肥料的添加，矿化可能会受到刺激，从而淋失原生土壤的NO_3^-。这说明由于矿化、固定化周转，肥料氮在发生固定化的同时，土壤有机氮也发生矿化，并有可能通过淋溶而流失。

有机废弃物的应用可增加浸出量。将大量动物粪便作为泥浆或固体撒在农业土地上，超过所需的量会导致NO_3^-的淋溶。

5.3　土壤氮库的调控

微生物是驱动土壤元素生物地球化学循环的引擎。土壤氮素的生物化学循环，即生物固氮、氮的矿化、同化、硝化作用、反硝化作用、硝酸盐异化还原为铵等，均由微生物所驱动。生物活性受到温度、光照等气候因子，土壤 pH、有机质等理化因子，以及营养元素、底物等众多复杂环境因素共同作用的影响。

5.3.1　缓释肥与硝化抑制剂

为了生产出足够的粮食喂养日益增长的人口，每年会向农作物施用超过 1 亿 t 氮肥。普通氮肥的速溶性使得其能迅速地给植物提供氮素，但存在加大氨挥发、促进硝化作用从而增加硝酸盐淋失，以及增加 N_2O 温室气体排放的风险。

1. 缓释肥　缓释肥是一种通过化学的和生物的因素使肥料中的养分释放速率变慢的肥料。缓释肥主要为单体氮肥（有且仅有氮元素的肥料），是通过缓慢释放氮元素，以及在生物或化学作用下分解的有机氮化合物，从而转变为植物有效态养分的长效肥料。缓释肥一般水溶性较小（在水中或与水接触并不能加速释放养分）。

缓释肥释放肥效时受土壤 pH、微生物活动、土壤中水分含量、土壤类型及灌溉水量等许多外界因素的影响，肥料释放不均匀，养分释放速率和持续时间不能很好地控制，同植物的营养需求不一定完全同步。

2. 硝化抑制剂　硝化作用是导致我国农业氮肥利用率低及地表水和地下水污染的主要原因，且对温室气体氧化亚氮的排放具有显著影响。硝化抑制剂可通过选择性抑制土壤硝化微生物的活动，有效减缓土壤中铵态氮向硝态氮的转化，是农业生产中常用的一种提高氮肥利用率和减少硝化作用负面效应的有效管理方式。

目前农业中常用的硝化抑制剂包括双氰胺（DCD）、3, 4-甲基吡唑磷酸盐（DMPP）、2-氯-6-三氯甲基吡啶（nitrapyrin）、乙炔等，均具有成本低、效率高、安全方便和对环境影响小的特点。农业中通常将硝化抑制剂与肥料混包生产或与氮肥（如尿素、硫酸铵等）同时施用，在提高土壤氮肥肥效、减少硝酸盐淋溶损失、降低温室气体尤其是氮氧化物的排放、提高作物产量等方面具有显著成效。

5.3.2　种植绿肥

绿肥是指以豆科作物为代表的固氮养地植物，如紫云英、苕子等，这些植物富含养分和有机质，在适当时期翻压归还土壤，它们分解后可以增加土壤有机质，为农作物供应生长所需养分。同时，绿肥的生长能很好地改善土壤性状及土壤生态。绿肥的种植模式有如下几种。

1. 单作绿肥　在同一耕地上仅种植一种绿肥作物，而不同时种植其他作物。例如，在开荒地上先种一季或一年绿肥作物，以便增加肥料、增加土壤有机质，有利于后作。

2. 间种绿肥　在同一块地上，同一季节内将绿肥作物与其他作物相间种植。例如，在玉米行间种竹豆、黄豆，甘蔗行间种绿豆、豇豆，小麦行间种紫云英等。间种绿肥可以充分利用地力，做到用地养地，如果是间种豆科绿肥，可以增加主作物的氮素营养，减少杂草和病害。

3. 套种绿肥 在主作物播种前或收获前在其行间播种绿肥。例如，在晚稻乳熟期播种紫云英或苕子，麦田套种草木樨等。套种除有间种的作用外，还能使绿肥充分利用生长季节，延长生长时间，提高绿肥产量。

4. 混种绿肥 在同一块地里，同时混合播种两种以上的绿肥作物。例如，紫云英与肥田萝卜混播，紫云英或苕子与油菜混播等。有俗语："种子掺一掺，产量翻一番。"豆科绿肥与非豆科绿肥、蔓生绿肥与直立绿肥混种，使互相间能调节养分，蔓生茎可攀缘直立绿肥，使田间通风透光。所以混种产量较高，改良土壤效果较好。

5. 插种或复种绿肥 在作物收获后，利用短暂的空余生长季节种植一次短期绿肥作物，作为下季作物的基肥。一般选用生长期短、生长迅速的绿肥品种，如绿豆、乌豇豆、柽麻、绿萍等。这种方式的好处在于能充分利用土地及生长季节，方便管理，多收一季绿肥，解决下季作物的肥料来源。

5.3.3 调控微生物

1. 硝化微生物的调控 AOA、AOB和全程氨氧化菌是三种重要的硝化微生物，一般认为AOA在氮含量有限的土壤或施加有机氮肥的土壤中比AOB更有优势，而AOB在富氮土壤或无机氮处理的土壤中是硝化作用的主要参与者。此外，AOA和AOB在不同pH下也存在生态位差异，AOB更适合在中性或碱性环境中生长，而在强酸性土壤中具有更高NH_3亲和力的AOA在氨氧化中发挥主导作用。全程氨氧化菌因为与AOA具有相似的高氨分子吸力，从而推测其更倾向于在氮含量有限和偏酸性的环境主导硝化作用。

在通气良好的土壤中，硝化作用中的氨氧化过程是产生N_2O的主要途径。N_2O是氨氧化过程的副产物。一般认为，产生N_2O的方式有两种：一种是在好氧条件下，N_2O由NH_2OH和NO_2^-的非生物反应形成；另一种是在酶催化作用下NO_2^-被还原为N_2O。AOB、AOA和全程氨氧化菌都参与第一种方式，而据报道只有AOB参与第二种方式。由于影响酶促反应的有效氨和氧浓度的差异，AOB培养物的N_2O产率为0.1%～8%，AOA的N_2O产率为0.04%～0.3%，而全程氨氧化菌的N_2O产率大概为0.07%。因而可以通过调控土壤的氨态氮浓度、施加调理剂及施加有机氮肥等手段，促使土壤的硝化作用由AOA或全程氨氧化菌驱动，从而减少硝化过程中N_2O的排放。

2. 反硝化微生物的调控 在无氧和缺氧条件下，许多细菌可利用硝酸根和亚硝酸根作为电子受体进行无氧呼吸，包括DNRA和反硝化作用两种相互竞争的氮素转化途径，在氮元素的生物地球化学循环中扮演着重要角色。反硝化和DNRA是硝态氮异化还原过程的重要环节，两者在底物和发生环境等方面较为相似，在土壤环境条件及微生物的影响下，呈现出协同竞争的关系。在有效碳含量高而NO_3^-浓度低的还原性条件下，NO_3^-发生DNRA过程的概率高于反硝化过程，因而通过施加有机肥，同时减少土壤的NO_3^-浓度可以调控NO_3^-还原向DNRA的方向进行，既能使氮肥以氨态氮的形式得以保存，又减少了反硝化过程中温室气体N_2O的排放。

主要参考文献

Brady N C，Weil R R. 2019. 土壤学与生活. 14版. 李保国，徐建明译. 北京：科学出版社.

徐建明. 2019. 土壤学. 4 版. 北京：中国农业出版社.

颜晓元，夏龙龙. 2015. 中国稻田温室气体的排放与减排. 中国科学院院刊，30（Z1）：186-193.

张苗苗，沈菊培，贺纪正，等. 2014. 硝化抑制剂的微生物抑制机理及其应用.农业环境科学学报，33（11）：2077-2083.

朱永官，王晓辉，杨小茹，等. 2014. 农田土壤 N_2O 产生的关键微生物过程及减排措施. 环境科学，35（2）：792-800.

Daims H，Lebedeva E V，Pjevac P，et al. 2015. Complete nitrification by *Nitrospira* bacteria. Nature，528：504-509.

Hu H W，Chen D，He J Z. 2015. Microbial regulation of terrestrial nitrous oxide formation：Understanding the biological pathways for prediction of emission rates. FEMS Microbiology Reviews，39（5）：729-749.

Könneke M，Bernhard A E，de la Torre J R，et al. 2005. Isolation of an autotrophic ammonia-oxidizing marine archaeon. Nature，437：543-546.

Mulder A，Graaf A A，Robertson L A，et al. 1995. Anaerobic ammonium oxidation discovered in a denitrifying fluidized bed reactor. FEMS Microbiology Ecology，16（3）：177-184.

Prosser J I，Hink L，Gubry-Rangin C，et al. 2020. Nitrous oxide production by ammonia oxidizers：Physiological diversity，niche differentiation and potential mitigation strategies. Global Change Biology，26（1）：103-118.

van Kessel M A，Speth D R，Albertsen M，et al. 2015. Complete nitrification by a single microorganism. Nature，528：555-559.

第6章　土壤中硫的生物化学

本章彩图

硫是植物生长发育不可缺少的大量营养元素之一，是蛋氨酸、胱氨酸、半胱氨酸的组成成分。硫还是辅酶、磺胺素、维生素 B_1 和维生素 H 等诸多生命物质的重要组成元素，调节固氮作用和光合作用的酶中也含有硫。油菜、洋葱等十字花科和百合科作物需硫量较多，这类植株吸硫量和含硫量甚至高于体内吸磷量和含磷量。硫在作物营养中同氮、磷、钾等元素一样重要和不可代替，且对植物氮素吸收具有重要的调节作用。我国农业生产注重氮、磷、钾等肥料的施用，硫肥的合理施用问题还没有引起足够的重视。近年随着环保政策的推行和空气质量的提高，化石燃料燃烧产生的硫氧化物的排放和沉降大幅度减少；作物产量不断提高，复种指数增加，农作物从土壤中带走的硫逐渐增多；相反，含硫化肥（过磷酸钙、硫酸铵）和有机肥的施用量却在不断下降，不含硫的尿素、磷铵等肥料使用比例增加，硫肥施用量减少，投入量小于移除量，导致土壤含硫量急剧下降，缺硫面积不断扩大，影响了作物产量的进一步提高和农业的可持续发展。通过对全国大面积土壤调查发现，我国有 1/5 的土壤存在缺硫或潜在性缺硫，土壤有效硫不足已经成为农业生产发展的制约因素。因此，需要充分重视硫元素在植物养分吸收中的作用，深入了解硫元素在土壤中的生物化学行为，并制定高效合理的硫肥施用策略。

此外，土壤硫的生物化学过程会影响钙、镁、镉、铁、铜、锰等元素的有效性。硫的氧化会导致土壤酸化，酸化的土壤环境会加速钙和镁的流失，增加土壤重金属的移动性和生物有效性。硫还原过程产生的 S^{2-} 与铁、铜、锰等元素反应生成的硫化物可降低土壤中重金属的毒性。因此，了解硫在土壤中的循环过程及其对其他元素生物地球化学过程的调控，对于优化土壤管理措施、保障土壤健康具有重要意义。

6.1　土壤硫的形态及其有效性

植物可利用的硫主要来源于土壤有机质、土壤矿物和大气中含硫气体的沉降。来源于土壤有机质矿化、土壤矿物表面吸附的硫酸盐、降水和空气尘埃沉降的植物可利用有效态硫分别为 4～12kg/hm^2、2～6kg/hm^2、2～9kg/hm^2。我国不同土壤类型全硫含量差异很大，大部分在 20～500mg/kg，最高可达 35 000mg/kg。土壤全硫含量受气候、成土母质、地形、植被和农业管理措施等因素的综合影响。我国土壤含硫量以黑土最高，北方旱地土壤和南方水稻土含量中等，南方旱地红壤含量最低。热带亚热带湿润地区高度风化的土壤和氧化土含有大量的硫酸盐，大部分存在于土壤亚表层。

土壤中硫根据其结合形态可分为有机态和无机态两种，在通气良好的表层土壤中有机硫含量可达总硫量的 90%～95%，在淹水土壤中，硫化物和其他氧化态较低的含硫化合物的含量通常远高于硫酸盐的含量。在硫酸盐土、盐土、富含石膏的土壤中，硫化物和硫酸盐占总硫量的比例则相对较高。我国东南部和南部湿润地区，土壤硫以有机硫为主，占全硫量的 85%～94%，无机硫仅占 6%～15%。西部和北部干旱地区无机硫含量较高，石灰性土壤无机硫（以硫酸钙为主）含量占全硫量的比例可以达到 39.4%～61.8%。在一些温带土壤的灰化淀积层，大量的硫酸盐与金属氧化物结合在一起，因此无机硫含量相对较高。此外，土壤有机硫含量通常会随着土壤深度的增加显著降低，而无机硫含量则趋于稳定或呈现增加的趋势。图 6.1 以美国三大土纲为例，展示了三个典型土壤剖面的无机硫与有机硫的分布。

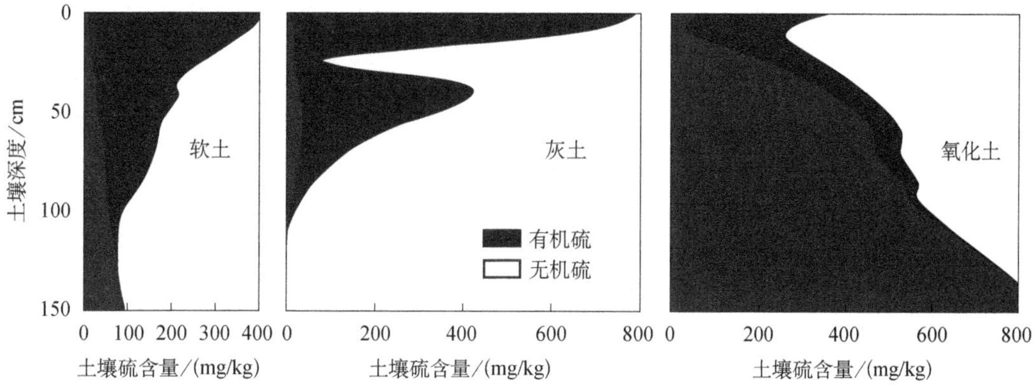

图 6.1　三个典型土壤剖面的无机硫与有机硫的分布（Brady and Weil，2019）

三个剖面表层土壤都是以有机硫为主。软土底层土壤中含有大量的无机硫，包括吸附的硫酸盐、硫酸钙矿物。灰土仅含有少量的无机硫。氧化土（热带湿润地区土壤）土壤剖面的硫大部分是吸附在底层土壤胶体表面的硫酸盐

6.1.1　土壤有机硫

有机硫是土壤硫的主要形态，根据硫与其他元素结合的特征，主要分为三类：第一类为还原态硫与碳组成的化合物［碳键硫（C—S bonded）］（图 6.2），主要来源于有机肥使用、动植物和微生物残体、微生物蛋白质合成，包括蛋白质和氨基酸（如蛋氨酸、胱氨酸和半胱氨酸），还包括硫化物、硫醇（R—C—SH）及噻吩；第二类为中间氧化还原状态硫与碳和氧结合的有机质（C—S—O），包括亚砜（R—C—SO—CH_3）、亚磺酸（R—C—SO—OH）、磺酸盐等物质；第三类主要是高氧化态硫与氧结合而不是与碳直接连接的有机质（酯键硫），包括氨基磺酸硫（C—N—S）、硫酸酯硫糖苷（N—O—S）、硫酸酯（C—O—S）、磺酸半胱氨酸（C—S—S）、硫酸胆碱等化合物。

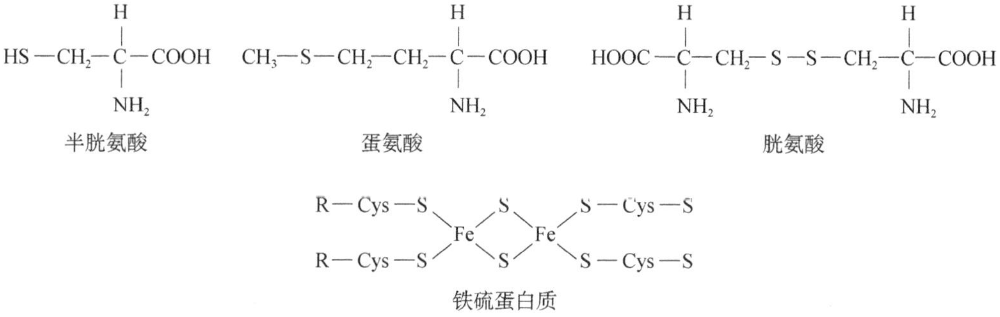

图 6.2　土壤中主要的碳键硫有机硫化合物（Brady and Weil，2019）

一般认为碳键硫比较稳定，不易被碘酸还原为 H_2S。但是碳键有机硫中的含硫氨基酸组

分，已经被证实在数分钟到数小时之内就可以被微生物快速分解利用，因此也是生物有效性较高的有机硫组分。此外，实验室培养研究表明，大部分被矿化的硫为碳键硫，因此认为碳键硫也是土壤有机硫中很活跃的部分。

半胱氨酸和蛋氨酸是土壤可溶性有机硫的重要组成部分，其可以被微生物快速分解进而转变成植物根系可吸收利用的 SO_4^{2-}。土壤溶液中游离的低浓度半胱氨酸和蛋氨酸可被微生物在数分钟内吸收进体内，一部分在体内转化为微生物生物量，另一部分则经代谢过程分解为 SO_4^{2-}进而释放出微生物体。土壤中分解半胱氨酸和蛋氨酸的微生物主要为革兰氏阴性菌，微生物吸收半胱氨酸和蛋氨酸后释放 SO_4^{2-}的过程受土壤硫含量和有效性的调控。

酯键硫占有机硫的 35%～60%，酯键硫是分解有机残体的产物，被认为是土壤有机硫中较为活跃的部分，受有机质料投入、气候因素和田间管理措施等因素的影响，易于转化为无机硫。一般而言，通气性良好的耕作层土壤硫酯键有机硫含量相对较高，而人为扰动较少的森林、草地、沼泽湿地等生态系统的土壤中酯键硫占有机硫的比例一般低于 50%。例如，草地开垦后，土壤有机硫中碳键硫降低了 25%，而硫酯键有机硫降低了 39%，表明硫酯键有机硫是比较容易分解且生物有效性较高的组分。碳键硫也会转变为酯键硫，之后再被矿化为无机硫后被植物根系吸收利用。

在土壤微生物中，其细胞内也存留着一部分硫，占土壤有机硫的 1.5%～5.0%。该部分有机硫可采用氯仿熏蒸-$NaHCO_3$ 或 $CaCl_2$ 浸提测定，被称为土壤微生物生物量硫。微生物吸收有机硫后一部分同化为自身微生物量，另一部分则被矿化为无机硫排出微生物体内。土壤微生物体内硫的周转是土壤硫循环的关键过程，对维持土壤硫元素生物有效性和保障植物充足硫吸收起着极为关键的作用。此外，还有一部分有机硫既不属于碳键硫也不属于酯键硫，成为惰性硫或未知态硫，该部分硫的生物有效性尚不清楚。此外，土壤中含有种类繁多的有机硫分子，且土壤环境相对复杂，因此对土壤有机硫的认识更多地集中于其库总量，而对特定分子及物质组成缺乏相应的认识。

6.1.2 土壤无机硫

尽管土壤无机硫含量远低于有机硫，但无机硫尤其是硫酸盐是植物生长最重要的硫源。在通气良好的土壤中，土壤无机硫主要为硫酸盐，而在淹水的土壤中则主要以硫化物的形式存在。硫酸盐矿物在降水量较低的土壤中含量较高，如在旱成土表层发现大量的硫酸盐积累，在干旱半干旱的盐碱土表层，硫也会以中性盐的形态积累。硫酸盐包括水溶态（土壤溶液中游离的 SO_4^{2-}和游离的硫化物 S^{2-}）、吸附态（胶体吸附和矿物吸附）和难溶态三种主要形态。难溶态主要为固体矿物硫，包括硫酸盐矿物如石膏（$CaSO_4$）和金属硫化物如闪锌矿（ZnS）、黄铁矿（FeS_2）。

硫酸盐矿物易于溶解，硫酸根离子则极易被植物根系吸收利用，是生物有效性很高的硫源。土壤中 SO_4^{2-}受灌溉、施肥、大气沉降、作物种植、降水、动植物残体等因素的影响，表层土壤中水溶态 SO_4^{2-}的浓度变化很大，且存在规律性的季节波动。一般而言，水溶态 SO_4^{2-}的浓度随着土壤深度的增加而增加，在干旱半干旱地区深层土壤硫酸盐含量显著高于表层土壤。在 pH>6 的土壤中，大部分为水溶态 SO_4^{2-}，吸附态 SO_4^{2-}的浓度很低。吸附态硫酸盐含量与土壤黏土矿物含量密切相关。黏土、铁铝氧化物和高岭石含量高的酸性土壤中，吸附态硫酸盐含量较高。而在轻质土壤和 pH>6 的土壤中，吸附态硫酸盐的含量很低。热带亚热带湿润地区的氧化土和其他高度风化的土壤亚表层中含有大量的硫酸盐。吸附态硫酸盐会随着阴离子交换作用释放到土壤溶液中，是植物可以利用的有效态硫的重要来源。此外，在酸性土壤中，难溶态硫酸盐主要为硫酸铝和硫酸铁，在碱性土壤中主要是与碳酸钙共沉淀产生的不可溶性物质。

在排水不畅的湿润地区，土壤中的无机硫主要为硫化物，也存在元素硫、亚硫酸盐等还原态的含硫化合物。这些硫化物必须被氧化成硫酸盐才能被植物根系吸收利用。在淹水土壤水分降低的过程中就会发生硫化物的氧化作用，可产生大量的有效态硫，也会造成土壤酸化加剧的现象，是我国南方部分地区酸化水稻土形成的主要原因。

6.2　土壤硫循环

鉴于硫元素在植物营养中的重要作用，了解土壤硫的来源、周转过程、损失途径至关重要。土壤硫的循环主要包括硫化物、有机硫、单质硫、气体硫、硫酸盐之间的周转变化（图 6.3）。土壤中硫主要来源于成土母质、大气沉降、化肥和有机肥施用（硫酸钾、硫酸镁、硫酸铵、石膏）、含硫农药、动植物残体。土壤硫会发生复杂的生物化学过程，受到土壤中物理–化学–生物交互作用的影响，由此造成硫形态和元素含量的变化。微生物是土壤硫发生矿化、固持、氧化、还原的主要驱动者。此外，土壤硫还会通过气体挥发和植物收获从土壤中损失，也会从表层淋洗到底层土壤，从而造成表层土壤硫元素的损失。

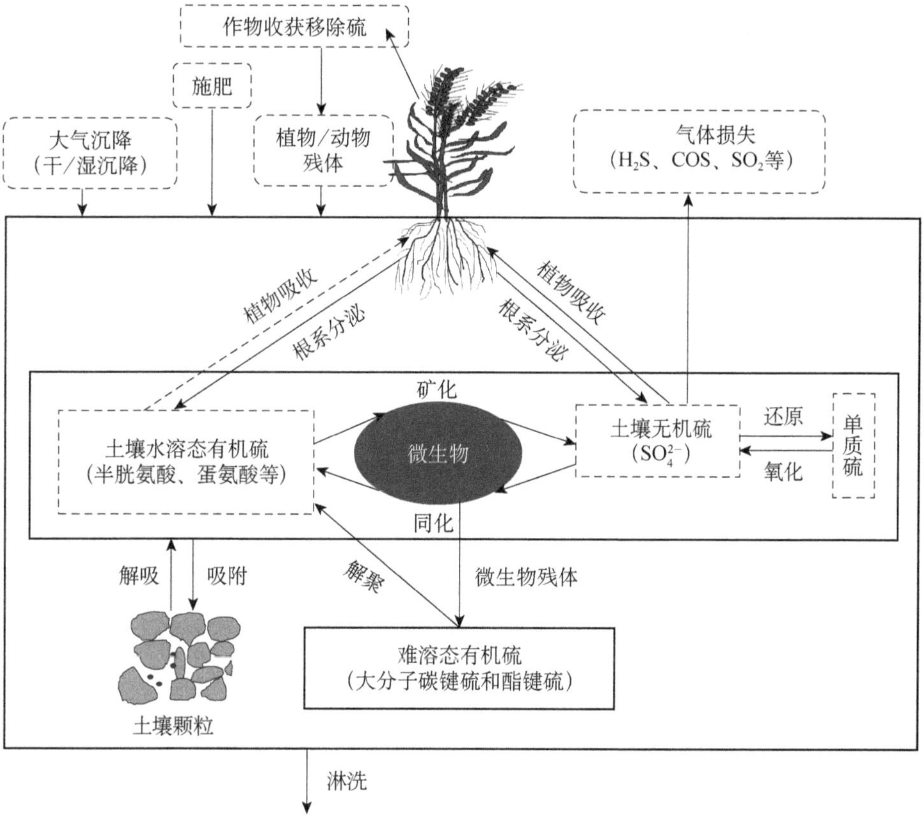

图 6.3　硫在大气–植物–土壤中的转化（姚瑞琪供图）

6.2.1 有机硫的矿化

6.2.1.1 有机硫的矿化过程

有机硫需经微生物矿化为无机硫后才能被植物吸收利用。尽管已有研究证明植物根系可以吸收利用分子态含硫氨基酸，但植物主要吸收利用的是硫酸盐。有机硫的矿化一般分为两种途径，分别为生物化学过程和生物学过程。

生物化学过程是指有机硫在胞外酶的作用下催化水解的过程，酯键硫的矿化大部分通过这个过程进行，能够满足微生物对 SO_4^{2-}的需求（表 6.1）。土壤中缺乏微生物生长足够的 SO_4^{2-}时，微生物就会释放出特定的有机硫水解酶如芳基硫酸酯酶（aryl sulfatase），对土壤有机硫进行分解。芳基硫酸酯酶是土壤中广泛存在的具有自由化水解作用的胞外酶，土壤微生物、土壤动物、植物根系均可向土壤释放芳基硫酸酯酶。芳基硫酸酯酶活性与土壤有机硫含量、总碳量、HI 还原硫含量密切相关，在不同季节和土壤类型中差异较大，并随着土壤深度的增加快速下降。

表 6.1 土壤硫循环的主要反应过程

公式	编号
$R\text{-}OSO_3^-+H_2O \xrightarrow{\text{芳基硫酸酯酶}} R\text{-}OH+H^++SO_4^{2-}$	式（6.1）
$HSCH_2CH(NH_2)COOH+HSCH_2CH(NH_2)COOH \xrightarrow{\text{胱硫醚酶}} H_2S+[SCH_2CH(NH_2)COOH]_2$ 半胱氨酸　半胱氨酸　硫化氢　胱氨酸	式（6.2）
$S_2O_3^{2-}+CN^- \xrightarrow{\text{硫氰酸酶}} SCN^-+SO_3^{2-}$	式（6.3）
有机硫 $\longrightarrow$ 分解产物 $\xrightarrow{O_2} SO_4^{2-}+H^+$	式（6.4）
$ATP+SO_4^{2-} \xrightarrow{\text{ATP硫酸化酶}} APS+PPi \xrightarrow[ATP]{\text{APS激酶}} PAPS+ADP$	式（6.5）
$HS^- \longrightarrow S^0 \longrightarrow S_2O_3^{2-} \longrightarrow S_4O_6^{2-} \longrightarrow SO_4^{2-}$	式（6.6）
$CO_2+2H_2S = CH_2O+H_2O+2S$	式（6.7）
$2CO_2+S_2O_3^{2-}+3H_2O+2H^+ = 2CH_2O+2H_2SO_4$	式（6.8）
$2CH_2O+SO_4^{2-}+2H^+ = 2CO_2+H_2S+2H_2O$	式（6.9）

注：PAPS 为 3′-磷酸腺苷-5′-磷酸硫酸

大多数土壤中主要有机硫组分为酯键硫，因此芳基硫酸酯酶在有机硫的矿化过程中起着关键作用。芳基硫酸酯酶一般位于革兰氏阴性菌的周质上，而在革兰氏阳性菌和真菌中则位于细胞壁上。芳基硫酸酯酶能够水解有机硫化物中的 O—S 键，其催化反应式见式（6.1），芳基硫酸酯酶活性随着土壤类型、季节、气候和土层深度的变化而变化。

土壤中游离的半胱氨酸能够快速氧化成胱氨酸，胱氨酸在胱硫醚酶的作用下生成硫代半胱氨酸，之后就快速与自由羟基反应形成硫化氢［式（6.2）］。田间观测也发现硫化氢排放主要发生在淹水的最初阶段。此外，硫氰酸酶也参与了土壤硫循环，能够催化氰化物和硫代硫酸盐形成硫氰酸盐［式（6.3）］。

生物学过程是指微生物在矿化有机碳的同时释放出无机硫。碳键硫如半胱氨酸和蛋氨酸的矿化多通过这个过程进行。微生物对碳的需求驱动微生物矿化碳键硫。例如，微生物能够将土壤中游离的半胱氨酸和蛋氨酸快速吸收进体内，伴随着微生物矿化有机碳释放出 CO_2，大量的无机硫也从微生物体内释放出来。

6.2.1.2 影响有机硫矿化的因素

生物化学和生物学有机硫矿化过程都是由微生物驱动的。因此，影响微生物活性、种类、数量的因素均会影响有机硫的矿化。土壤含水量、温度、元素有效性、通气状况、pH、根系分泌物等都会对有机硫矿化过程产生影响。矿化过程硫酸盐的释放主要取决于微生物过程，因此土壤有效态硫酸盐的含量在一天内和一个季节内都会剧烈变动，导致预测土壤硫生物有效性存在很大的不确定性。

1. 有机硫的碳硫比和稳定性　含硫氨基酸如蛋氨酸、半胱氨酸和胱氨酸分解较快，已有研究表明土壤溶液中低浓度的半胱氨酸和蛋氨酸（<50μmol/L）可被微生物在数分钟内快速分解；而大分子有机硫如磺胺素则分解较慢。此外，新形成的土壤有机硫结构不稳定，分解速率较快，随着时间的延长，其稳定性逐渐增加。外源进入土壤的有机硫物质的矿化速率一般快于土壤中原有的有机硫。有机硫的矿化过程还受其自身特性的影响，酯键硫比较容易被矿化并释放大量的 SO_4^{2-}。碳键硫中含硫氨基酸、多肽和蛋白质也可被微生物快速分解，其矿化产生的 SO_4^{2-} 是植物可吸收利用硫的重要来源［式（6.4）］。

有机硫矿化还受碳硫比的影响，一般当其 C/S<200 时，有机硫矿化高于无机硫同化，因此能够释放大量的 SO_4^{2-}。而当 C/S>400 时，微生物利用的这些底物碳含量较高，硫相对缺乏，则会发生 SO_4^{2-} 的同化，土壤中 SO_4^{2-} 含量会降低。当 C/S 为 200～400 时，SO_4^{2-} 的含量会保持相对稳定。

2. 水分和温度　土壤水分会影响参与有机硫矿化的微生物组成、有机硫矿化过程和产物，在淹水厌氧的环境中，有机硫主要矿化为硫化物和挥发性物质如硫醇类物质，在通气性较好的好氧环境中则主要矿化成硫酸盐，且有机硫的矿化速率在好氧环境中远快于厌氧环境。土壤湿度<15%或>85%时，有机硫矿化速率受到抑制。干湿交替时，干燥过程会导致部分微生物死亡和微生物体内小分子有机硫释放，会提高土壤有机硫矿化。温度可调控微生物活性，当土壤温度高于 40℃或低于 10℃时，微生物活性受到限制，有机硫的矿化较慢。一般而言，在 20～40℃，有机硫的矿化速率随着温度的升高而增加，多采用 Q_{10} 表示矿化速率对温度的响应。

3. 土壤 pH 和质地　土壤有机硫矿化速率在土壤 pH 为 7.5 时最高，随着 pH 降低，矿化速率逐渐降低。在酸性土壤中施用石灰，通过提高微生物活性提高了硫酸酯酶的活性，从而加速了土壤有机硫的分解。土壤中有 70%以上的硫和 80%以上的 HI 还原硫都存在于黏粒中，可有效保护有机硫并降低微生物对有机硫的矿化。因此，砂质土壤的有机硫矿化速率一般要高于质地黏重的土壤。

4. 植物生长和田间管理措施　施肥是最重要的田间管理措施之一，施用有机肥能够增加土壤有机硫含量，而不施肥土壤有机硫矿化会导致有机硫含量降低。耕作土壤有机硫的矿化速率高于休闲土壤，导致土壤有机硫含量降低。耕作土壤中矿化的有机硫主要为碳键硫（C—S）部分，而休闲土壤中矿化的主要为酯键硫（C—O—S）部分。也有研究表明，种植水稻后有机硫的矿化主要来源于酯键硫，而无作物种植的土壤中主要矿化碳键硫。种植作物显著提高了有机硫的矿化速率，主要是根系生长促进了微生物的生长和胞外酶的分泌，根系吸收硫酸盐后降低的有效硫浓度刺激了微生物矿化有机硫。

6.2.2　无机硫的生物固定

无机硫在微生物的作用下转变为有机硫化合物的过程称为无机硫的生物固定。绝大多数微生物能够吸收土壤中的无机硫，主要吸收 SO_4^{2-}，在一系列酶的作用下还原同化为各种含硫有机化合物，组成酯键硫或蛋白质［式（6.5）］。微生物首先将硫酸盐转变为半胱氨酸和蛋氨酸这两种主要的含硫氨基酸，再进一步转变为其他较为复杂的含硫有机质。SO_4^{2-}首先在渗透酶的作用下通过细胞膜进入微生物体内，其在ATP硫酸化酶的作用下转化为腺苷磷酸硫酸（APS），然后在APS激酶的作用下形成磷酸腺苷磷酸硫酸（PAPS）。PAPS可以形成中间产物SO_3^{2-}，之后由NADH还原为HS^-，最后与丝氨酸反应生成半胱氨酸。黑曲霉菌、枯草芽孢杆菌、金黄色葡萄球菌、产气肠杆菌等微生物参与了这一合成过程。此外，鼠伤寒沙门菌和大肠杆菌可以将谷胱甘肽转变成半胱氨酸。生成的半胱氨酸则进一步合成为蛋氨酸。

土壤在发生有机硫矿化的同时也发生无机硫的固定，当土壤可利用的底物C/S值较高时，一般发生无机硫的净固定。高C/S值的底物会刺激微生物的生长，微生物对硫的需求增加，进而促进更多无机硫吸收同化为微生物生物量硫。通常当可利用的底物C/S>400时会发生无机硫的净固定。此外，土壤中有机质中的碳和硫会按照一定的比例被固持，以维持微生物自身的化学计量比平衡。

6.2.3 硫的氧化

低氧化态有机硫经微生物和生物化学过程转变为高氧化态无机硫的过程称为硫的氧化，该过程最终产物为硫酸［式（6.6）］。硫氧化生成的硫酸盐是植物能够快速吸收利用的主要硫源，在土壤硫循环中起到至关重要的作用。此外，氧化过程中产生的酸可溶解土壤难溶性养分供植物吸收利用，能够在一定程度上提高碱性土壤的肥力。硫的氧化会导致土壤酸化，施用含硫肥料和单质硫会降低土壤pH，酸化的土壤环境会加速钙和镁的流失。Ca^{2+}和Mg^{2+}淋失后，土壤颗粒上的交换位点被Al^{3+}取代，而Al^{3+}对大部分植物均有毒害。经还原作用从土壤中损失的含硫气体在大气中被氧化后形成强酸，从而使雨水pH降低至4甚至更低，形成危害性较强的酸雨。在黄铁矿的采矿过程中，原本在缺氧矿床中稳定的还原态黄铁矿一经开采裸露在地表，矿物中单质硫和硫化物会迅速被氧化成硫酸，使土壤pH大幅度降低，导致植物无法生长。此外，氧化产生的硫酸还会进入附近河道和沟渠中，这种酸性矿排水中还含有铁化合物，导致受污染的水体变成橘黄色。

由于还原态硫种类繁多，硫的氧化是一个较为复杂的过程。还原态无机硫化物（如S、FeS_2、H_2S、$S_2O_3^{2-}$、$S_4O_6^{2-}$）仅有少量能够以化学方式缓慢进行氧化，主要是微生物氧化过程，其中硫杆菌在土壤硫氧化过程中起着关键作用。硫氧化微生物主要为革兰氏阴性菌（G^-），分为以下三类。

（1）光能自养型　光能自养型硫氧化微生物主要包括紫硫细菌和绿硫细菌，均为专性厌氧微生物，以硫代硫酸盐和硫化物作为电子供体进行CO_2的光合还原作用，能够将硫化物最终氧化为SO_4^{2-}［式（6.7）和式（6.8）］。这些微生物在HS^-存在时体内存在含硫颗粒。

（2）化能自养型　这类微生物能够利用化学反应中的能量，包括那不勒斯硫杆菌、排硫硫杆菌、氧化硫杆菌（极端嗜酸菌）、脱氮硫杆菌（兼性反硝化微生物）、嗜盐硫杆菌、贝氏硫杆菌、氧化亚铁硫杆菌等。

（3）异养型　异养型硫氧化微生物包含多种细菌和真菌。例如，细菌中的芽孢杆菌、节细菌、假单胞菌、微球菌等，真菌中的镰刀霉、木霉、交链孢霉和犁头霉等。节细菌和芽孢杆菌主要出现在如热硫泉等极端环境中。硫氧化微生物最多的为异养细菌，其次是兼性微生物，之后是自养硫杆菌，最后则是紫硫细菌和绿硫细菌。

6.2.4　硫的还原

硫的异化还原过程是指高氧化态的无机硫转化为低氧化态无机硫的过程。硫的异化还原是土壤硫素循环的重要组成部分，对其他土壤中的物质与元素循环有重要意义。例如，对全球碳循环，尤其是泥炭土有机碳的厌氧矿化过程存在显著的影响［式（6.9）］。在排水不畅的水稻田和沼泽地中，还原过程产生的 S^{2-} 与还原态铁/锰发生反应，形成硫化铁/锰，可降低土壤中铁或锰的毒性。

厌氧微生物以低分子量的有机质或 H_2 作为电子供体，以 SO_4^{2-} 为电子受体，最终将 SO_4^{2-} 还原为 H_2S。硫的还原过程主要发生在沉积底泥和淹水土壤中，与反硝化过程发生的条件有些类似。还原硫酸盐的微生物主要分为两类。第一类是脱硫弧菌和脱硫肠状菌，能够利用有机碳作为碳源，将有机硫不完全氧化为 H_2S 和乙酸。当淹水土壤的有机质被氧化时，Eh 逐渐下降，当 Eh 下降至−150～−75mV 时，还原硫的专性厌氧菌如脱硫弧菌属细菌进行厌氧呼吸，使硫酸盐发生还原反应生成 H_2S［式（6.9）］。该反应受土壤含水量、pH、Eh 的影响。第二类则为脱硫球菌属、脱硫八叠球菌属，以及脱硫菌和脱硫线菌等，以 SO_4^{2-} 为最终电子受体，将有机碳氧化成 CO_2。参与硫循环的原核生物及其主要过程如表 6.2 所示。

表 6.2　参与硫循环的原核生物及其主要过程

过程	微生物
硫化物/硫的氧化（$H_2S \longrightarrow S^0 \longrightarrow SO_4^{2-}$）	
有氧	化能自养硫细菌（硫杆菌、白硫菌等）
无氧	紫色和绿色光能营养细菌、化能营养菌
硫酸盐还原（$SO_4^{2-} \longrightarrow H_2S$）	脱硫弧菌、脱硫菌
硫还原（$S^0 \longrightarrow H_2S$）	脱硫单胞菌属，许多嗜热古菌
硫的歧化（$S_2O_3^{2-} \longrightarrow H_2S + SO_4^{2-}$）	脱硫弧菌等
有机硫氧化或还原（$CH_3SH \longrightarrow CO_2 + H_2S$）（DMSO⟶DMS）	产硫酸杆菌属、脱硫肠状菌属
脱磺酰化（有机硫⟶H_2S）	多种微生物

注：DMSO 为二甲基亚砜，DMS 为二甲基硫醚

6.2.5　大气硫沉降

大气中的硫主要来源于土壤挥发、火山喷发、生物燃烧及工厂排放，有些工业区的硫排放则主要来自工业活动。土壤含硫气体的释放是推动土壤硫循环的重要动力，可加速土壤硫周转，但是也会引起环境问题。土壤是还原性含硫气体的重要来源，全球土壤每年可释放含硫气体量为 7～77Tg S，主要包括二氧化硫、硫化氢、二甲基硫、羟基硫、二硫化碳、二甲基二硫、甲硫醇等。大气中的硫化氢、二氧化硫、硫氧化碳等含硫气体和含硫尘埃颗粒通过沉降过程到达地面，称为大气硫沉降。大气硫沉降以降水的形式被带回地面，称为湿沉降；以气体和颗粒的形式回到地面的过程称为干沉降。在诸多含硫气体中，主要关注的是二氧化硫，这是因为其是大气酸沉降的主要来源，在大气中很容易转变成硫酸根或硫酸。

根据含硫气体在大气中停留时间的长短，可将其分为不稳定性气体和稳定性气体。不稳定性气体主要包括硫化氢、二甲基硫、甲硫醇和二甲基二硫，一般只能停留数天就会被转化成其他物质。稳定性气体主要为羟基硫，停留时间可达一年以上。大气中含硫气体通过与自由基反应、光氧化、非均相化学过程等发生转化，最终沉降到地面。含硫气体会抑制土壤硝化作用和

其他元素循环过程、抑制植物生长、破坏臭氧层，是形成酸雨的主要来源。

二氧化硫被排放到大气中，通过与大气中的水发生异化反应就能够形成酸雨。硫酸作为强酸，能够抑制自然环境雨水中弱酸的解离。在自然环境中，二氧化碳溶于水形成弱酸碳酸，雨水的 pH 一般为 5.6，硫酸则能够将雨水 pH 降至 4.3。在工业区，降水的酸度完全取决于强酸阴离子如硫酸根和硝酸根离子的浓度，而碳酸则很难起作用。酸雨对森林的破坏程度远高于农田，对高海拔的森林，酸雨会抑制植物生长，导致树叶变黄或脱落。在硫化物排放较多的工厂的下风口，酸沉降会严重危害人类呼吸系统健康，也足以对农作物和森林产生直接危害。沉降的硫酸盐会活化土壤中的铝，还会导致钙的流失。

大气中的硫可以通过多种途径进入土壤–植物系统。如上所述，湿沉降的硫一般为硫酸，大部分被土壤固持，也有一部分被植物叶片吸收。通过干沉降进入到土壤的硫也会被土壤快速固持，植物叶片也能利用一部分干沉降的硫。在一些生态系统中，即使土壤中有效硫供应充足，植物体内仍有 20%～30%的硫来自于叶片吸收。在缺硫的土壤中，植物吸收的硫一半以上来源于大气。

6.2.6 硫的吸附与解吸

硫在土壤中会发生被固持与交换的动态过程，该过程的本质为硫在土壤胶体上的吸附与解吸。这些过程虽然是纯化学过程，但可对硫在土壤中的生物有效性产生影响，进而影响土壤硫循环。

硫酸盐是植物能够直接吸收的最重要的硫源，其极易溶于水，土壤胶体吸附是保持其不被淋失的重要过程。由于土壤中黏土矿物和铁铝氧化物的存在，土壤具有阴离子交换能力，1∶1 型黏土矿物也会对阴离子交换产生影响。酸性土壤含有大量的铁铝氧化物和黏土矿物，矿物表面的羟基还能与硫酸根结合，对硫酸根离子的吸附能力较强。pH 较低的土壤颗粒表面以正电荷为主，因此对硫酸根离子的吸附作用较强。部分硫酸根离子还能够与黏土矿物紧密结合，形成紧密结合态，减缓硫酸根离子损失，植物吸收利用的比例也会下降。在温暖湿润地区，风化程度相对较高的土壤中，一般表层土壤的硫酸根离子含量较低，大量的硫酸根离子被 1∶1 型黏土矿物和铁铝氧化物吸附而在土壤底层积累。有研究表明，在美国老成土中，植物生长前期根系集中在表层，就会出现缺硫症状，而随着植物根系逐渐深入，植物根系到达硫酸盐大量积累的深层土壤时，植物缺硫现象逐渐得到缓解。

硫酸根离子的淋失还会伴随等量阳离子的损失，包括镁、钙和其他非酸性阳离子。在硫酸根离子吸附作用较强的土壤中，硫酸盐的淋失少，相应的阳离子淋失也较少。硫酸根离子可以看作土壤溶液中非酸性阳离子的间接保护剂，这对受酸雨影响的森林土壤来说尤为重要。

主要参考文献

Brady N C，Weil R R. 2019. 土壤学与生活. 14 版. 李保国，徐建明译. 北京：科学出版社：547-558.
包荣军，郑树生. 2006. 土壤硫肥力与作物硫营养研究进展. 黑龙江八一农垦大学学报，18：37-40.
黄巧云，林启美，徐建明. 2015. 土壤生物化学. 北京：高等教育出版社：283-294.
李新华，刘景双，于君宝，等. 2006. 土壤硫的氧化还原及其环境生态效应. 土壤通报，30：159-167.

林启美，熊顺贵，李秀英. 1997. 土壤中硫的转化及有效供给. 中国农业大学学报，2：25-31.

刘崇群，曹淑卿，陈国安，等. 1990. 中国南方农业中的硫. 土壤学报，27：398-404.

吴金水，肖和艾. 1999. 土壤微生物对硫素转化及有效性的控制作用. 农业现代化研究，20：350-354.

徐建明. 2014. 土壤学. 北京：中国农业出版社：276-281.

Freney J R，Melville G E，Williams C H. 1971. Organic sulphur fractions labelled by addition of ^{35}S-sulphate to soil. Soil Science，101：133-141.

Haynes R J，Williams P H.1992. Accumulation of soil organic matter and the forms，mineralization potential and plant-availability of accumulated organic sulphur：Effects of pasture improvement and intensive cultivation. Soil Biology & Biochemistry，24：209-217.

King G M，Klug M J. 1982. Comparative aspects of sulfur mineralization in sediments of a Eutrophic Lake Basin. Applied & Environmental Microbiology，43：1406-1412.

Ma Q，Kuzyakov Y，Pan W，et al. 2021. Substrate control of sulphur utilisation and microbial stoichiometry in soil：Results of ^{13}C，^{15}N，^{14}C，and ^{35}S quad labelling. The ISME Journal，15：3148-3158.

Ma Q，Tang S，Pan W，et al. 2021. Effects of farmyard manure on soil S cycling：Substrate level exploration of high-and low-molecular weight organic S decomposition. Soil Biology & Biochemistry，160：108359.

Ma Q，Xu M，Liu M，et al. 2022. Organic and inorganic sulfur and nitrogen uptake by co-existing grassland plant species competing with soil microorganisms. Soil Biology & Biochemistry，168：108627.

Solomon D，Lehmann J，Tekalign M，et al. 2001. Sulfur fractions in particle-size separates of the sub-humid Ethiopian Highlands as influenced by land use changes. Geoderma，102：41-59.

Wang J，Solomon D，Lehmann J，et al. 2006. Soil organic sulfur forms and dynamics in the Great Plains of North America as influenced by long-term cultivation and climate. Geoderma，133：160-172.

Zhou W，He P，Li S，et al. 2005. Mineralization of organic sulfur in paddy soils under flooded conditions and its availability to plants. Geoderma，125：85-93.

第 7 章　土壤中磷的生物化学

本章彩图

土壤磷素是植物生长的必需大量元素。磷素在土壤中能发生吸附–解吸、沉淀–溶解和微生物固定–释放等作用，而这些化学和生物化学过程与土壤磷素的生物有效性密切相关。通常，施入到土壤中的磷素往往被土壤颗粒所固定，难以被植物充分利用，作物磷素利用率比较低。因此，需要采用一定的化学和生物化学措施活化土壤中的磷素，提高磷素生物有效性，最终促进作物的磷素高效利用。

7.1　土壤磷循环

土壤磷的生物化学过程不仅调控着陆地生态系统，还能与水圈、全球气候变化等产生交互作用。因此，要更深入全面地掌握土壤磷的转化，首先要放眼全球，用系统思维了解磷循环。

磷循环是指磷在生态系统和环境中运动、转化和往复的过程。环境中磷的循环对于调节自然生态系统和农业生态系统中的养分循环非常重要，是评估生物对环境变化适应能力的重要组成部分，与地球上生命的生存繁衍息息相关。

全球磷循环属于沉积型循环，主要考虑固相磷与液相磷。这是因为与拥有充足大气库的氮不同，磷没有稳定的气态形式，唯一的气态磷化氢在常温下易被氧化。全球磷循环是大气圈、水圈、岩石圈和生物圈（包括人类）相互作用的结果。海洋生态系统和陆地生态系统是最主要的两个循环系统，其中陆地生态系统是全球磷循环的“源”，海洋生态系统是全球磷循环的“汇”，二者相对独立又密不可分。

海洋生态系统磷的输入途径包括地表径流、地下水和大气传输。进入海洋的磷在水体中以溶解态和颗粒态存在，部分颗粒态磷在海洋底部以磷酸钙盐的形式沉淀，最终经地质作用变成沉积岩。在海底沉积的磷很难再循环，只有极少数能靠海鸟和鱼的迁移归还到陆地。

陆地生态系统磷循环是指磷以各种途径输入、输出生态系统，以及磷在系统内部植物–土壤之间、各营养级生物之间、生物体内和土壤内部的迁移转化。磷输入陆地生态系统的途径有岩石矿物的风化、空气沉降（降水、气流中的土壤颗粒、花粉、植物、煤和石油等燃烧产生的烟雾）和地表径流输入（图 7.1）。在人工生态系统中施肥是磷素输入最主要的途径，2017 年全球人为输入的磷占农业土壤有效磷的 47%，极大地改变了磷循环。

磷在土壤和植物之间的转化是陆地生态系统磷循环的关键过程。土壤磷以无机磷和有机磷的形式存在于土壤中，命运各不相同。按照植物吸收的难易程度，生物有效性最高的无机磷为土壤溶液中的磷酸盐，其次为活性磷酸盐。土壤活性磷酸盐是指能被酸碱盐、螯合剂等溶解，并与土壤溶液中的磷酸盐通过吸附与解吸、沉淀与溶解过程存在缓慢平衡的磷酸盐。此外还有难以利用的磷酸盐，即非活性磷酸盐，仅能缓慢释放到活性磷库中，组成尚不清楚。土壤有机

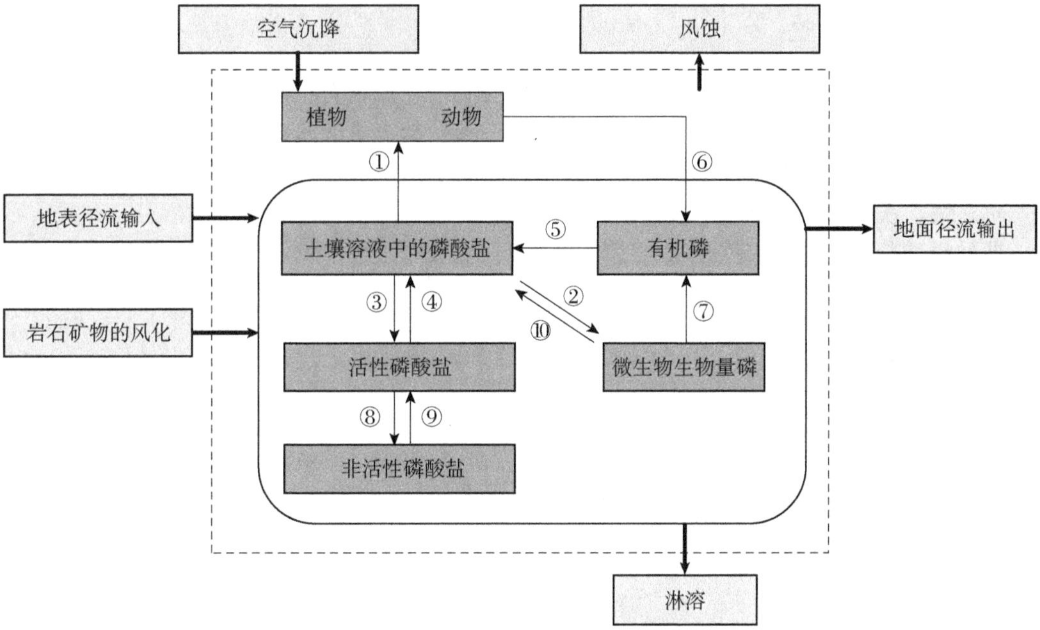

图 7.1　陆地生态系统磷循环图解（赵琼和曾德慧，2005）

⟶：系统内循环；➞：系统输入、输出。①动植物吸收；②吸收；③吸附和沉淀；④解吸、溶解；⑤矿化；⑥动植物归还；⑦、⑩微生物释放；⑧固定；⑨活化

磷可在磷酸酶的催化下水解释放出可溶性磷酸盐，一部分被植物和微生物吸收，另一部分被土壤中的矿物固定。

陆地自然生态系统磷输出的途径有地表径流、淋溶和风蚀。在存在人为干扰的生态系统中，作物收获是系统磷输出的最主要途径。自然生态系统输出的磷酸盐多以颗粒态随地表径流流出系统，进入地表水。但是在农田生态系统中，由于磷肥和粪肥的大量施用，土壤磷大量流失，并进入地表水导致富营养化。此外，施入土壤中的磷肥不易被当季作物利用，多积累于土壤中，最终带来土壤磷累积风险。

7.2　土壤磷的形态

土壤磷的形态决定了磷的生物有效性。按照其赋存形态，土壤中的磷可分为有机磷和无机磷。

7.2.1　有机磷

有机磷的含量在土壤中浮动较大，占土壤全磷含量的 20%～80%，其含量与土壤有机质呈正相关。土壤有机磷包括肌醇磷酸盐、核酸类、磷脂类化合物。有机磷经矿化后释放的无机磷是植物重要的正磷酸盐来源。

7.2.1.1 肌醇磷酸盐

肌醇磷酸盐是土壤中含量最丰富的有机磷化合物，一般占有机磷总量的20%～50%。肌醇磷酸盐包括肌醇一磷酸盐、肌醇二磷酸盐、肌醇三磷酸盐、肌醇四磷酸盐、肌醇五磷酸盐和肌醇六磷酸盐。土壤中存在较多的是肌醇五磷酸盐和肌醇六磷酸盐，肌醇六磷酸盐称为植酸，植酸与钙、镁、铁、铝等离子结合为植素。

肌醇磷酸盐在酸性与碱性土壤中都较为稳定。植酸以难被植物消化吸收的聚合体形式积聚于土壤中。

7.2.1.2 核酸类

核酸和核苷酸是一类含磷、氮的复杂有机化合物，核酸类有机磷占土壤有机磷总量的10%以下，核苷酸占0.2%～2.5%。

核酸类有机磷能在土壤中迅速降解，也能与土壤无机黏粒结合形成有机-无机复合体，变得稳定、不易水解，难以被植物利用。但相比于植素，核酸类有机磷更容易被磷酸酶水解，释放出磷酸和糖类。

7.2.1.3 磷脂类

磷脂类有机磷是一类醇、醚溶性的有机磷化合物，主要为磷酸甘油酯、卵磷脂和脑磷脂，普遍存在于动物、植物及微生物组织中，一般为甘油的衍生物。磷脂类有机磷在土壤中的含量不高，一般约占有机磷总量的1%。磷脂类有机磷不溶于水，易水解与矿化，生成甘油、脂肪酸和磷酸。

7.2.2 无机磷

无机磷在大多数土壤中占有主导地位，其含量占土壤全磷量的50%～90%，主要为正磷酸盐，极少数为焦磷酸盐。土壤溶液中磷含量低，一般为0.003～0.3mg/L。相比有机磷，无机磷在土壤中的移动性较差。这是因为含磷矿物不易溶解和土壤颗粒对磷酸盐离子的固定与吸附。土壤中的无机磷除了少部分的水溶态磷外，绝大部分以吸附态和矿物态存在。

7.2.2.1 水溶态磷

水溶态磷在土壤溶液中含量极低，浓度为0.003～0.3mg/L，是植物吸收利用的最有效形态。水溶态磷主要以磷酸根离子存在。磷酸在不同pH的土壤溶液中能进行解离，形成3种不同的磷酸根离子。其中，$H_2PO_4^-$最易被植物吸收，HPO_4^{2-}次之，PO_4^{3-}较难被吸收。

$$H_3PO_4+OH^- \rightleftharpoons H_2PO_4^-+H_2O \qquad pH=2.1$$

$$H_2PO_4^-+OH^- \rightleftharpoons HPO_4^{2-}+H_2O \qquad pH=7.2$$

$$HPO_4^{2-}+OH^- \rightleftharpoons PO_4^{3-}+H_2O \qquad pH=12.5$$

水溶态磷的补给主要依赖于磷酸盐矿物的溶解和吸附固定态磷的释放。如图7.2所示，在一般土壤中，磷酸根离子以$H_2PO_4^-$和HPO_4^{2-}为主。pH在中性附近时（pH=7.2），两种磷酸根离子浓度约各占一半，当pH<7.2时以$H_2PO_4^-$为主，而当pH>7.2时以HPO_4^{2-}为主。

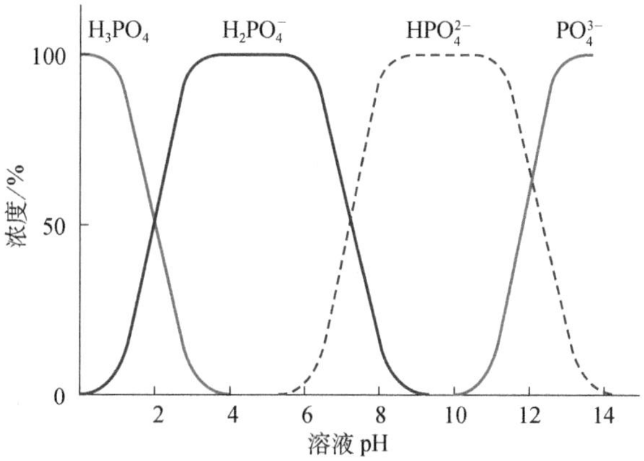

图 7.2　不同 pH 对应磷酸盐形态（Brady and Weil，2019）

7.2.2.2　矿物态磷

土壤矿物态磷占土壤无机磷的 99%以上，通常包括土壤中残存的原生矿物、次生矿物及其他含磷化合物。磷灰石是最常见的原生矿物磷。次生含磷矿物是指与不同阳离子结合生成的无机磷酸盐。在酸性土壤中，以磷酸铁盐（Fe-P）和磷酸铝盐（Al-P）为主（图 7.3）。一部分磷酸盐被包裹在铁铝氧化物内部，形成闭蓄态磷（O-P）。闭蓄态磷是土壤中有效性最低的磷形态，只有除去外层包膜才能被植物吸收，是农田土壤的潜在磷库。在碱性土壤中，一般以沉淀反应生成的磷酸钙盐（Ca-P）为主，包括羟基磷灰石或氟磷灰石等。目前已有研究表明，解磷微生物可以提高难溶性磷酸盐的生物有效性。其他含磷化合物是指磷肥与土壤反应产生的溶解度较小的中间产物，它们在土壤中不稳定，很快会转化为其他含磷化合物。

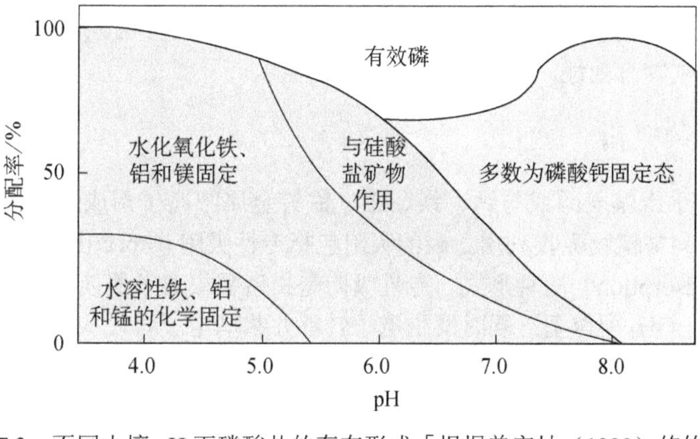

图 7.3　不同土壤 pH 下磷酸盐的存在形式［根据曾宪坤（1999）修饰］

7.2.2.3　吸附态磷

土壤吸附态磷是指通过各种作用力［范德瓦耳斯力（van der Waals force）、化学键能等］被土壤固相表面吸附的磷酸根离子，以离子交换和配位体交换吸附为主。黏土矿物、铁铝氧化物和氢氧化物都能吸附磷，其中水合铁、铝氧化物，特别是无定形的铁、铝氧化物，对磷的吸附作用更为强烈。

土壤中吸附态磷通常以 $H_2PO_4^-$和 HPO_4^{2-}为主，PO_4^{3-}很少。吸附与解吸之间往往处于动态平衡之中，吸附态磷释放后能被植物吸收利用。

7.2.3 微生物生物量磷

土壤微生物生物量磷是指土壤中所有活体微生物中所含有的磷，它是土壤磷库中最活跃的组分。微生物生物量磷的主要成分是核酸、磷脂等易矿化有机磷及一部分无机磷，占微生物干物质量的1.4%～4.7%。土壤微生物与作物产量和磷利用率呈正相关，可以作为反映土壤磷肥力的指标。土壤微生物生物量磷一般采用氯仿熏蒸提取法测定；也可以通过微生物计数的方法，根据微生物生物量计算或通过测定土壤ATP含量间接测定土壤微生物生物量磷含量。还可以在部分灭菌后测定无机磷的释放量。

土壤微生物生物量磷对环境变化十分敏感。微生物生物量磷随土壤深度的增加而减少。此外，由于温度、湿度、土壤基质、土地利用类型、作物轮作、肥料和土壤改良剂、耕作方法等方面的差异，土壤微生物生物量磷均不同。

7.3 土壤磷的生物化学过程

土壤中的磷是植物生长所必需的营养元素之一，主要以无机磷和有机磷的形式存在。在土壤中，磷的流动循环与生物化学反应有关，包括磷的吸附、沉淀、生物固定、解吸和溶解等过程。以下是主要的生物化学过程。

7.3.1 土壤磷的化学固定

土壤中的无机磷和有机磷在金属氧化物和黏土矿物表面发生吸附和沉淀，影响磷在环境中的迁移、转化和磷生物有效性。

7.3.1.1 土壤磷的吸附

无机磷易吸附于土壤表面或与钙、镁、铝、铁等金属阳离子形成难溶性络合物，导致其生物有效性降低，不易被植物吸收利用。磷的吸附包括专性吸附（specific adsorption）和非专性吸附（non-specific adsorption）两种形式。专性吸附是指磷酸根离子置换土壤胶体表面金属原子配位壳中的—OH或—OH_2配位基，同时发生电子转移并共享电子对，从而被吸附在胶体表面的过程。非专性吸附是指酸性条件下土壤中的铁铝氧化物从介质中获得质子而使本身带正电荷，并通过静电引力吸附磷酸根离子。

无机磷的吸附是磷被固定的主要机制之一，也是影响土壤磷生物有效性的关键因素，当土壤溶液中磷和阳离子浓度较低时，吸附对磷的固定占主导地位，制约着作物对磷的吸收。

$$\text{M（金属）-OH}+H^+\longrightarrow \text{M-}[OH_2]^+$$

$$\text{M-}[OH_2]^+ + H_2PO_4^- = \text{M-}[OH_2]^+\cdot H_2PO_4^-$$

土壤中有机磷的吸附过程与无机磷（正磷酸）矿物表面的吸附过程类似，起始阶段有机磷在矿物表面经历快速吸附，在数分钟内达到一定的吸附量，后续经历一个慢速吸附过程。其中配体交换控制着快速吸附反应，而这个过程一般是可逆的，即吸附的有机磷可因环境改变而再次释放。慢速反应是扩散吸附，一般为不可逆过程。在有机磷化合物中，植酸盐对土壤的亲和力最强，植酸在几种矿物表面的吸附量大于无机磷，且其解吸程度小于无机磷。植酸盐可以通过表面络合作用快速吸附，与土壤矿物形成植酸盐络合物，以及通过 Fe/Al 桥将植酸盐纳入有机质结构中。

7.3.1.2　土壤磷的沉淀

沉淀是磷在土壤中被固定的主要机制之一，也是减少磷生物有效性的关键因素。土壤中的无机盐在迁移过程中会与土壤中的阳离子如铝、铁、钙、镁、锰等离子结合，形成沉淀。当溶液中的磷酸根与这些离子活度积高于其相应难溶化合物的溶度积时，会与这些离子反应形成新的沉淀。磷的沉淀反应迅速，因此沉淀可在较短时间内降低磷的生物有效性。磷的浓度较高，土壤中有大量可溶态阳离子存在，以及土壤 pH 较高或较低时，磷的固定以沉淀为主。

土壤有机磷也会形成沉淀，在水铁矿和无定形氢氧化铝等弱晶质矿物及碳酸钙等体系中，植酸和葡萄糖-6-磷酸等有机磷在矿物表面形成络合物。

7.3.2　土壤磷的生物固定

土壤中微生物生物量磷的含量远高于作物的需磷量。因此，土壤微生物生物量磷是一个巨大的活性磷养分储库。从土壤微生物生物量磷池中释放的磷以正磷酸盐和有机形式存在，可在土壤中快速矿化。尤其当土壤条件发生变化时，大量磷可以从土壤微生物生物量磷库中释放。另外，微生物生物量磷还是土壤磷循环的“中转站”，调控植物磷有效性再分配。土壤微生物与植物争夺有效磷，并对土壤中的磷进行生物固定，这一过程减少了土壤对磷的固定和土壤中无机磷的淋失。

解磷微生物会固定有效磷形成微生物生物量磷，当土壤中总磷含量较高时，微生物固定磷的能力也会增强，因此能够减少土壤磷的损失，这在调节植物和土壤磷循环过程中起着重要作用。而当土壤呈高碳磷比时，由于有效磷相对有限，微生物生物量磷变得稳定且加快周转，导致解磷微生物释放有效磷至土壤，因此微生物生物量磷是土壤磷周转过程中的关键角色之一。

7.3.3　土壤磷的解吸和溶解

土壤中磷的解吸和溶解是影响磷循环和利用的重要过程之一。磷的解吸是指从固体表面向周围环境中释放出磷的过程，而磷的溶解是指从固体磷化合物中直接溶解出磷的过程。

7.3.3.1　土壤磷的解吸

土壤无机磷的解吸是磷释放的重要过程，是提高土壤磷生物有效性的重要机制之一。土壤磷或磷肥的沉淀物与土壤溶液共存时，磷被作物吸收，破坏土壤溶液中原有的平衡，使反应向磷溶解的方向进行。植物在磷的解吸中扮演关键角色，植物会首先从土壤溶液中吸收磷，导致吸附的磷酸盐解吸，促进磷酸盐的扩散，因此土壤中磷的供应量超过了溶液中的磷含量。当土壤中其他阴离子的浓度大于磷酸根离子时，可通过竞争吸附作用，促进吸附态磷解吸，吸附态磷沿浓度梯度向外扩散进入土壤溶液，从而增加土壤磷的生物有效性。

土壤有机磷会在矿物表面发生解吸附，释放的有机磷能够被某些作物吸收或被矿化酶水解，从而减少养分的损失。有机磷在矿物表面的解吸特性影响其迁移和转化过程，对有机磷解吸特性的认识有助于了解有机磷的生物地球化学循环。矿物类型、解吸剂类别、预吸附时间、磷化合物类型等均影响有机磷的解吸程度。有机磷的解吸提高了土壤磷的生物有效性，是增强植物对有机磷利用的重要过程。

7.3.3.2 土壤磷的溶解

土壤中磷的溶解是磷释放的一个重要过程。土壤中的难溶性含磷化合物主要有铁、铝、钙磷酸盐等。生物体所分泌的有机酸或氢离子能够降低土壤 pH，促进矿质磷溶解。同时，有机酸能与磷竞争吸附位点，释放磷酸根离子，提高磷的生物有效性。另外，生物如植物和微生物是土壤难溶性含磷化合物溶解的重要参与者。植物在缺磷胁迫时发展出适应策略，以提高磷的获取。这些策略包括诱导无机磷的转运蛋白基因的表达，改变根系结构，增强磷酸酶和有机酸的分泌。低磷胁迫下，大量的有机酸如苹果酸、柠檬酸、草酸等排放到土壤中，释放土壤中被 Fe^{3+}、Al^{3+}、Ca^{2+}沉淀的磷，从而增强磷的生物有效性。微生物会产生有机酸或氢离子，有效地溶解土壤中的磷化合物沉淀，提高土壤磷的生物有效性。

7.4 土壤磷的生物有效性

7.4.1 土壤生物有效磷

磷的生物有效性在土壤–植物系统中起着促进作物生长和发育的作用。大多数土壤中的磷含量往往较低，不足以满足作物的生长需要。土壤磷的生物有效性是植物生长的主要制约因素。

根据磷对植物的有效性，土壤磷可分为两类：有效态磷和固定态磷，前者可被植物吸收利用。有效态磷主要包括全部水溶性磷、部分吸附态磷和有机磷，还有少量沉淀态的活性磷。植物对磷的吸收主要受两个方面的限制：一是土壤全磷含量低，通常土壤溶液中的磷含量在 0.001～1mg/L；其次，有效磷含量占全磷量的比例较小，很少超过土壤总磷量的 0.01%。因此，提高土壤磷含量和调节有效磷含量对农业生产非常重要。

7.4.2 土壤有效磷的提取方法

土壤有效磷不是特指土壤中某一种形态的磷，也没有固定的数量概念。它只是一种特定方法测定的土壤磷含量。不同方法提取有效磷的机制不同，即使在同一土壤类型中，不同方法测得的有效磷值也不相同，因此有效磷水平只是一个相对的指标。目前，测定土壤有效磷的方法有很多，每种方法都有其优缺点。常用的方法包括 Bray Ⅰ法、Olsen 法、Mehlich Ⅲ法和阴离子交换性树脂法等。Bray Ⅰ法适用于中、高度风化的酸性土壤中有效磷的测定；Olsen 法（碳酸氢钠法）是浸提土壤有效磷最经典、传统的方法，Olsen 法的测定值与土壤有效磷含量及植物吸收磷量之间相关性最好，是目前使用最广泛的测定方法，适用于弱酸性到碱性 pH 范围的土壤；Mehlich Ⅲ法使用的是一种联合浸提剂，可以同时测定多种元素，测定值与相应的常规分析法有极好的相关性，因此应用也比较广泛；阴离子交换性树脂法提取磷的原理更接近于植物根系对土壤养分的吸收，从而能更加确切地反映土壤磷的数量与植物吸磷量的关系。

7.4.3 土壤磷的活化

一般来说，土壤中难溶性磷和易溶性磷之间存在着缓慢的平衡。由于大多数可溶性磷酸盐离子为固相所吸附，所以这两部分之间没有明显的界线。在一定条件下，被吸附的可溶性磷酸盐离子能迅速与土壤溶液中的离子发生交换反应。土壤中的有机磷和微生物磷与土壤溶液磷和无机磷总是处在一种动态循环中。

土壤磷的活化是指将土壤中本身难以被植物吸收利用的无机磷转化为可被植物有效吸收利用的磷形态的过程。其主要包括无机磷的溶解、吸附态磷的解吸、有机磷的矿化，以及磷在迁移过程中与其他土壤组分的反应等。

土壤磷活化的途径主要包括以下 5 个方面：①调节土壤的 pH；②促进有机磷的分解；③铁、铝磷酸盐的螯合；④磷酸钙的酸溶解；⑤从交换位点解吸。

7.4.3.1　调节土壤的 pH

土壤 pH 对土壤固相中磷的形态起决定性作用，从而直接影响土壤磷的有效过程，对土壤磷的生物有效性具有重要作用。在不同的 pH 条件下，含磷的次生矿物类型不同。肥料磷在酸性土壤中反应生成磷铝石类矿物和纤磷钙铝石类矿物，而在石灰性土壤中反应生成含钙的磷酸盐矿物。在一定范围内，增加或降低 pH 对磷生物有效性的影响与土壤的初始 pH 有关。在酸性土壤中，铁、铝和磷化合物的沉淀是控制溶液中磷浓度的主要因素。随着 pH 的增加，铁和铝的水解增强，磷的生物有效性增加。在碱性土壤中，磷的生物有效性随 pH 的降低而增加。一般来说，当土壤 pH 在 6.5～6.8 时，土壤有效磷含量最高。

7.4.3.2　促进有机磷的分解

微生物或植物根系分泌的酶（如磷酸酶、植酸酶等）可以促进有机磷的矿化。例如，有研究表明，植物根系细胞可以将酸性磷酸酶释放到根表或根际，使得根际中这些磷酸酶的含量比土体高 7 倍。磷酸酶通过水解有机磷化合物释放磷，供根系吸收。

7.4.3.3　铁、铝磷酸盐的螯合

在中性和碱性土壤中，以含钙化合物为主，而在酸性土壤中则以铁和铝化合物为主。在酸性土壤中，有机酸和铁载体等可以与铁、铝螯合从而使磷酸盐释放出磷酸根离子，提高土壤磷的有效性。

7.4.3.4　磷酸钙的酸溶解

有机酸和质子等可以促进磷酸钙溶解，溶解主要受溶度积控制，并受 pH 影响。在酸中，PO_4^{3-}会与 H^+结合成 HPO_4^{2-}、$H_2PO_4^-$，促进了磷酸钙溶解。

7.4.3.5　从交换位点解吸

土壤磷解吸过程是磷吸附过程的逆过程，吸附态磷的解吸比吸附过程慢得多，这是由于吸附后胶体与磷酸根离子形成双齿键而难以被释放，并扩散入吸附剂的内部等。磷的吸附与解吸过程其实是配位体交换的过程，而有机酸、腐殖酸、黄腐酸等可以促进磷从黏土矿物中解吸。

7.4.4　土壤中磷生物有效性的调控

7.4.4.1　添加石灰

对于酸性土壤，通过施用石灰（CaO）调节其 pH 至中性附近（pH 6.5～6.8），可减少磷的

固定，提高土壤的有效磷含量。但是，石灰对碱性土壤的有效磷提升效果不显著。

7.4.4.2 增加土壤有机质

通过向土壤中施加含有高碳含量的植物物料可以增加土壤有机质，有效增加土壤中有效磷的供给，即“以碳促磷”。这不仅是由于植物物料本身就含有较多的磷，同时其中易矿化组分还可以被微生物利用，提高土壤磷元素的生物转化率。土壤有机质对土壤磷植物有效性的影响与有机质的类型和含量有关，特别是与新鲜有机质的种类和数量有关。有机酸、胶体、螯合剂和有机磷化合物与土壤磷的释放和固定直接相关。此外，土壤生物的活性也与有机质的类型和含量有关。

7.4.4.3 生物质炭

生物质炭本身富含氮、磷、钾等营养元素，且其具有的表面特性可以有效减少土壤养分流失，因此可提高肥料利用效率，间接提高磷的有效性。有研究表明相比碱性土壤，在酸性土壤中生物质炭对磷有效性的提升更为显著。

7.4.4.4 添加有机酸类物质

如图 7.4 所示，有机酸主要来源于微生物的厌气分解，如有机肥料中的有机酸。此外，植物根也可分泌有机酸。有机酸是土壤磷的有效提取剂，氢离子可以取代金属离子，有机酸阴离子与金属离子的螯合作用可以溶解不溶性磷化合物。有机酸的阴离子还可以与磷离子竞争，以减少磷的吸附和固定，促进磷的解吸。

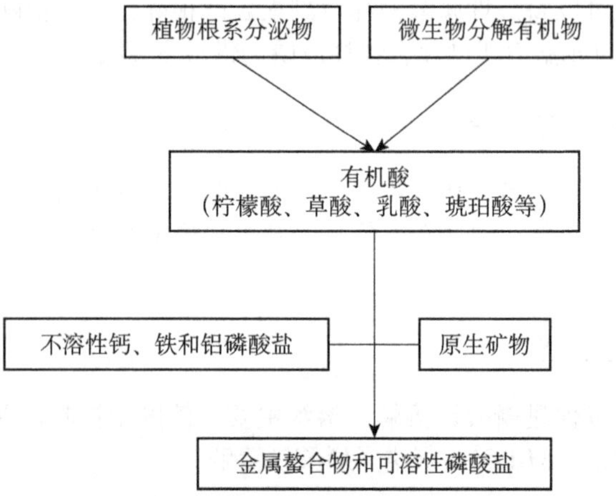

图 7.4 有机酸促进不溶性磷酸盐溶解示意图（由黄燕兰提供）

7.4.4.5 添加有机胶体和有机螯合剂

大分子有机质可以在土壤颗粒表面形成有机膜。如果胶膜在铁和铝氧化物的表面，它可以关闭活性吸附点，防止磷的吸附和固定。如果胶膜在磷肥颗粒的表面，或在含有磷酸盐矿物的土壤表面，磷的释放可能会被阻止。土壤有机胶体还可以以配体吸附或阴离子交换吸附的形式吸附磷酸。

除了有机酸阴离子外，土壤中有些带有羟基和羧基的有机质也可能与金属离子螯合，促进磷的释放。当有机酸与铝磷酸盐反应时，磷的释放量与有机酸阴离子和铝的配位常数呈显著正相关。此外，有机螯合剂活化磷的能力还与其立体结构有关。

7.4.4.6　添加有机磷化合物

土壤有机磷化合物是植物磷的来源之一，它们对植物的有效性与其存在形态有关。与腐殖质结合的有机磷化合物难以为土壤生物所利用，其生物有效性较差。新鲜有机质中磷有效性的高低取决于有机质的碳磷比。当碳磷比高时，土壤微生物在分解过程中要吸收土壤溶液中的磷，可以促进无机磷的释放。由于这部分磷是固持在土壤生物体内的，植物当时难以利用。但是，一定时间后这部分磷中有些将对植物有效，因为微生物磷只是磷的一个周转库。

7.4.4.7　土壤淹水

土壤水分含量既影响土壤溶液中磷的含量，也影响磷的迁移速率。在土壤水分较低时，不仅磷扩散的速率减慢，扩散的路径变长，土壤水分还影响溶液中离子的种类、活度和移动速率及与磷的反应。同时，土壤水分也会影响土壤的 pH 和 Eh。酸性土壤 pH 上升会促进铁、铝形成氢氧化物沉淀，减少它们对磷的固定；碱性土壤 pH 有所下降，能增加磷酸钙的溶解度。土壤 Eh 下降，高价铁还原成低价铁，由于磷酸低价铁的溶解度较高，因此可增加磷的有效性。

此外，土壤水分含量也会影响土壤生物的活性，一般接近田间持水量的土壤水分含量，是微生物活动和有机磷转化最适的水分含量。而当土壤水分含量高于田间持水量时，还可以促进微生物的嫌气分解和有机酸类物质的释放，增加磷的有效性。干湿交替作用有利于有机磷的矿化，促进磷的释放。

7.4.4.8　合理施用磷肥

需要针对不同的情况科学地制定磷肥用量。例如，在水旱轮作时，更多地在旱作时施磷肥，可以很大程度地减少径流中及渗漏水中磷的浓度；对于磷固定能力低于饱和的土壤，施磷量需要远大于磷吸收量；当过量的磷开始使磷的固定位点饱和时，则应减少施用量，不要超过植物的吸收量，以防止磷过量积累。

7.4.4.9　解磷微生物调控

除了上述物理、化学方面的措施外，生物调控在近年来已经成为提高土壤有效磷研究的热门方向。土壤解磷微生物如细菌、真菌等能将植物难以吸收利用的磷转化为可吸收利用的磷。解磷微生物主要可通过活化作用和固定作用促进植物磷素吸收。前者主要通过分泌有机酸和磷酸酶直接矿化和溶解难溶性磷，还可通过与丛枝菌根真菌交换碳、磷来间接活化磷；后者则主要是在土壤中有效磷含量较高时，固定土壤中的有效磷生成生物量磷，在周转过程中释放出有效磷供植物利用。

7.5　解磷微生物

7.5.1　解磷微生物概况

1948 年，Pikovskaya 首次报道了微生物对难溶性磷的溶解作用，由此学者开始了对自然界中解磷微生物的广泛研究。学者发现包括细菌、真菌在内的一些微生物具有溶解和矿化磷的能力。最初发现的解磷细菌呈球状、杆状和螺旋状，以假单胞菌属和芽孢杆菌属为主，真菌则以曲霉属和青霉属为主。早年主要通过不同培养基培养后分离筛选来鉴定解磷微生物，鉴定的种类较少。近年来随着分子生物学技术的发展，使用高通量测序技术测定解磷细菌和真菌的研究逐渐增多，该技术能更全面和准确地反映土壤微生物群落结构。目前已被鉴定的主要土壤解磷细菌包括变形菌门、放线菌门、厚壁菌门、拟杆菌门、蓝藻门和酸杆菌门，解磷真菌主要有子囊菌门、担子菌门和毛霉菌门。

7.5.2 解磷微生物对磷素的活化作用

解磷微生物的磷素活化作用可分为直接活化和间接活化。前者即分泌的有机酸、磷酸酶等物质直接使难溶性无机磷和有机磷活化。后者通过固氮、与根系分泌物和丛枝菌根真菌等互作、分泌植物激素等方式间接地促进植物吸收利用磷素（图 7.5）。

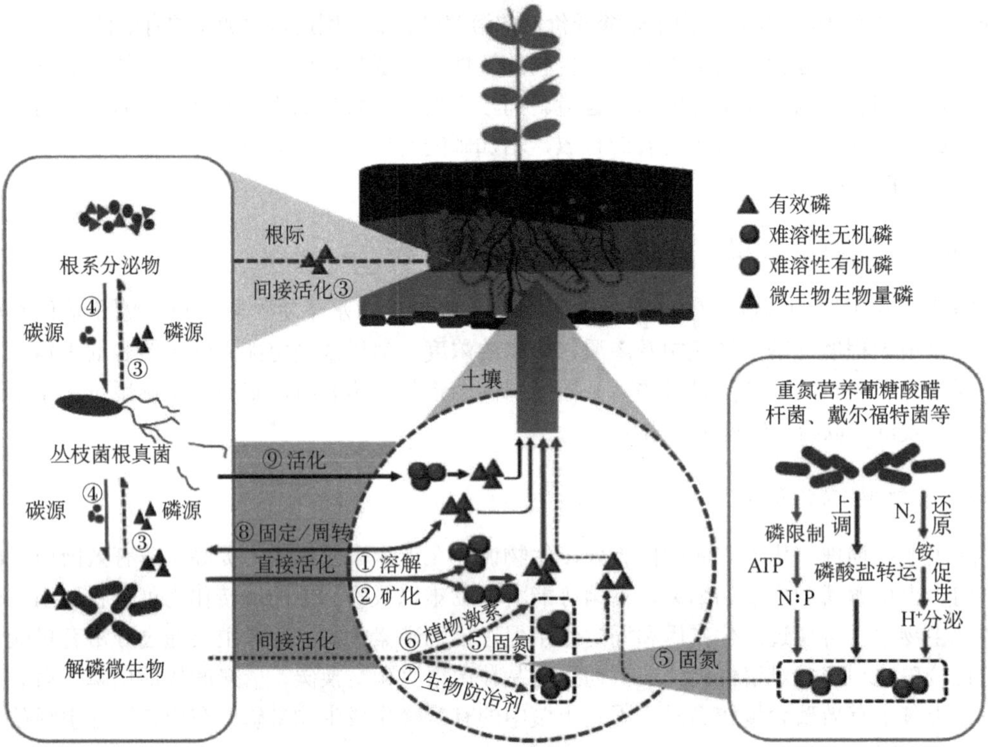

图 7.5 解磷微生物促进植物磷素吸收的策略（陶冬雪和高英志，2023）

①②解磷微生物通过溶解和矿化难溶性无机磷和有机磷的直接活化作用；③⑤⑥⑦解磷微生物活化难溶性有机磷供给丛枝菌根真菌，丛枝菌根真菌将有效磷传递给宿主植物，解磷微生物还通过固氮、分泌植物激素和生物防治剂间接活化作用；④根系分泌物为丛枝菌根真菌提供碳源，丛枝菌根真菌将部分碳源传递给菌丝表面解磷微生物；⑧解磷微生物通过固定作用生成微生物生物量磷并在周转过程中释放有效磷；⑨丛枝菌根真菌通过分泌物活化难溶性无机磷

7.5.2.1 直接活化磷素

土壤中的无机磷会与钙、铁、铝等金属阳离子络合成磷酸根离子，导致大部分植物无法吸收利用。解磷微生物可释放有机酸（如葡糖酸、柠檬酸等）和质子降低土壤 pH，使得中性或碱性土壤中磷酸盐（主要是磷酸钙）溶解性增加。此外，化能自养类解磷微生物也能产生无机酸

（如盐酸、硝酸等）、释放 CO_2 降低土壤 pH，进一步促进无机磷活化。而酸性土壤中则是铁、铝磷酸盐占主导地位，解磷微生物同样可以通过释放螯合剂的方式使不溶性的铁、铝磷酸盐转变并稳定在可溶性磷酸盐状态，供给植物磷素。

解磷微生物也在有机磷的矿化中起重要作用，其主要通过产生酶催化磷酸酯和酸酐水解来实现，主要有植酸酶和磷酸酶。植酸是土壤有机磷的重要组分且占其很大比例，但很难被植物直接利用，需要借助解磷微生物释放的植酸酶水解为磷酸化程度较低的肌醇衍生物，从而释放出植物可利用的有效磷。解磷微生物也可产生磷酸酶，水解多种有机磷化合物如核糖核苷酸、脱氧核糖核苷酸、生物碱等。

7.5.2.2　间接活化磷素

部分解磷微生物还具备固氮的能力。例如，芽孢杆菌、假单胞菌等都可依靠 NH_4^+ 的同化作用分泌质子，可以有效地活化磷。同时，解磷微生物会以一些根系分泌物为碳源用于自身增殖，又能分泌有机阴离子和质子补充土壤中有机阴离子，从而活化土壤中的难溶性无机磷。此外，解磷微生物可分泌吲哚乙酸、赤霉素和细胞分裂素等植物激素促进植物根系生长，增加对养分的吸收。

7.5.3　解磷真菌

解磷真菌是土壤解磷菌的重要组成部分，但仅占土壤解磷菌的 0.1%～0.5%。大部分解磷真菌属于曲霉菌属，其次为青霉菌属、镰刀菌属、木霉属等，青霉菌和丛枝菌根真菌是解磷真菌中的两类重要真菌。

解磷真菌虽然数量和种类较少，但其解磷能力高于细菌与放线菌。解磷真菌属于真核生物，相比解磷细菌，解磷真菌具有更稳定的遗传性状，在传代培养后不易失去解磷能力。

以下以丛枝菌根真菌为例进行介绍。

7.5.3.1　丛枝菌根真菌概述

在农业生产中，解磷真菌应用较多的是菌根菌类，其中丛枝菌根真菌（图 7.6）能够与陆地 2/3 以上的植物根系共生，是土壤中分布最广泛的一种真菌。丛植菌根真菌属于球囊菌门，能在植物根系皮层细胞内和细胞间形成菌丝体，菌丝在侵入的根系皮层细胞内连续而分叉形成树枝状或花椰菜状等丛枝结构。具有这种结构的丛枝菌根真菌能促进土壤磷的活化，提高植物对磷的吸收。作为回报，丛枝菌根真菌从宿主植物中可获得高达 20%的光合碳水化合物。

7.5.3.2　丛枝菌根真菌对磷的活化机制

土壤中的磷常被固定，流动性差，有效性低。由于植物根系对正磷酸盐的直接吸收速率远高于正磷酸盐在土壤溶液中的扩散速率，因此形成了正磷酸盐缺乏区，使得根际中正磷酸盐浓度降低。在长期低磷胁迫下，植物与丛枝菌根真菌的共生形成了适应机制：一方面通过扩大根系吸收面积和加速难溶性磷的活化，解决土壤中磷元素迁移性差和浓度低的问题；另一方面，通过分泌磷酸盐转运蛋白提高植物对磷酸盐的吸收效率。

1）形成菌丝网络，扩大养分吸收面积（图 7.7）。尽管丛枝菌根真菌对寄主植物有一定的偏好，但它对宿主没有严格的专一性。因此，菌丝在侵染一株植物后，可以再次侵染其他植物，形成连接植物根系的菌丝网络。这种网络吸收的磷远高于植物根系能吸收的磷，因为菌丝网

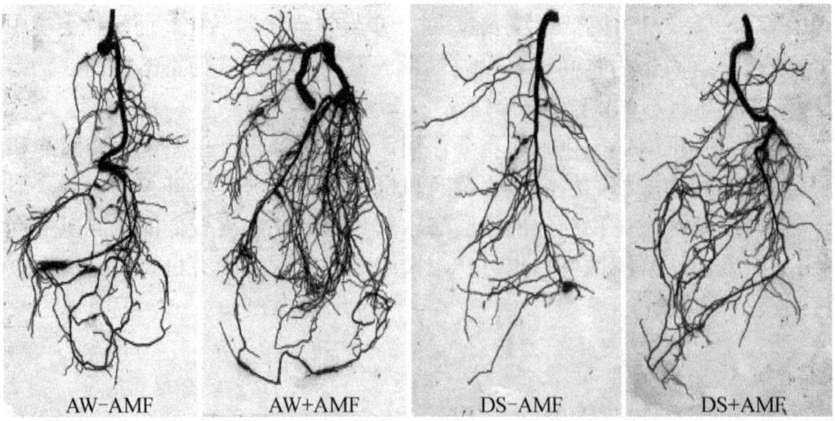

图 7.6 接种（+AMF）和未接种（-AMF）的三叶橙幼苗的根系结构（Wu et al.，2013）

AW. 暴露于充足水分；DS. 干旱胁迫；AMF. 丛枝菌根真菌

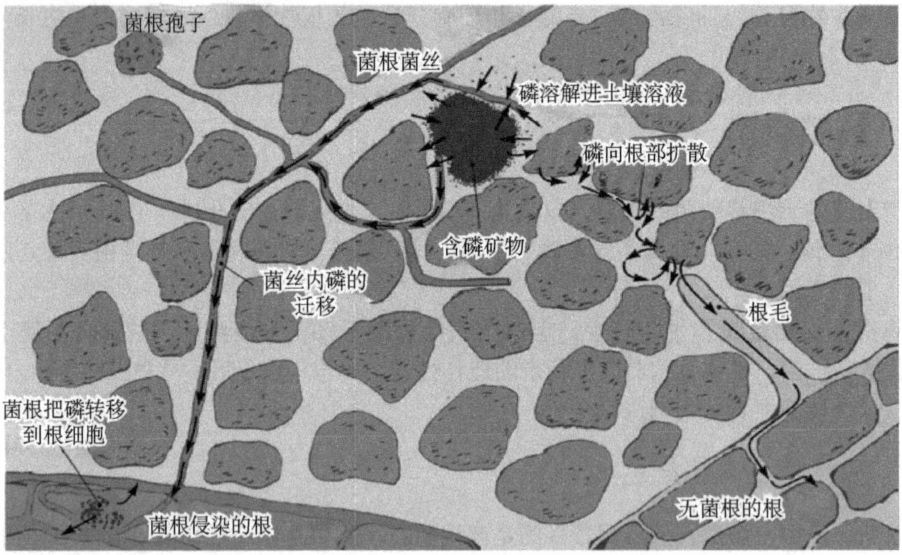

图 7.7 菌根菌丝及其在磷酸盐离子迁移到植物根部过程中的作用（Brady and Weil，2019）

络能够进入植物根系无法到达的土壤缝隙，增加养分吸收面积，有助于植物更有效地吸收磷。

2）改善根际微环境，活化难溶性磷。在磷胁迫条件下，丛枝菌根真菌可以分泌有机酸（柠檬酸、草酸、苹果酸等）、磷酸酶（酸性或碱性）及质子等，也可以刺激寄主植物分泌以上物质，共同活化土壤中难溶的磷酸盐，提高土壤有效磷含量。

3）分泌磷酸盐转运蛋白，提高植物对磷酸盐的吸收效率。磷酸盐转运蛋白对磷具有较高的亲和力，从枝菌根真菌中已发现 3 种磷酸盐转运蛋白：GvPT、GiPT 和 GmosPT。当土壤中磷含量较低时，根外菌丝会加强磷酸盐转运蛋白基因的表达，促进菌根吸收土壤中的磷并传输给宿主植株，提高植物对磷酸盐的吸收效率。这种效果通常是非菌根植物的 6 倍。

7.5.4 植物根系解磷

植物对土壤磷的有效性很大程度上取决于其获取磷的策略。对于没有任何特定策略的非菌根植物物种，无法利用菌根真菌，只有靠近根或根毛表面的磷才能被获取，这些植物通常生长在土壤溶液中磷含量高、营养丰富的环境中。对于丛枝菌根植物和外生菌根植物，可以利用存在于土壤溶液中但根系无法触及的磷。而对于非菌根植物，则只能通过释放大量的羧酸盐、黄酮类物质、解磷酶和有机酸等物质来响应土壤低磷胁迫。

7.5.4.1　羧酸盐的释放

在缺磷条件下，植物会释放羧酸盐，与金属离子络合，破坏有机-矿物组合和聚集物的稳定，释放更多磷以促进微生物的生长和活性。这一现象通常出现在磷生物有效性较低的土壤中。在缺磷条件下，植物会产生释放羧酸的簇根，使得有簇根的植物能充分利用难溶性有机磷化合物（图 7.8）。在低磷条件下，植物根尖和根毛的增加也会增加羧酸盐的释放量。例如，番荔枝科和菊芋科通过产生毛细根促进羧酸盐的释放，提高土壤磷的利用效率。

图 7.8　在低磷胁迫下水培澳大利亚山龙眼科和南非莎草科植物的根形态（Lambers et al.，2008）

（a）*Dryandra sessilis*（山龙眼科）根系，具有复合的“山龙眼”根簇；（b）*Hakea prostrata*（山龙眼科）根系，具有简单的“山龙眼”根簇；（c）*Tetraria* 种（莎草科）根系，具有“胡萝卜形”根簇；（d）*Banksia grandis*（山龙眼科）的复合“山龙眼”根簇，以三级分枝根细小结束；（e）*Hakea sericea*（山龙眼科）的简单“山龙眼”根簇，以二级分枝根细小结束；（f）在单个“胡萝卜形”根簇上的根毛非常密集[照片（c）的高倍放大图]

7.5.4.2　黄酮类物质的释放

在磷缺乏的环境中，植物会释放黄酮类物质，通过与铁和铝形成络合来释放磷，从而增强土壤磷的生物有效性。黄酮类物质还与磷酸盐离子竞争吸附位点，提高土壤有效磷的含量。这类物质有助于促进难溶性磷化合物的溶解。例如，紫花苜蓿根系释放的黄酮类物质能溶解生物有效性很低的磷酸铁。植物能够在根际释放不同数量和类型的黄酮类物质，具体的类型和数量取决于植物的种类、生长环境、生物胁迫、养分可利用性等多种因素。这类物质的成分和浓度是影响它们生物活性和非生物活性的关键因素。因此，在土壤呈酸性、含有高铁铝矿物的环境中，高浓度的黄酮类物质可能有助于维持磷的生物有效性。

7.5.4.3 解磷酶的释放

在低磷条件下，植物分泌酸性磷酸酶和核酸酶等物质，以提高土壤溶液中的有效磷含量，对植物在低磷环境中的生长发育至关重要。这一响应机制是植物长期进化的结果，在高等植物中广泛存在。酸性磷酸酶主要存在于酸性环境中，通过水解磷酸基团释放磷酸，供植物吸收利用。同样，在低磷胁迫下，核酸酶的表达和活性也会被诱导，其分解土壤中的核糖核酸和脱氧核糖核酸，增强土壤磷的生物有效性。在植物组织衰老时，酸性磷酸酶和核酸酶的表达也会上升，可增加对无机磷的循环利用。

7.5.4.4 有机酸的释放

植物根系在磷胁迫下分泌有机酸，如柠檬酸、苹果酸和草酸等，通过竞争吸附、螯合作用和溶解作用等方式提高土壤磷的生物有效性。有机酸与磷酸根离子竞争络合位点，减少土壤固相对磷酸根离子的吸附，螯合土壤中的阳离子，释放无机磷。有机磷能从 Al-P、Fe-P 和 Ca-P 复合物中释放无机磷，减少阳离子如 Al^{3+}的毒害，响应植物受到无机磷胁迫或 Al^{3+}积累的刺激。在拟南芥或水稻中，磷饥饿可诱导有机酸的分泌，改变吸附剂的表面电荷，减少土壤对磷酸根的吸附，提高磷的生物有效性。根系分泌的有机酸导致土壤 pH 下降，促进难溶性磷化合物溶解。例如，在缺磷的石灰性土壤中，白羽扇豆分泌的柠檬酸引起根际土壤酸化，降低了土壤 pH，提高了根际土壤中磷的有效性。

主要参考文献

Brady N C，Weil R R. 2019. 土壤学与生活. 14 版. 李保国，徐建明译. 北京：科学出版社.

黄巧云，林启美，徐建明. 2015. 土壤生物化学. 北京：高等教育出版社.

秦利均，杨永柱，杨星勇. 2019. 土壤溶磷微生物溶磷、解磷机制研究进展. 生命科学研究，23（1）：7.

陶冬雪，高英志. 2023. 土壤解磷微生物促进植物磷素吸收策略研究进展. 生态学报，43（11）：1-10.

王敬国. 2017. 生物地球化学. 北京：中国农业大学出版社.

徐建明. 2019. 土壤学. 北京：中国农业出版社.

曾宪坤. 1999. 磷的农业化学（III）. 磷肥与复肥，（3）：56-59+80.

赵琼，曾德慧. 2005. 陆地生态系统磷素循环及其影响因素. 植物生态学报，29（1）：153-163.

Ferrol N，Azcón-Aguilar C，Pérez-Tienda J. 2019. Arbuscular mycorrhizas as key players in sustainable plant phosphorus acquisition：An overview on the mechanisms involved. Plant Science，280：441-447.

Lambers H，Raven J A，Shaver G R，et al. 2008. Plant nutrient-acquisition strategies change with soil age. Trends in Ecology & Evolution，23（2）：95-103.

Wu Q S，Srivastava A K，Zou Y N. 2013. AMF-induced tolerance to drought stress in citrus：A review. Scientia Horticulturae，164（Complete）：77-87.

Zhang L，Feng G，Declerck S. 2018. Signal beyond nutrient，fructose，exuded by an arbuscular mycorrhizal fungus triggers phytate mineralization by a phosphate solubilizing bacterium. The ISME Journal，12（10）：2339-2351.

第 8 章　土壤中毒害有机化合物的生物化学

本章彩图

工农业的迅猛发展，特别是高度集约化农业本身，造成化学污染物从多渠道进入人们赖以生存和发展的土壤环境，致使土壤和农产品遭受污染，且呈全球化的趋势，污染程度不断加剧。因此，长期以来，国内外科学家一直把化学污染物在土壤和植物中的数量、形态、转化、累积及生态效应研究作为环境科学的前沿领域。在这些化学污染物中，毒性高、难降解、环境释放量大、影响面广的持久性毒害有机化合物更是备受关注。许多毒害有机化合物具有“三致”效应，易在土壤环境中累积，通过地表径流和淋溶进一步造成地下水和地表水的次生污染，或在土壤–作物系统中迁移，影响农产品的安全，危及生态系统和人体健康。研究毒害有机化合物在土壤中的生物化学过程及作用原理，将为针对性地拟订经济高效的土壤有机污染防治和修复的实用技术提供基础依据。本章着重讲述影响土壤中毒害有机化合物生物化学行为的降解、吸附、结合态残留、转化等过程及效应的内容。

8.1　土壤中毒害有机化合物概述

8.1.1　类型与特征

毒害有机化合物是指由人类合成的，具有高毒性、半挥发性和持久性，能够在环境中长期残留存在并进行长距离迁移运动，可通过食物链，在生物体内聚集积累，从而对人类健康和环境造成潜在危害的有机化学物质。土壤中毒害有机化合物一般多为难降解化学污染物，具有广泛性和复杂性等特点，常见的典型毒害有机化合物主要包括有机氯农药（organochlorine pesticide）、多氯联苯（polychlorinated biphenyl，PCB）、多环芳烃（polycyclic aromatic hydrocarbon，PAH）及多溴联苯醚（polybrominated diphenyl ether，PBDE）等。这些毒害有机化合物通常具有致癌、致畸、致突变的“三致”效应，对生物体的肝、肾等脏器和神经系统、内分泌系统、生殖系统等表现出急/慢性毒性，对生态系统产生不同程度的毒性影响。此外，环境内分泌干扰物酞酸酯（phthalic acid ester，PAE），因具作为增塑剂或塑化剂被广泛应用于各种生活用品及塑料制品中，是目前世界上产量最大、应用最广的一类人工合成有机化合物。近年来的研究表明，PAE 在人和其他动物体内有着类似雌激素的作用，会影响生物体生殖系统的功能，是近年来环境风险日益突出的典型新污染物。

土壤中这些毒害有机化合物对生态环境和人类健康造成的潜在危害不容忽视，通常具有或部分具有以下特征。

1）难降解/持久性。毒害有机化合物具有强耐光降解、物理降解、生物降解和化学分解的能力。毒害有机化合物的持久性通常可以用半衰期来表示，其在土壤、沉积物等环境介质中持续几年甚至几十年或更长的时间。同一种毒害有机化合物在不同环境介质中的半衰期与各介质中的主要降解过程相关。例如，土壤中毒害有机化合物的半衰期由生物降解过程决定。

2）高毒性。毒害有机化合物是对人体及动物具有较高毒性的化学物质。有研究表明，毒害有机化合物可以导致生物体内分泌失调、免疫功能障碍、神经发育系统紊乱及诱发癌症等严重疾病。

3）生物蓄积性。毒害有机化合物的辛醇/水分配系数（K_{ow}）较大，因此其可以从环境周边介质中富集到生物体内，并通过食物链进一步放大累积到高级动物。由于其生物浓缩因子较多，故可达到中毒程度，引发各种疾病。有研究表明，亲脂性有机氯农药可通过食物在人体内达到较高的蓄积程度。

4）长距离迁移性。毒害有机化合物能够从水、土壤及植被作物中以蒸气形式挥发进入大气或吸附在大气颗粒上。由于难以分离，毒害有机化合物能够在大气环境中经历远距离迁移，被输送至南北极，并通过降水形式重新沉降到地面，整个过程可以重复多次发生。

鉴于对土壤中毒害有机化合物所致环境风险的认识，国际社会于 2001 年 5 月共同签署了《关于持久性有机污染物的斯德哥尔摩公约》（以下简称《斯德哥尔摩公约》），致力于削减毒害有机化合物在环境中的使用与排放情况。《斯德哥尔摩公约》提出了 12 种优先控制的毒害有机化合物，其中 8 种属于有机氯农药，包括艾氏剂（aldrin）、狄氏剂（dieldrin）、异狄氏剂（endrin）、氯丹（chlordane）、滴滴涕（dichloro-diphenyl-trichloroethane，DDT）、毒杀芬（toxaphene）、七氯（heptachlor）和灭蚁灵（mirex）。此外，还包括工业化学品类 PCB 和六氯苯（hexachlorobenzene，HCB），以及工业生产过程中产生的副产品多氯二苯并二噁英（polychlorinated dibenzo-*p*-dioxin，PCDD）和多氯二苯并呋喃（polychlorinated dibenzofuran，PCDF）。截至 2023 年 5 月第十一次公约缔约方大会决定修改《斯德哥尔摩公约》附件 A、B 和 C，目前总计已有 32 种持久性毒害有机化合物被列入《斯德哥尔摩公约》管控名单。其中农药 17 种；工业化学品 14 种，其中非人为有意副产物 7 种；既属于农药，也属于工业化学品 3 种（表 8.1）。

表 8.1 《斯德哥尔摩公约》持久性毒害有机化合物清单（2023 年修订）

所属附件	持久性毒害有机化合物清单		类型
	英文名称（缩写）	中文名称	
附件 A 消除类	Aldrin	艾氏剂[a]	P
	Chlordane	氯丹[a]	P
	Chlordecone	十氯酮	P
	Decabromodiphenyl ether	十溴二苯醚	IC
	Dicofol	三氯杀螨醇	P
	Dieldrin	狄氏剂[a]	P
	Endrin	异狄氏剂[a]	P
	Heptachlor	七氯[a]	P
	Hexabromobiphenyl	六溴联苯	IC
	Hexabromodiphenyl ether and heptabromodiphenyl ether	六溴二苯醚和七溴二苯醚	IC
	Hexabromocyclododecane	六溴环十二烷	IC
	Hexachlorobenzene（HCB）	六氯苯[a, b]	P、IC 和 UP

续表

所属附件	持久性毒害有机化合物清单		类型
	英文名称（缩写）	中文名称	
附件 A 消除类	Hexachlorobutadiene	六氯丁二烯	IC
	α-hexachlorocyclohenaxne	α-六氯环己烷	P
	β-hexachlorocyclohenaxne	β-六氯环己烷	P
	Lindane	林丹	P
	Mirex	灭蚁灵 [a]	P
	Pentachlorobenzene	五氯苯 [b]	P、IC 和 UP
	Pentachlorophenol and its salts and esters	五氯苯酚及其盐类和酯类	P
	Polychlorinated biphenyl（PCB）	多氯联苯 [a, b]	IC 和 UP
	Polychlorinated naphthalene	多氯萘 [b]	IC 和 UP
	Perfluorooctanoic acid（PFOA），its salts and PFOA-related compounds	全氟辛酸及其盐类和相关化合物	IC
	Perfluorohexane sulfonic acid（PFHxS），its salts and PFHxS-related compounds	全氟己烷磺酸及其盐类和相关化合物	IC
	Short-chain chlorinated paraffin（SCCP）	短链氯化石蜡	IC
	Technical endosulfan and its related isomers	硫丹及其相关异构体	P
	Tetrabromodiphenyl ether and pentabromodiphenyl ether	四溴二苯醚和五溴二苯醚	IC
	Toxaphene	毒杀芬 [a]	P
附件 B 限制类	Dichloro-diphenyl-trichloroethane（DDT）	滴滴涕 [a]	P
	Perfluorooctane sulfonic acid（PFOS），its salts and perfluorooctane sulfonyl fluoride	全氟辛基磺酸及其盐类和全氟辛基磺酰氟	P 和 IC
附件 C 无意产生类	Hexachlorobutadiene（HCBD）	六氯丁二烯	UP
	Hexachlorobenzene（HCB）	六氯苯 [a, b]	P、IC 和 UP[b]
	Pentachlorobenzene	五氯苯 [b]	P、IC 和 UP
	Polychlorinated biphenyl（PCB）	多氯联苯 [a, b]	IC 和 UP
	Polychlorinated naphthalene	多氯萘 [b]	IC 和 UP
	Polychlorinated dibenzo-*p*-dioxin（PCDD）	多氯二苯并二噁英 [a]	UP
	Polychlorinated dibenzofuran（PCDF）	多氯二苯并呋喃 [a]	UP

资料来源：http://chm.pops.int/TheConvention/ThePOPs/AllPOPs/tabid/2509/Default.aspx

注：P. 农药；IC. 工业化学品；UP. 无意产生物质

a. 第一批 12 种持久性毒害有机化合物；

b. 六氯苯、五氯苯、多氯联苯和多氯萘同时也被列入附件 C 中

8.1.1.1　有机氯农药

有机氯农药是一类化学性质稳定、脂溶性高并含有多个苯环（$n \geq 1$）的氯代衍生物，占《斯德哥尔摩公约》优先控制污染物种类的比例最大。从合成原料角度，可将其分为两大类：第一类是以苯为原料的氯化苯类有机氯农药，主要包括六六六（hcxanchlorocyclohexane，HCH）、六氯苯和滴滴涕等；另一类是不以苯为原料的氯化亚甲基萘制剂类有机氯农药，主要包括氯丹、七氯、艾氏剂、狄氏剂、异狄氏剂、毒杀芬和硫丹（endosulfan）等。有机氯农药曾在全球被广泛使用，据统计，20 世纪 50～80 年代，我国作为历史上有机氯农药的主要生产国家，HCH 和 DDT 产量分别约占全球生产总量的 33%和 20%。图 8.1 和表 8.2 描述了典型有机氯农药的化学结构式和物理化学性质。

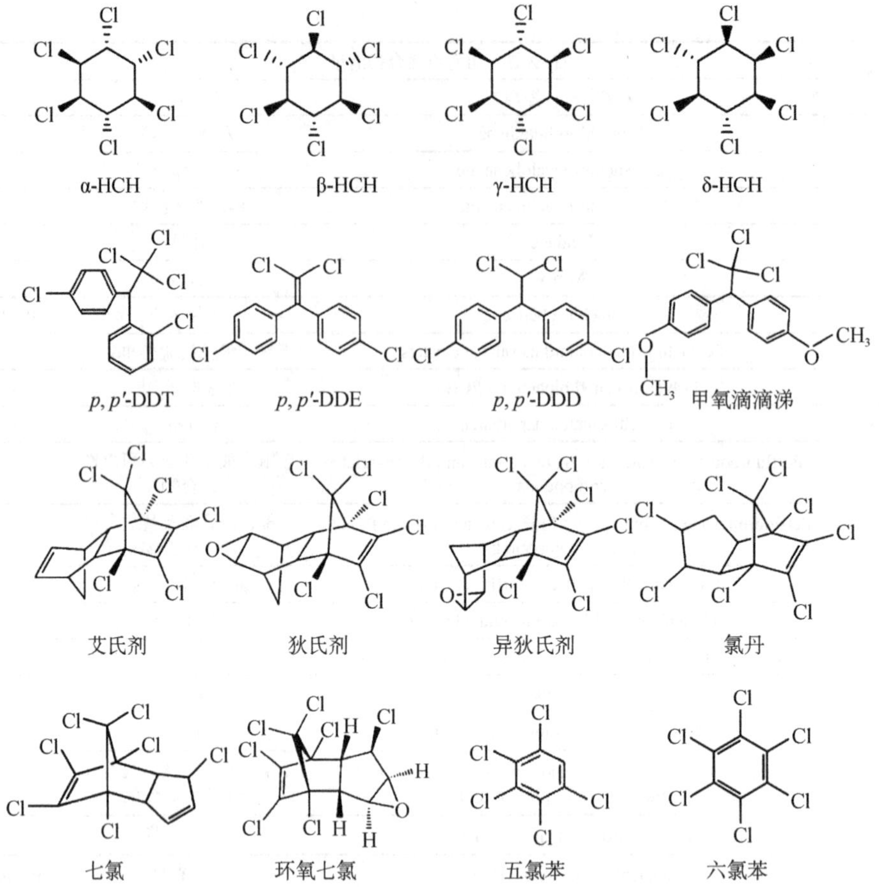

图 8.1 典型有机氯农药的化学结构式（何艳提供）

表 8.2 典型有机氯农药的物理化学性质

化合物	分子量	溶解度（25℃）/（g/L）	有机碳标准化分配系数（K_{oc}）	辛醇/水分配系数（$\log K_{ow}$）
α-HCH	290.8	1.6×10^{-3}	3.8×10^{3}	3.77
β-HCH	290.8	2.4×10^{-4}	3.8×10^{3}	3.85
γ-HCH	290.8	7.8×10^{-3}	3.8×10^{3}	3.66
δ-HCH	290.8	3.1×10^{-2}	6.6×10^{3}	4.14
p, p′-DDT	354.5	5.5×10^{-3}	3.9×10^{6}	6.20
p, p′-DDE	318.0	4.0×10^{-2}	4.4×10^{6}	5.76
p, p′-DDD	320.1	1.0×10^{-1}	7.7×10^{5}	6.02
甲氧滴滴涕	345.7	1.0×10^{-4}	/	/
艾氏剂	364.9	1.8×10^{-4}	9.6×10^{4}	5.30
狄氏剂	380.9	2.0×10^{-4}	1.7×10^{3}	3.54
异狄氏剂	380.9	2.0×10^{-4}	1.7×10^{3}	3.54
氯丹	409.8	1.0×10^{-4}	/	/
七氯	373.5	1.8×10^{-4}	1.2×10^{4}	4.08
环氧七氯	389.2	3.5×10^{-4}	1.1×10^{2}	2.04
五氯苯	250.3	/	/	/
六氯苯	284.8	6.0×10^{-8}	1.2×10^{-6}	6.41

续表

化合物	分子量	溶解度（25℃）/（g/L）	有机碳标准化分配系数（K_{oc}）	辛醇/水分配系数（$\log K_{ow}$）
α-硫丹	406.9	5.3×10^{-4}	9.6×10^{-3}	−1.70
β-硫丹	406.9	2.8×10^{-4}	9.6×10^{-3}	−1.70
灭蚁灵	545.6	4.6×10^{-6}	/	/

8.1.1.2　多氯联苯

多氯联苯（PCB）是联苯上的一个或多个氢原子被氯原子取代后形成的一系列化合物。根据氯原子个数，可将其分为低氯代 PCB（氯原子个数 1～4 个）和高氯代 PCB（氯原子个数 5～10 个）。根据氯原子的数目及取代位置的差异，PCB 可分为 209 种同系物，PCB 的组成及同族体与同系物的分布见表 8.3。PCB 具有较高的 K_{ow}，溶解度随氯原子个数的增加而降低，极难溶于水，亲脂性高，可溶于脂肪等有机溶剂。PCB 的物理化学性质极其稳定，耐酸、耐碱、耐腐蚀且抗氧化，具有良好的耐热性（完全分解温度条件：1000～1400℃）和绝缘性。

表 8.3　PCB 的组成及同族体与同系物的分布

分子式	氯原子个数	分子量	同系物个数	IUPAC 编号
$C_{12}H_9Cl$	1	188.5	3	1～3
$C_{12}H_8Cl_2$	2	223.0	12	4～15
$C_{12}H_7Cl_3$	3	257.5	24	16～39
$C_{12}H_6Cl_4$	4	292.0	42	40～81
$C_{12}H_5Cl_5$	5	326.5	46	82～127
$C_{12}H_4Cl_6$	6	361.0	42	128～169
$C_{12}H_3Cl_7$	7	395.5	24	170～193
$C_{12}H_2Cl_8$	8	430.0	12	194～205
$C_{12}HCl_9$	9	464.5	3	206～208
$C_{12}Cl_{10}$	10	499.0	1	209

注：IUPAC. 国际理论和应用化学联合会

8.1.1.3　多环芳烃

多环芳烃（PAH）是一类生物毒性较强，由 2 个或 2 个以上苯环以稠环或非稠环方式形成，具有角状、链状或簇状结构的碳氢化合物。根据苯环的连接方式可分为联苯类、多苯代脂肪烃类和稠环芳香烃类三种，通常 PAH 特指稠环芳香烃类化合物。一般来说，结构中苯环数量越多，分子量越大，PAH 的沸点越高，相应挥发性越小，化合物的稳定性也随之增加。根据稠环的环数及分子量，PAH 可以分为低分子量 PAH（2～3 环）、中分子量 PAH（4 环）和高分子量 PAH（5～6 环）。其中含有 2～3 环的 PAH 又称为轻环 PAH，具有较强的挥发性和毒性，但其在环境介质中能够通过光化学、微生物等作用途径进行降解转化；具有 4 个及以上苯环的 PAH 被称为重环 PAH，包括苯并[a]芘、苯并[a]蒽等，具有高沸点、强亲脂性的特性。

8.1.1.4　多溴联苯醚

多溴联苯醚（PBDE）是一类两个苯环由醚键连接的芳香族化合物。PBDE 能够在高温条件下分解，产生密度较大的不燃性气体和溴自由基，覆盖在高分子聚合材料上隔绝氧气。其中，溴自由基具有高还原性，可以与羟自由基等发生反应，从而起到阻燃作用。鉴于 PBDE 具有阻燃效率高、热稳定性好、添加量少、对材料的影响性能小、价格便宜等特点，被广泛应用于硬质塑料、纺织品、建筑材料和电子设备等产品中。然而，PBDE 不以化学键结合到工业材料上，因此在产品使用和废弃物处理过程中极易从物品中释放进入环境。进入环境的 PBDE 由于具有较强的亲脂性、吸附性、疏水性及挥发性等特点，极易在土壤、水体、大气等环境介质和生物体内累积。

8.1.1.5 酞酸酯

酞酸酯（PAE）又名邻苯二甲酸酯，是一种被广泛应用的化学添加剂和增塑剂，具有亲脂性和难降解性等特点。工业上使用的 PAE 约有 14 种，其中 6 种典型 PAE 已被美国国家环境保护局（Environmental Protection Agency，EPA）列为优先控制污染物：邻苯二甲酸二甲酯（DMP）、邻苯二甲酸二乙酯（DEP）、邻苯二甲酸二丁酯（DBP）、邻苯二甲酸正二辛酯（DOP）、邻苯二甲酸丁基苄基酯（BBP）及邻苯二甲酸（2-乙基己基）酯（DEHP）。

8.1.2 来源与分布

通常情况下，自然产生和人为生产加工使用是毒害有机化合物输入土壤中的两个主要途径。其中，人为活动产生的影响更为显著。工业、交通运输、农业及日常生活等均会导致毒害有机化合物在土壤中富集，主要有以下 4 个来源。①污水排放：工业废水及生活污水中含有复杂多样的疏水性毒害有机化合物，易被土壤颗粒/沉积物吸附，随水迁移流动，造成污染。②固体废物处理：生活垃圾、水厂污泥等固体废物在集体堆放、处理及运输过程中，以降水淋洗渗入土壤或经空气积累二次沉降地面等方式，对土壤环境造成直接或间接污染。③农业活动：不同数量和种类的农药等毒害有机化合物，以及不同的土地利用和耕作方式，均会影响其对土壤的污染程度，并危害农作物质量。④大气沉降：工业迅速发展加重了大气污染程度，毒害有机化合物能够吸附于颗粒物上或悬浮于空气中，随着雨水等自然沉降形式落入土壤表面，造成污染。

毒害有机化合物的环境行为可以概括为释放到大气中的毒害有机化合物通过大气的短距离和长距离运输后，通过干、湿沉降进入土壤和水体环境中，或被植被表面吸附。在地表水环境中，毒害有机化合物能够进行挥发、光解、氧化、生物降解等物理化学和生物转化过程，并且可以吸附于悬浮颗粒或底泥上，或富集在生物体内。在底泥中毒害有机化合物主要被生物降解或生物富集。而土壤中的毒害有机化合物能够挥发，以及进行非生物降解、生物降解和生物富集，也能够进入地下水环境。由于毒害有机化合物通常具有高疏水性的特点，土壤成为生态系统中毒害有机化合物的重要汇集地之一。

大部分毒害有机化合物能够从土壤等环境介质中以蒸气形式挥发进入大气，或被大气颗粒物所吸附，伴随大气环流进行远距离迁移。在此过程中，毒害有机化合物的环境行为受全球环境温度的影响较为显著，主要有以下两种迁移运输机制。

1）全球蒸馏效应。在高温地区，有机化合物的挥发速率大于沉降速率，使得其能够在大气环境中保持持续运动；当迁移到温度较低的严寒地区时，其沉降速率大于挥发速率，毒害有机化合物遇冷再次沉降至土壤环境中。因此，两极地区的土壤被认为是毒害有机化合物的重要汇集地。

2）蚱蜢跳效应。毒害有机化合物在从低纬度地区迁移至高纬度地区的过程中，受到自身物理化学性质及季节交替带来的影响，可发生一些相对而言距离较短的跳跃式跃迁过程，在温度较高的夏季迁移挥发，而在温度较低的冬季易于沉降。“蚱蜢跳效应”使得物理化学性质存在差异的毒害有机化合物在土壤环境中存在随温度梯度分布的特征。

总的来说，相比较于水体及大气环境，土壤作为毒害有机化合物最重要的库，其毒害有机化合物的残留检出反映了其长时间的积累情况。有机氯农药、PCB 和 PAH 是我国土壤环境检出最为常见的三类毒害有机化合物。前人研究综述了我国土壤中这三类毒害有机化合物的赋存分布特征，发现 PAH 含量可高达 28 000mg/kg，而有机氯农药和 PCB 的含量总体上低于 100mg/kg。学者相继展开调查，发现土壤中 PAH 含量远高于有机氯农药和 PCB：受经济发展水平影响，我国城区土壤中 PAH 含量为 92～4733mg/kg；我国南方土壤中有机氯农药残留量为 8.38～183.07mg/kg；而在我国表层土壤，PCB 平均含量仅为 515ng/kg。

下面简单分述几类土壤中常见毒害有机化合物的具体情况。

8.1.2.1　有机氯农药

土壤中有机氯农药的来源主要有以下两个途径：一个是农业生产中为防治病虫害的喷洒作业，有机氯农药由喷雾漂移或顺植物流下而进入土壤；另一个是化工厂的废水和废气排放随大气沉降、灌溉等进入土壤。有机氯农药进入土壤后，通过挥发、动植物吸收、微生物降解等一系列物理、化学及生物反应，其状态不断变化。

我国曾在 1988 年对土壤中有机氯农药污染状况进行调查，结果表明，南北存在显著差异，呈现南方>中部>北方的空间格局，南方的平均残留水平是北方的 3.3 倍。“十三五”期间，对我国代表性农业主产区土壤中有机氯农药污染特征进行了表征。发现各区域表层土壤中有机氯农药总量差异较大，根据平均数值，污染程度由高到低依次为吉林省（259.4μg/kg）>黑龙江省（144.5μg/kg）>河北省（135.1μg/kg）>山东省（116.3μg/kg）>辽宁省（94.4μg/kg）>天津市（81.1μg/kg）≈河南省（80.1μg/kg）。总体而言，我国大部分地区土壤中有机氯农药污染水平集中在中低浓度水平，但部分地区有机氯农药的赋存浓度分布特征仍存在较大差异，受气候、施药合理科学性及监管程度等因素的影响，存在有机氯农药污染严重超标的现象。

8.1.2.2　多氯联苯

土壤中 PCB 的来源主要有污染物的排放、泄漏、空气沉降等过程。由于难生物降解特性，PCB 易在土壤环境中形成结合态残留，并进入植物体，通过食物链逐级放大，进而威胁人类和动物的生命安全。目前，国内关于土壤环境中 PCB 的相关研究报道较少。

虽然早在 1974 年，我国已开始禁止 PCB 的生产，但在废旧变压器和电容器里仍有 PCB 残留，在一些废旧电力设备拆解地仍存在着严重的 PCB 污染。有研究表明，东南沿海部分废旧电器拆解区稻田土中 PCB 含量达到 80μg/kg；浙江省台州市以峰江镇为主的电子垃圾拆解区土壤中 PCB 的含量最高可达到 152.8μg/kg；浙江省某典型电器拆解区附近农田土壤中 PCB 浓度为 6.78～15.48μg/kg。这些地区土壤中 PCB 的含量高出我国其他非直接污染区的数十倍，需要引起高度重视。

8.1.2.3　多环芳烃

环境中的 PAH 主要来源于有机质的不完全燃烧过程，按其来源可分为自然来源和人为输入。PAH 的自然来源有火山爆发、森林火灾等，这些过程产生的 PAH 构成了环境中 PAH 的本底值。人为输入是环境中 PAH 的主要来源，主要是来自于化石燃料或生物质的不完全燃烧。此外，化石燃料的自然挥发和泄漏也贡献了一部分 PAH。以往研究表明，如煤、石油、木材、秸秆等含碳氨化合物的有机质，在不完全燃烧的情况下，或在还原性条件下的热分解过程都会产生 PAH。一般来说，在高温和通风良好的情况下，易产生高环 PAH；而在温度较低、通风较差的环境条件中，低环和甲基取代的 PAH 所占比例就会较大。而炼油厂和石化厂的废弃物、原油泄漏等也会使一部分 PAH 进入环境介质中。不同来源 PAH 的组分也存在较大差异：木材燃烧产生的 PAH 中二氢苊的组成占比高于其他 PAH，而汽车尾气产生的苯并[a]芘含量较高。由于汽车尾气的污染，公路两旁土壤中的 PAH 浓度通常较高。

8.1.2.4 多溴联苯醚

土壤中多溴联苯醚（PBDE）的来源主要包括三种：大气沉降、地表径流、灌溉及污泥施用。在我国，大范围土壤中均有 PBDE 检出，而东南沿海地区受污染程度更为严重。同一地区或城市中工业用地中 PBDE 浓度往往比农业用地高 1～2 个数量级，呈现较明显的空间与土地利用类型分布规律。由于山东、浙江和广东等地长期从事溴系阻燃剂与电器电子产品生产，以及电子废物拆解处理等行业，东南沿海地区成为潜在的 PBDE 污染源。除在长期生产电子电器产品的广东省贵屿镇及清远市、浙江省台州市等东南沿海地区的土壤中检测到高浓度的 PBDE 外，在新疆维吾尔自治区、西藏自治区及黄土高原等背景区土壤中也可检测到不同浓度的 PBDE。

8.1.2.5 酞酸酯

农用薄膜是我国设施菜地土壤中酞酸酯（PAE）的主要来源，残膜中 PAE 组分浓度与设施菜地土壤中 PAE 组分浓度之间存在一定的关联性。在山东省济南市郊区的蔬菜基地，大棚内部的土壤 PAE 含量最高，土壤样品 PAE 含量随采样点与大棚距离的增加而呈现逐渐降低趋势，推测农膜中 PAE 的游离扩散是造成露地土壤污染的主要原因。此外，各地的农膜使用量与土壤中 PAE 含量之间也存在较好的正相关性。

我国各地区农田土壤普遍存在 PAE。北京市郊区温室土壤中的 PAE 以 DBP 和 DEHP 为主，浓度为 1.3～3.2mg/kg；广东省农田土壤中 6 种 EPA 优先控制 PAE 赋存浓度高达 25.99mg/kg，其中污染水平依次为：东莞市>汕头市>佛山市>湛江市>中山市>珠海市>惠州市。“十三五”期间针对东北三省代表性地区的主要设施农业黑土中 15 种 PAE 的调研数据显示，不同土层深度土壤中均有 PAE 赋存。表层土壤（0～20cm）中 PAE 含量最高，其含量随土层深度的增加而显著降低。其中，DEHP、DBP、DMP 及 DEP 在各采样点检出率为 100%，其检测浓度总和占 15 种 PAE 检测浓度总和的 68%以上。综合各地的调查数据可以看出，我国多数土壤中 PAE 检出率相对较高，且土壤中 PAE 以 DBP 与 DEHP 为主，说明 PAE 已成为我国农田土壤中普遍存在的污染物，其污染情况及相关风险问题值得关注。

8.1.3 土壤中的生物化学行为

作为毒害有机化合物的承受者和中转站，土壤是一个复杂的多介质、多界面体系，在一定程度上控制着毒害有机化合物在其中的生物降解、吸附与结合态残留、迁移与生物吸收等物理、化学和生物过程，由此影响它们在土壤中的生物化学行为（图 8.2）。进入土壤的毒害有机化合物能够发生一系列极其复杂的生物化学反应，进行蓄积、转化过程，并在微生物作用下最终实现降低或消除活度和毒性的效果。这些过程往往同时发生，相互作用，有时甚至难以区分并受到多种土壤环境因素的影响。

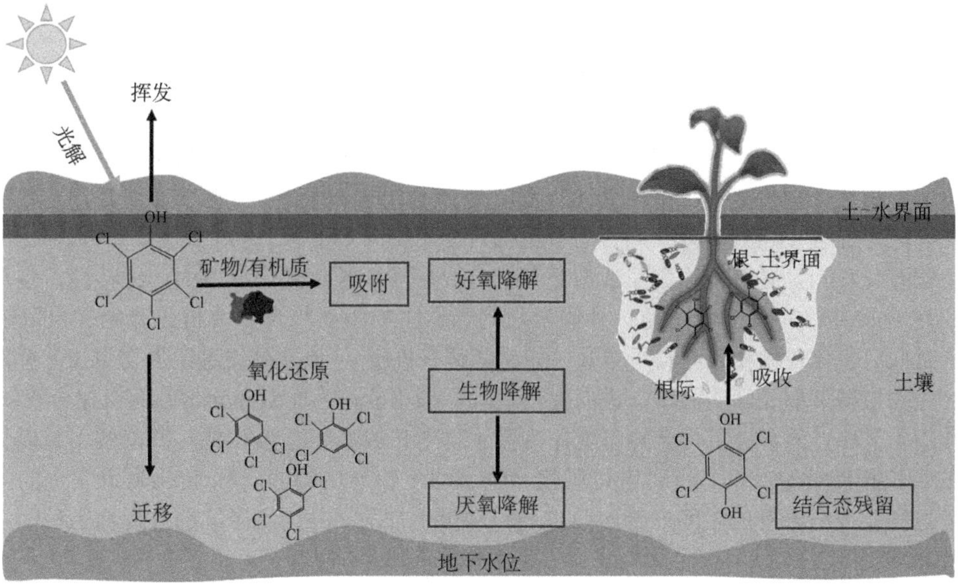

图 8.2 影响毒害有机化合物在土壤中生物化学行为的关键过程（何艳提供）

一般来说，土壤对外源性毒害有机化合物具有自净能力，但是不同结构的化学物质在土壤中的降解过程与机制存在较大差异，一些毒害有机化合物在土壤中可能存在特异性反应，生成比母体化合物毒性更强或具有潜在危险性的代谢产物。鉴于其复杂性，本书重点针对影响毒害有机化合物在土壤中生物化学行为的关键过程进行分述。

8.2 生 物 降 解

毒害有机化合物在土壤中的降解是降低其污染并实现脱毒的重要途径。降解的途径主要分为两类：一类是环境因素引起的非生物降解，如氧化还原、水解、光解等物理化学降解途径；另一类则是由微生物主导的生物降解。其中，生物降解具有成本低、环境影响小等特点，作用效果显著，在所有降解作用中显得尤为关键。

8.2.1 生物降解的定义

作为生态系统的重要成员，微生物在毒害有机化合物的去除中发挥着重要作用，成为生物修复中的主力军。土壤中毒害有机化合物的生物降解是指有机化合物在细菌、真菌等生物分泌的各种酶的催化作用下，通过氧化还原、水解、脱氢、脱卤、芳烃羧基化和异构化等一系列生物化学反应，使复杂的大分子有机化合物转化为简单的有机质或无机物质的过程。生物降解可分为微生物降解、植物降解和动物降解。其中，微生物降解在生物降解中占主导地位。新近研究利用减绝稀释法，模拟土壤中微生物多样性损失过程，并探究其变化对土壤中毒害有机化合物有机氯农药降解的影响，发现微生物多样性降低显著改变了参与有机氯农药降解的功能微生物群落的组成和结构。微生物降解是土壤毒害有机化合物污染削减的主要驱动力，微生物降解机制一直是土壤生物化学研究领域的焦点。本节主要围绕毒害有机化合物的微生物降解途径展开。

8.2.2 典型毒害有机化合物的生物降解途径

微生物通过代谢降解毒害有机化合物的途径主要分为矿化作用和共代谢作用。矿化作用，即指毒害有机化合物被微生物作为生长基质，利用其中的有机质作为能源/碳源，通过呼吸作用使其化学链/官能基团降解，最终将毒害有机化合物矿化成 CO_2 和 H_2O 的过程。共代谢作用也被称为协同氧化作用，是微生物为了适应复杂的生存环境而长期进化形成的一种特性，也是难降解有机化合物降解的最主要途径。具体表现为当微生物不能将毒害有机化合物完全降解转化时，通过向有机化合物加入可利用碳源（如易降解有机质），以达到促进微生物生长，并诱导微生物产生关键降解酶及辅酶因子，进而促使对其原来不能作为能源和元素的有机化合物的降解/转化作用。其中，部分有机化合物不能作为微生物生长的唯一能源/碳源，其降解不足以导致微生物的生长和能量的产生。将毒害有机化合物被微生物产生的酶降解/转化为不完全的中间产物，而这种不完全降解的中间产物进而被另一种微生物利用并彻底降解的过程称为种间协同代谢过程。

8.2.2.1 多环芳烃的微生物降解途径

由于结构简单、溶解度高、能够被较多微生物所利用降解，目前，针对低分子量 PAH 的微生物降解研究较为全面。萘作为结构最简单的 PAH（具有 2 个苯环），其降解首先通过萘双加氧酶攻击芳环，形成顺式二氢萘，随后通过脱氢酶的作用形成 1, 2-二羟基萘，再经过一系列催化反应形成水杨酸。水杨酸会脱羧形成邻苯二酚或羟基化形成龙胆酸，进而开环降解（图 8.3）。菲属于典型三环芳烃，在双加氧酶作用下，其能够先被转化为 1-羟基-2-萘甲酸。后续降解途径主要包括水杨酸及邻苯二甲酸代谢：通过水杨酸途径进行降解，途径与萘降解类似，即在羟化酶作用下转化为 1, 2-二羟基萘完成降解；而通过邻苯二甲酸代谢途径降解时，通过一系列酶促反应转化为 3, 4-二羟基苯甲酸（protocatechuic acid，PCA），再通过氧化开环进入到三羧酸循环，以完成降解（图 8.4）。

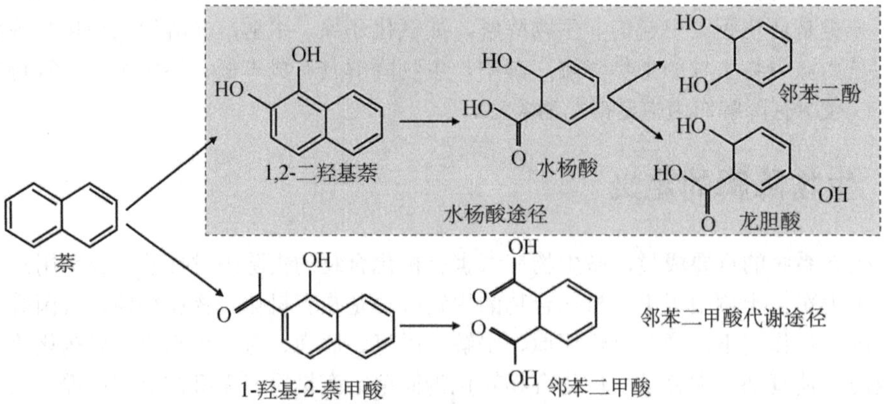

图 8.3 萘的微生物降解途径（曾军等，2020）

高分子量的 PAH（4 环以上）具有分子结构复杂、电子云密度高等特点，较难被微生物作为能源/碳源利用，通常需要以共代谢作用途径进行降解。典型 5 环 PAH 类有机化合物——苯

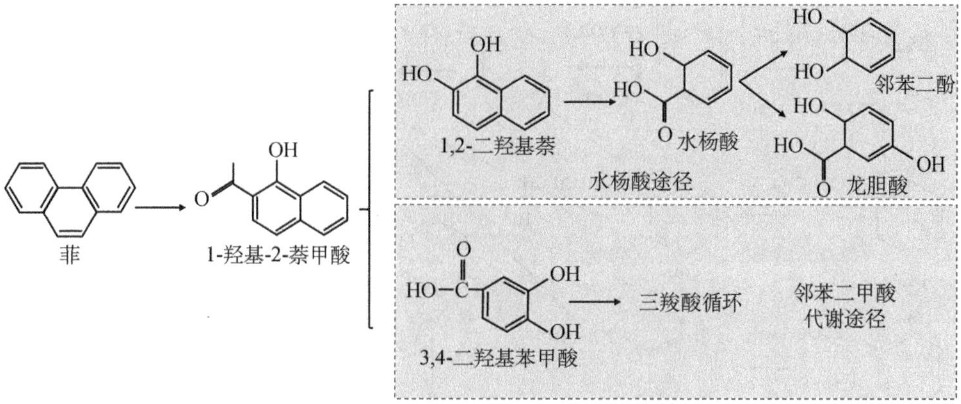

图 8.4　菲的微生物降解途径（曾军等，2020）

并[a]芘的分子内苯环高度密集，较难被微生物降解。能够降解苯并[a]芘的菌属主要包括拜叶林克氏菌属（*Beijerinckia*）、红球菌属（*Rhodococcus*）、假单胞菌属、土杆菌属（*Agrobacterium*）等。有研究利用固定化漆酶降解苯并[a]芘，得到其代谢中间物有 1, 6-苯并[a]芘醌、3, 6-苯并[a]芘醌、6, 12-苯并[a]芘醌。目前关于高分子量 PAH（如苯并[g，h，i]芘、苯并[b]荧蒽）的研究集中于其对人体的致癌性，需进一步关注其微生物降解机制的研究。

8.2.2.2　酞酸酯的微生物降解途径

20 世纪 60 年代，学者开始对 PAE 的降解过程进行研究，随后有关 PAE 及其同系物降解转化的系列研究工作相继开展。近年来，细菌降解土壤中 PAE 的研究较多，大量高效降解菌株已从农田土壤、红树林及污水处理厂污泥等不同陆地生态系统中分离得到。

PAE 的生物降解途径可分为两部分：①PAE 侧链降解，生成中间代谢产物邻苯二甲酸（*o*-phthalic acid，PA）、PCA 等；②PA、PCA 等中间代谢产物的完全矿化过程。PAE 侧链降解包括 β 氧化（β-oxidation）作用、转酯化（trans-esterification）作用和脱酯化（de-esterification）作用。β-氧化作用主要针对酯基侧链碳原子数大于 2 的酞酸酯，而脱酯化作用发生在酞酸酯单侧酯基，但相关研究相对较少。PAE 的微生物降解途径总结如图 8.5 所示。

8.2.2.3　多溴联苯醚的微生物降解途径

十溴联苯醚（BDE-209）在污泥和沉积物中的微生物降解过程以还原脱溴作用为主。由于 BDE-209 化学性质稳定，高脂溶性，不易被微生物利用。因而，其在厌氧环境中的降解一般需要较长的反应周期。如图 8.6 所示，大多数厌氧微生物会率先进行 BDE-209 的单一脱溴，生成九溴联苯醚（BDE-206、BDE-207、BDE-208 等），随后再次脱溴，生成八溴联苯醚（BDE-194、BDE-196、BDE-197 等），进而逐渐被降解成为溴代程度更低的七溴联苯醚、六溴联苯醚等产物。不同的微生物对 PBDE 上溴原子的作用位点不同，脱溴作用在邻位、间位和对位都有发生，不存在优先脱溴作用。BDE-209 及其邻位和间位脱溴产物可在对位进一步脱溴，生成 BDE-208、BDE-202、BDE-201、BDE-199、BDE-193、BDE-188、BDE-179 等 20 种脱溴产物。

PBDE 好氧微生物降解途径以羟基化为初始反应，不同的溴取代基的数目与位置会显著影响 PBDE 好氧降解进程。不同微生物种群在卤素取代位置、数目、开环位点及步骤上具有较高的特异性，因而好氧降解菌的降解途径具有多样性。

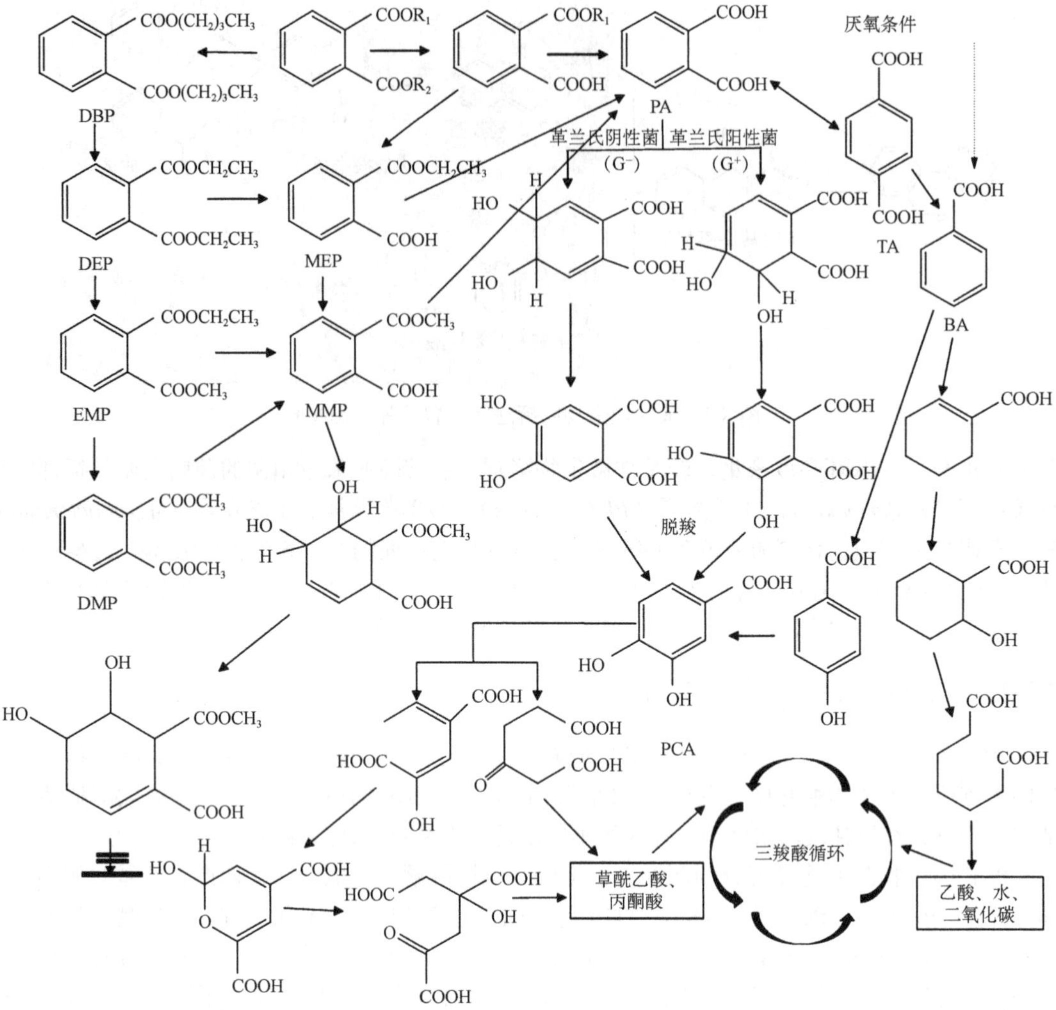

图 8.5 酞酸酯的微生物降解途径（谷成刚等，2017）

DBP. 邻苯二甲酸二丁酯（Dibutyl phthalate）；DEP. 邻苯二甲酸二乙酯（Diethyl phthalate）；EMP. 邻苯二甲酸甲酯乙酯（Methyl ethyl phthalate）；DMP. 邻苯二甲酸二甲酯（Dimethyl phthalate）；MEP. 邻苯二甲酸单乙酯（Monoethyl phthalate）；MMP. 邻苯二甲酸单甲酯（Monomethyl phthalate）；PCA. 3, 4-二羟基苯甲酸（Protocatechin acid）；PA. 邻苯二甲酸（Phthalic acid）；TA. 对苯二甲酸（Terephthalic acid）；BA. 苯甲酸（Benzoic acid）

8.2.3 好氧和厌氧条件下的微生物降解机制

微生物对毒害有机化合物的降解是通过酶促反应来实现的。有机化合物首先通过自由扩散或消耗能量的被动形式进入微生物细胞，然后与细胞内的酶特异性结合并反应。根据微生物对氧气的需求情况，毒害有机化合物的微生物降解可以分为好氧微生物降解和厌氧微生物降解。在好氧条件下，土壤中毒害有机化合物的微生物降解代谢途径大多以双加氧酶作为起始。根据实时荧光定量 PCR 技术的反馈结果：双加氧酶基因 *nagAc* 有 90%相似序列片段在被菲污染的厌氧环境中广泛存在，表明双加氧酶在毒害有机化合物的降解过程中起着重要作用。微生物可以在好氧条件下通过双加氧酶的作用对毒害有机化合物进行降解和代谢，进而改变其在土壤环境中的赋存和形态。在这种代谢过程中，微生物主要以 O_2 为电子受体；与之不同，在厌氧条件下，微生物主要以土壤中 NO_3^-、Fe^{3+}、SO_4^{2-}等为电子受体进行代谢。

氯代毒害有机化合物（chlorinated organic pollutant，COP）是土壤中的主要毒害有机化合物，其降解的关键在于脱氯，可分为氧化脱氯和还原脱氯。鉴于土壤中毒害有机化合物种类众多，以下主要以土壤中典型常见毒害有机化合物 COP 和 PAH 为例，对有机化合物的好氧/厌氧降解机制进行简要介绍。

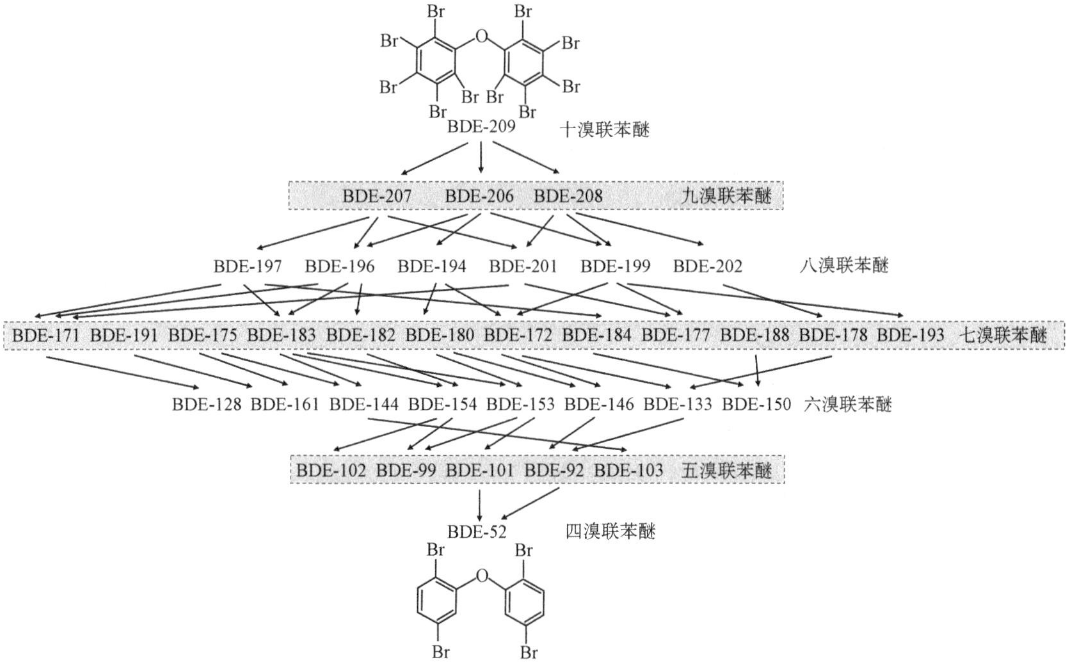

图 8.6 多溴联苯醚的微生物降解途径

8.2.3.1 毒害有机化合物的好氧微生物降解机制

一般情况下，毒害有机化合物的好氧微生物降解反应所需周期相对较短，且产生的中间产物对微生物几乎不会产生毒性影响，是有机化合物矿化的主要途径。在微生物好氧降解过程中，环境原子/分子态氧首先需要被微生物加氧酶所激活，才能作为最终电子受体来接受底物在氧化过程中所释放的电子，参与反应。

1. COP 的好氧微生物降解机制 通过单加氧酶和双加氧酶的催化作用，将环境中分子/原子态氧转移到有机氯结构上，以实现脱氯反应。对于含有多个苯环结构的 COP（如 PCB），氧化反应只作用于低氯化合物（<5 个氯原子）。间位取代的 PCB 比邻位取代的更易发生降解，苯环上没有取代基或取代基少的苯环先开环裂解；具有相同氯原子数的含 2 个苯环的 COP、氯原子集中在一个苯环上的 COP 更易被降解。由此看来，COP 生物降解过程的关键在于氯代基的去除。其化学结构中的 C—Cl 键为惰性化学键，需要高强活化能和催化剂才能被激活。土壤环境中土壤 pH、含氧量、含水量和一些微生物的体外酶等因素，可以在特定条件下氧化 C—Cl 键，促进降解反应的进行。

COP 的好氧微生物降解途径，需要先脱氯转化为低氯化合物，再通过开环反应进行矿化降解。一般是在单加氧酶和双加氧酶的催化作用下先对 COP 进行羟基化反应，形成降解中间体产物氯代邻苯二酚，进一步的开环方式主要是 1、2 位邻位开环和 2、3 位或 1、6 位间位开环，开环后通过内酯化过程脱去氯原子。而 PCB 的好氧生物降解一般限于 5 或 6 个氯原子的同系物，以联苯双加氧酶攻击联苯环上未取代的 2、3 位开始的，二羟基代谢中间体通过间位开环而发生转化，产生氯代苯甲酸；或通过 3, 4-二加氧酶攻击 3、4 位而产生。总体而言，高氯代 COP（一般 5 个氯原子以上）微生物的好氧降解主要在厌氧还原脱氯后进行，主要包括脱氯化氢、异构化、氧化等途径。

（1）脱氯化氢　脱氯化氢是在好氧条件下进行的脱氯反应，该反应通常发生在 COP 分子的饱和氯化碳和相邻碳原子上的氢之间，在脱去 1 分子氯化氢的同时形成不饱和双键。例如，DDT 脱除氯化氢生成 DDE。

（2）异构化　异构化是指在生物转化过程中氯原子的空间构象发生变化使母体化合物转化成为同分异构体化合物。例如，狄氏剂能够异构化为地特灵代谢物（photodieldrin）或艾氏剂二醇（反式异构体）（*trans*-aldrin diol）。

（3）氧化　氧化是指在好氧条件下，微生物将难降解的有机化合物氧化为不稳定中间体化合物，以进一步降解的过程。DDT 及 β-BHC 的一些开环反应也涉及氧化反应的参与。然而，由于微生物对 COP 的代谢缺少具有相关功能的氧化酶系，氧化反应在土壤原生生物对土壤中 COP 的降解过程中更为常见。

2. PAH 的好氧微生物降解机制　细菌是 PAH 修复过程中最为活跃的微生物组分，环数小于 5 的 PAH 在土壤中容易被细菌降解。目前，对细菌将低分子量 PAH 如萘、菲、蒽等作为唯一碳源降解的生物化学机制已有较为清楚的认识。降解过程需要氧分子在双加氧酶的催化作用下与 PAH 中的芳香环反应。截至目前，双加氧酶系统已发现可以降解多种有机底物，包括色氨酸 2, 3-双加氧酶（tryptophane 2, 3-dioxygenase，TDO）、萘双加氧酶（naphthalene dioxygenase，NDO）、联苯双加氧酶（biphenyl dioxygenase，BPDO）等。其中，TDO 是许多底物的广谱双加氧酶，能够催化苯环和芳香烃物质转化为顺式二羟基生成物。NDO 和 BPDO 均能促进 PAH 的羟基化过程，但是不同的酶对不同分子大小的 PAH 有一定的选择性，BPDO 只能降解 4 环的 PAH，而 NDO 只能降解 2～3 环的 PAH。土壤中的高分子量 PAH 由于具有更高的遗传毒性和持久性，环境风险更大。PAH 的芳香环数量、环境持久性及生物降解速率与其分子量大小呈现显著正相关。然而，目前尚未分离到能将 5 环及以上 PAH 作为唯一碳源的细菌。5 环及以上的 PAH 主要通过共代谢方式降解，相关机制仍需要进一步研究。

土壤中 PAH 的微生物氧化降解过程主要包括中间途径、开环反应及中央途径三个步骤。①中间途径：在单加氧酶和羟基化的双加氧酶共同作用下，氧化苯生成二羟基芳香化合物，如 PCA、龙胆酸、邻苯二酚、对苯二酚等。②开环反应：羟基化的芳香烃化合物在环裂解双加氧酶作用下，利用氧分子打开羟基对位（内裂酶催化的邻位开环）或邻位（外裂酶催化的间位开环）苯环上的 C—C 键。③中央途径：开环反应的中间产物进入三羧酸循环等代谢途径。

8.2.3.2　毒害有机化合物的厌氧微生物降解机制

微生物降解过程中是否需要环境中分子/原子态氧参与是区别厌氧微生物降解和好氧微生物降解的关键所在。好氧降解需要氧的参与，而厌氧降解过程中微生物主要利用的是矿物中高价态金属元素如 Fe^{3+}（铁还原菌），以及含氧化合物如 SO_4^{2-}（硫酸盐还原菌）、NO_3^-（硝酸盐还原菌）和 CO_2（产甲烷菌）等作为电子供体。由于毒害有机化合物厌氧微生物降解过程中所产生的能量相较于好氧过程少得多，因此降解速率较为缓慢。

1. COP 的厌氧微生物降解机制　还原脱氯是土壤中 COP 最常见的代谢途径之一。在厌氧土壤环境中，电子受体 O_2 缺乏是限制氧化反应发生的主要原因，微生物介导的 COP 还原脱氯反应过程相对漫长，反应前微生物环境适应期一般需要数周至数月，难降解的 COP 通常是数月。因此，人为添加适量电子供体/受体将有利于还原脱氯反应的进行。其中，微生物主要以代谢脱氯机制进行毒害有机化合物脱氯，并实现在特异且具有高亲和力酶催化作用下的脱氯反应。COP 的氧化还原电势相对较高（260～570mV），在厌氧环境中更易成为脱氯微生物的电子受体，COP 化合物得到电子，氯原子被氢原子取代完成还原脱卤反应，进而完成电子传递介导的厌氧微生物呼吸过程。在此过程中，微生物利用氢气、甲酸等小分子有机酸作为电子供体，COP 作为电子受体，进行还原脱氯过程；同时微生物利用反应所释放出的热能合成 ATP，以获得自身生长所需的能量，实现还原脱氯和能量代谢的偶联。

在没有可利用有机质时，微生物可通过自身内源呼吸作用的电子进行还原脱氯。如果 COP 的氯原子数量相对较少，在微生物厌氧呼吸作用结束前，部分 COP 分子即能够实现完全脱氯，成为更容易被微生物利用的碳源，以获得能量的中间产物；当 COP 的氯原子数量较多时，若环境中存在 NO_3^-、SO_4^{2-}等电子受体，微生物能够迅速增长，但未必会利用 COP 为电子受体进行呼吸脱氯；而当存在乳酸或乙酸等更易被利用的电子供体时，微生物则容易利用 COP 作为电子受体进行降解转化。

淹水土壤、河床/污水底泥等厌氧环境中分离出的细菌，通过微宇宙试验，外加碳源、无机铁盐等营养物质，能够将高氯代毒害有机化合物高效地厌氧降解为毒性较低的低氯代化合物。五氯苯酚的生物降解同样适合在厌氧条件下完成：五氯苯酚在微生物的作用下逐渐脱去氯原子，最终降解生成苯酚［图 8.7（a）］。HCH 生物降解最初也被科学家认为在厌氧条件下容易发生，经过微生物的还原脱氯后，有机化合物的疏水性降低，可作为电子供体，进入微生物的好氧降解过程，进一步脱卤并开环，或先开环再脱卤分解为小分子物质。γ-HCH 还原脱氯可能通过两种途径发生：在第一种途径中，氯原子和氢原子同时分离，形成 C═C 化学键，生成 γ-PCCH，随后进一步降解成 TCDN 和 TCB 等产物；在第二种途径中，两个氯原子同时从苯环分离，发生厌氧降解过程［图 8.7（b）］。

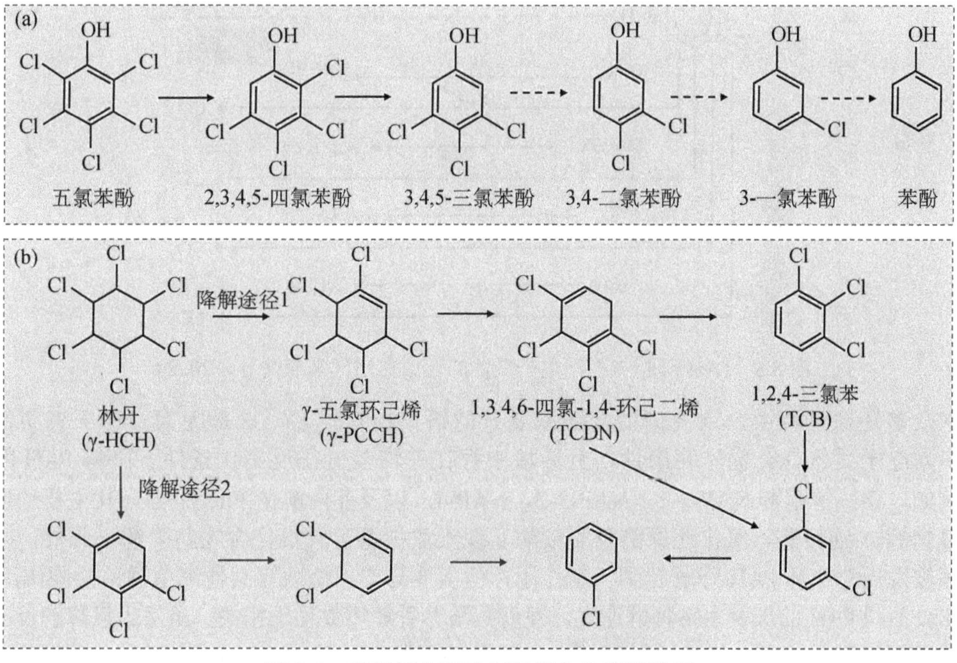

图 8.7　有机氯农药的厌氧微生物降解途径

（a）五氯苯酚（Xu et al.，2015）；（b）林丹（γ-HCH）（Yuan et al.，2021）

此外，共代谢还原脱氯也是厌氧环境中 COP 的重要降解方式，厌氧脱氯反应与产甲烷、Fe^{3+}还原、反硝化及硫酸盐还原等生物过程相伴。有研究基于密度泛函理论量子分析发现，巴氏甲烷八叠球菌（*Methanosarcina barkeri*）携带的产甲烷辅酶 F430，能够显著降低微生物脱氯所需的反应能垒，从而促进其对 γ-HCH 还原脱氯反应的催化。还有研究表明，Fe^{3+}还原与五氯苯酚脱氯过程密切相关，并主要受到异化铁还原微生物的调控；五氯苯酚的存在显著抑制了 SO_4^{2-}还原过程，却同时促进了 CH_4的排放。

2. PAH 的厌氧微生物降解机制　PAH 的微生物降解在好氧和厌氧条件下均能进行。由上一小节可知，PAH 的好氧微生物降解过程通常以从两个氧原子连接到芳香环上降低共轭环的反应势能为起始，这个反应可以由包含氧化还原酶、铁氧还原蛋白和铁硫蛋白的双加氧酶催化而发生。而在淹水土壤、沉积物及污染底泥等厌氧环境中，同样存在能够将 PAH 进行转化降解的微生物群落，且厌氧微生物降解也是 PAH 污染削减的重要途径之一。PAH 好氧微生物降解机制相关研究开展得较早，厌氧微生物降解 PAH 的研究在近 30 年也逐渐得到重视，但整体发文量相对较少，其中，绝大多数研究仅针对低环 PAH，针对 3 环以上 PAH 的具体厌氧微生物降解机制尚不清楚。

在好氧环境中，PAH 降解以氧气为电子受体；而厌氧环境中，由于缺乏氧气，需要 NO_3^-、Mn^{4+}、Fe^{3+}、SO_4^{2-}、CO_2 等物质替代氧气作为电子受体，接受微生物厌氧降解 PAH 过程中所释放的电子，发生顺序还原，同时介导反硝化、金属离子还原、硫酸盐还原和产 CH_4 等反应过程（图 8.8）。由于微生物对电子受体的利用存在选择性，因此在不同还原条件下，主导电子受体不同，参与 PAH 降解的关键微生物通常也不同，所对应的降解机制也存在差异，因而使得厌氧条件下的 PAH 微生物降解过程与机制比好氧条件复杂得多。

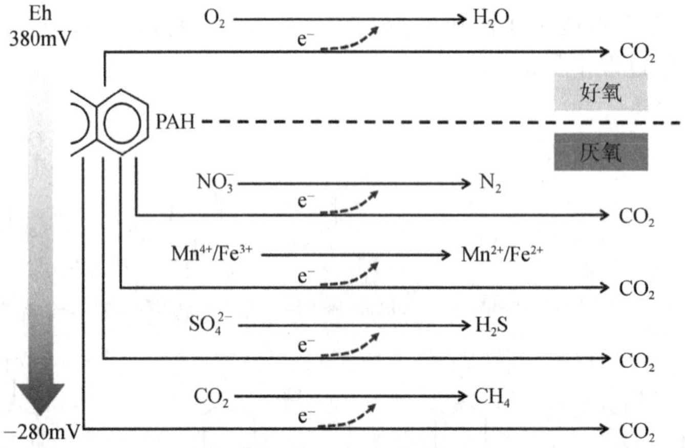

图 8.8　PAH 降解与不同电子受体的还原作用（朱燕婕等，2022）

在众多还原过程中，围绕硝酸盐还原展开的研究相对较多。这是因为，在厌氧条件下，NO_3^-作为电子受体具有优先利用性，且环境中存在着许多可在反硝化条件下降解 PAH 的微生物。例如，萘降解菌群 NAP-3-1、NAP-3-2、NAP-4，以及菲降解菌 PheN1 等。其主要通过产生苯甲酰辅酶 A 连接酶、氧化还原酶及脱羧酶实现土壤中毒害有机化合物的降解。此外，硫酸盐还原菌被发现对 4 环 PAH 降解起到一定作用，但需要与产甲烷菌等其他细菌群落共同作用。

比较不同 PAH 的厌氧生物降解速率，发现其与芳香烃环数呈正相关。虽然厌氧降解反应速率较慢且限制性因子较多，但该过程能够在自然条件下发生。因此，对 PAH 而言，尤其是在厌氧环境中，如稻田、湿地、沉积物、底泥生态系统等厌氧环境中，微量 PAH 的降解转化和去除起着不可忽视的作用。然而，关于土壤等复杂介质中微生物协同降解 PAH 机制的研究大多停留在较浅显的层面。尤其是在实际情况下，许多污染场地往往是多种高分子量 PAH 的复合污染，单一的微生物降解菌往往不能满足要求。因此，未来可将新兴技术与传统方法结合，构建可以同时处理多种高分子量 PAH 的降解菌群，开发绿色高效的污染修复方法，是值得研究的重要内容。

3. 毒害有机化合物的厌氧微生物降解影响因素　淹水稻田土壤中，微生物作为土壤有机化合物降解的主要驱动力，将毒害有机化合物的污染转化与元素循环紧密联系起来。最新研究表明，土壤中碳、氮、铁、硫等元素的氧化还原（如反硝化、铁/硫还原、产 CH_4 等）显著影响着有机氯农药的还原脱氯，因为这些过程本质上均是微生物厌氧呼吸所介导的电子传递过程，即微生物呼吸代谢氧化有机碳并将电子从电子供体传递给电子受体的过程。在厌氧条件下，土壤中有机氯农药分子，以及高价态的氮、铁、硫等（如 NO_3^-、Fe^{3+}、SO_4^{2-}等）均可充当竞争性电子受体参与反应，从而引起污染物转化与元素循环的多过程耦合。因此，在厌氧土壤中，只要是能影响微生物厌氧呼吸作用及电子传递过程的因素，均会影响毒害有机化合物的厌氧微生物降解过程。

（1）电子供体的影响　以有机氯农药为例，其还原程度受电子供体的影响很大，电子供体不仅能减缓有机氯农药对环境中微生物的毒害作用，还能被微生物利用产生能量来维持自身的生长发育。电子供体在代谢过程中产生的氢气能提供给脱氯菌生长使用，从而促进污染脱氯削减。一般专性脱氯呼吸菌只能利用氢气和乙酸盐作为电子供体，而兼性脱氯功能菌可以利用氢气和碳源等多种电子供体。常见的电子供体包括甲酸钠、乙酸钠、丙酮酸钠、乳酸钠等。有学者通过在淹水土壤中外源添加不同的电子供体（甲酸钠、乙酸钠、丙酮酸钠、乳酸钠），研究了五氯苯酚还原脱氯降解与土壤中典型氧化还原过程的关系。结果发现，在不同还原条件下，外源添加的 4 种电子供体均促进了五氯苯酚的还原降解，丙酮酸钠的促进效果最为显著，其次依次为乳酸钠、乙酸钠和甲酸钠。

（2）电子受体的影响　在缺氧或厌氧的情况下，微生物可以利用土壤中共存的无机盐离子或化合物作为最终电子受体完成呼吸作用。一般微生物对无机电子受体的利用顺序为：$NO_3^- > Mn^{4+} > Fe^{3+} > SO_4^{2-} > CO_2$。这些电子受体与微生物对有限电子供体的竞争，会使有机氯农药的还原脱氯降解过程受到抑制。前人通过土壤培养试验比较了同一土壤剖面不同深度土层中五氯苯酚的还原转化动态过程及其与各电子受体还原的关系，发现五氯苯酚还原脱氯所需 Eh 条件介于启动 Fe^{3+}还原与 SO_4^{2-}还原的 Eh 值之间，排序为 $NO_3^- > Fe^{3+} >$ 五氯苯酚 $\geqslant SO_4^{2-}$。因此，SO_4^{2-}还原更多表现出抑制五氯苯酚还原脱氯。

（3）电子穿梭体的影响　微生物可利用环境中存在的或细胞自身合成的具有氧化还原活性的物质来促进细胞向胞外传递电子，进而实现促进毒害有机化合物微生物降解的目的，这类物质称为电子穿梭体。常见的电子穿梭体包括腐殖质、醌类化合物、硫化物、核黄素等微生物自身分泌物及生物质炭等。研究表明，生物质炭的添加（1%，*m*/*m*）显著促进了土壤中的铁还原和硫还原过程，但却显著抑制了五氯苯酚的还原脱氯降解过程。在添加典型的电子穿梭体蒽醌 2, 6-二磺酸钠（AQDS）的对照处理中，当 Fe^{3+}和 SO_4^{2-}还原过程被更大程度促进时，五氯苯酚还原脱氯降解过程被抑制得更为明显。研究者进一步计算了土壤中各过程微生物还原消耗电子平衡当量，发现生物质炭在厌氧环境中电子亏缺的条件下，更容易将有限的电子传递给土壤中竞争性更强的电子受体还原过程（Fe^{3+}还原过程与 SO_4^{2-}还原过程），从而抑制五氯苯酚的还原脱氯降解。

（4）作物种植的影响　作物种植可通过根系活动改变土壤条件，间接影响污染转化。在水稻淹水种植条件下，水稻的根系泌氧作用会使根际微域的厌氧环境受到干扰，进而影响有机氯农药的还原脱氯。有学者研究了林丹在水稻种植条件下的污染降解情况，发现与未种水稻的对照处理相比，水稻种植明显抑制了土壤中林丹的削减，这与通常在旱作条件下发现的根际效应促进污染削减的普适性规律明显不符。进一步通过原位检测水稻根系泌氧量指标发现，水稻根系泌氧效应会显著影响水稻根际中的Eh，较高的泌氧量破坏了水稻根际微域的厌氧环境，从而抑制了林丹的还原脱氯削减。

总体而言，由微生物驱动的污染转化与元素循环的多过程耦合研究逐渐成为土壤生物化学领域的最新科学前沿。正确理解稻田中由微生物介导的元素循环过程，以及这种过程对微生物种群和关键功能菌的定向诱导，并通过改变电子传递路径最终影响稻田残留毒害有机化合物的污染转化十分必要。针对可还原转化的毒害有机化合物，基于其在土壤中厌氧生物降解的基本原理，通过改变电子供体、电子受体、电子穿梭体的数量和种类等途径来控制电子传递流向，协调好稻田中污染削减、还原性物质毒害与温室气体排放的关系，实现多赢的修复目标，在未来厌氧土壤毒害有机化合物污染修复中具有重要的应用前景。

8.3 土壤吸附与结合态残留

除生物降解外，毒害有机化合物在土壤中还会发生吸附解吸及形成结合态残留等过程。这些过程是控制毒害有机化合物在土壤中生物有效性的关键过程，直接制约了土壤有机污染物通过生物降解的修复效率。

8.3.1 吸附

吸附到土壤中的毒害有机化合物会发生一系列转化过程，根据解吸速率，现有研究将毒害有机化合物从土壤向水相中的吸附/解吸过程描述成三个阶段：快速吸附/解吸阶段、慢速吸附/解吸阶段和更为缓慢的吸附/解吸阶段。部分毒害有机化合物再次解吸释放到土壤之外的其他环境介质中，存在危害人体健康的可能性。因此，学习土壤中毒害有机化合物的吸附过程及机制，是更好地理解土壤中毒害有机化合物的生物化学行为及潜在风险的重要前提。

8.3.1.1 吸附概念

化学物质（吸附质）与固相（吸附剂）的结合过程称为吸附作用，该过程实质为吸附质固定在吸附剂上的吸附与解吸的统一过程。根据吸附质与吸附剂之间相互作用的不同，吸附可以分为在固体表面的吸附（adsorption）过程和在有机质中的分配（partitioning）过程（图 8.9）。根据吸附类型，吸附可分为化学吸附、静电吸附和物理吸附（表 8.4）。其中，化学吸附是指化学物质通过形成共价键与固体结合，因此，化学吸附的前提是固体中存在相应的结构域与化学分子相互作用。化学吸附一般是不可逆转的，即吸附的化学分子不会从固体解吸出来进入周围的相，除非其中的共价键断裂。物理吸附是指化学物质与固体之间的吸附通过非共价键的分子间相互作用来实现，如范德瓦耳斯力。范德瓦耳斯力的相互作用可在任一固体和任一化学物质之间发生，且这种物理吸附通常是可逆的。

毒害有机化合物在土壤固相和水相体系中的吸附作用包括表面吸附作用和分配吸附作用，统称为吸附（sorption）。其中，表面吸附主要是指毒害有机化合物在土壤固相颗粒表面孔隙中

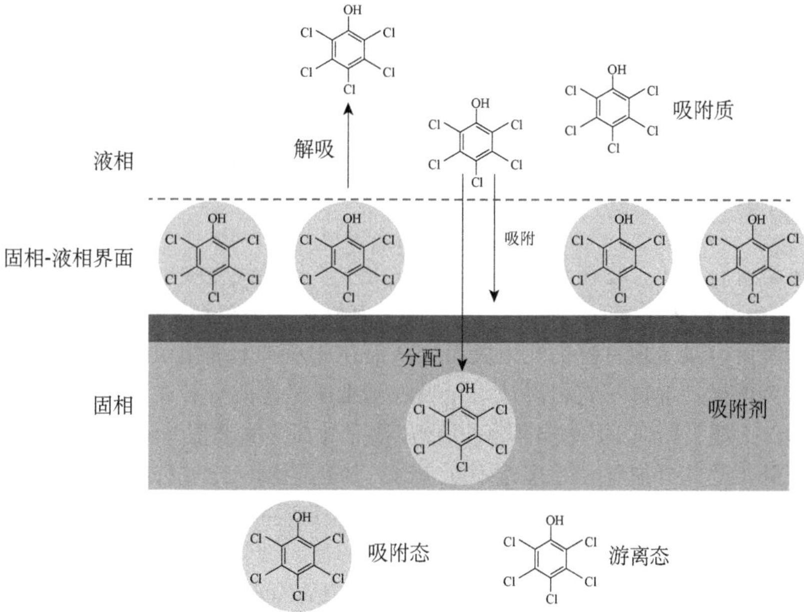

图 8.9　毒害有机化合物从液相到固相吸附过程示意图（何艳提供）

表 8.4　吸附类型与作用力的关系

吸附类型	作用力	作用范围
化学吸附	共价键	化学键作用范围
	氢键	化学键作用范围
静电吸附	库仑力	$1/r$
	离子−偶极作用力	$1/r^2$
物理吸附	取向力	$1/r^3$
	诱导力	$1/r^6$
	色散力	$1/r^6$

注：r 为离子或偶极间距离

的填充富集过程，涉及各种化学键，如氢键、离子偶极键、配位键及 π 键等的作用，也可称为表面填充作用。分配吸附是指毒害有机化合物在土壤溶液相和土壤有机质相之间进行分配的过程，以范德瓦耳斯力为主要作用力，也可称为土壤有机质对毒害有机化合物的溶解作用。一般认为，表面吸附作用在毒害有机化合物低平衡浓度范围时占主导地位，分配吸附作用则在毒害有机化合物高平衡浓度范围时占主导地位。

毒害有机化合物在土壤中的吸附作用大小通常可以用平衡吸附分配系数（K_d，有机化合物在土壤中与在土壤溶液中的浓度比）描述［式（8.1）］。一般而言，毒害有机化合物主要被土壤中有机质吸附，因此，含有较多腐殖质的表层土壤具有较高的 K_d 值。下层土壤环境中，尤其是靠近或在水层之下的土壤，腐殖质含量较低，对毒害有机化合物的吸附作用较弱。

$$K_d = \frac{\text{污染物}(\text{mg})/\text{土壤}(\text{kg})}{\text{污染物}(\text{mg})/\text{溶液}(\text{L})} \tag{8.1}$$

此外，有研究表明，虽然矿物也是土壤中引起毒害有机化合物被吸附的活性组分，但由于水的吸附作用导致土壤矿物对有机化合物没有明显的吸附作用，在大多数土壤中，K_d 与有机质含量成正比。因此，可用有机碳标准化分配系数（K_{oc}）来衡量具有有机质含量差异的不同土壤对毒害有机化合物的吸附能力［式（8.2）］。

$$K_{oc}=K_d/f_{oc} \tag{8.2}$$

式中，f_{oc}（%）为土壤有机碳含量百分比。

8.3.1.2 吸附理论

用于描述毒害有机化合物在土壤中吸附的理论主要包括线性吸附理论与非线性吸附理论两大类。20 世纪 70 年代末，有研究人员发现，毒害有机化合物在土壤-水体系中的平衡浓度与该有机化合物的吸附容量呈现良好的线性关系，从而在此基础上提出了线性吸附理论，即分配理论。该理论认为低极性非离子有机质从水相吸附到土壤是溶质分子在土壤有机质中的热力学不稳定分配过程，土壤吸附作用取决于其有机质含量而与其土壤类型等其他性质无关。20 世纪 80 年代，大量野外试验的开展促使该理论不断完善，应用范围从土壤外推到水体悬浮颗粒及沉积物，并用于指导土壤有机污染防治等诸多研究领域，具有重要的里程碑意义。然而，随着吸附研究的纵向深入，单一的分配理论遇到了一些无法解释的试验现象，主要包括：①吸附等温线通常表现为非线性；②不同类型土壤对同一种非极性毒害有机化合物的 K_d 值不同，并且所测 K_d 值高于理论值；③吸附速率随时间的增加逐渐减慢，毒害有机化合物从土壤中的解吸速率明显低于吸附速率，具有一定的滞后效应；④不同理化性质的非极性毒害有机化合物与土壤作用时存在竞争吸附作用。针对以上问题，学者通过研究再认识，发现吸附过程并非线性吸附理论假设的单一的线性分配过程。除土壤有机质的分配作用外，还具有多种复杂的作用机制，如吸附到矿物和土壤有机质的表面、填充在矿物的微隙之中，以及在一些特殊位置的相互作用等，由此发展形成了非线性吸附理论。

吸附现象在复杂土壤中的拓展研究，促使与其相关的吸附理论与模型在不断再认识中得到发展。所涉及的吸附模型有线性吸附模型（linear adsorption model）、Freundlich 吸附模型（Freundlich adsorption model）、Langmuir 吸附模型（Langmuir adsorption model）、双模式吸附模型（dual mode adsorption model，DMM）、多端元反应吸附模型（distributed reactivity adsorption model，DRM）等。不同吸附模型将在吸附等温线部分进行详细介绍。

8.3.1.3 吸附动力学与吸附等温线

1. 吸附动力学 早期研究将毒害有机化合物的吸附过程视作一个快速平衡过程，即认为吸附可以在较短时间内迅速达到平衡。而实际吸附过程可能需要数天甚至数月或更长时间，才能真正达到平衡。大多数情况下，毒害有机化合物在土壤中的吸附由一个快速阶段和一个慢速阶段组成，二者之间没有明显的分界。

直至 20 世纪 80 年代末期才开始研究具体的吸附动力学过程。根据分子扩散模型，前人研究提出，毒害有机化合物进入土壤固相中需要经历 5 个阶段：①在水体中扩散；②在土壤颗粒表面的水膜中进行扩散；③在土壤颗粒内部的孔隙中扩散；④在土壤颗粒内的微孔中扩散；⑤向颗粒内有机质内部扩散。

当前，一般利用数学模型表征吸附动力学过程。常用的吸附动力学模型包括伪一级动力学模型（pseudo-first order model）和伪二级动力学模型（pseudo-second order model）。

1）伪一级动力学模型：

$$Q_t=Q_e\left(1-e^{-K_1 t}\right) \tag{8.3}$$

2）伪二级动力学模型：

$$Q_t = \frac{K_2 Q_e^2 t}{1 + K_2 Q_e t} \tag{8.4}$$

式中，Q_t（mg/kg）和 Q_e（mg/kg）分别为 t 时刻和平衡时吸附质在土壤中的吸附量；K_1 和 K_2［g/（g・h)］分别为伪一级动力学模型和伪二级动力学模型的速率常数。

2. 吸附等温线　吸附等温线是指在一定的温度下，溶质分子在固相介质上的吸附量与其在液相上的浓度之间的关系曲线。基于吸附等温线，可对毒害有机化合物在土壤中发生的吸附作用进行定量描述。图 8.10 所示为某一研究中有机氯农药五氯苯酚在 10 种不同理化性状土壤中的吸附等温线，由图 8.10 可见，不同土壤对同种污染物的吸附强弱存在很大差异。

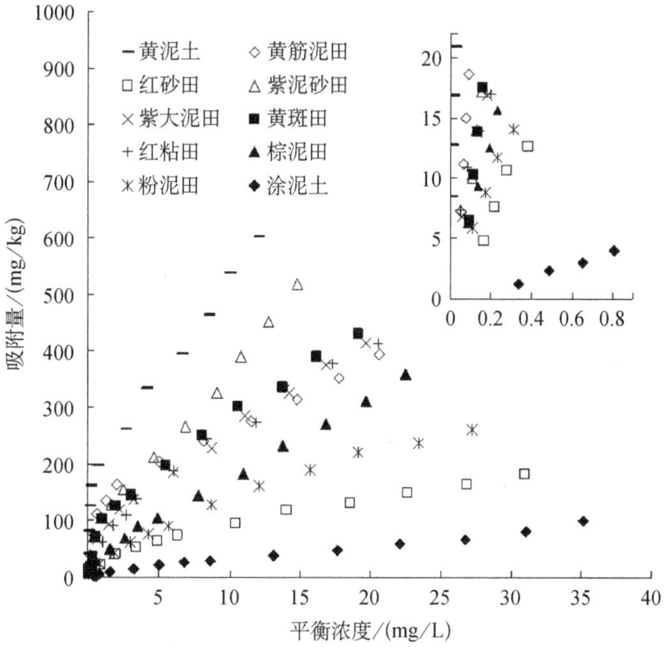

图 8.10　土壤中农药五氯苯酚的吸附等温线（He et al.，2006）

10 种土壤理化性状存在较大差异：pH 5.25～9.04；总氮含量 1.3～4.2g/kg；阳离子交换量 7.1～28.5cmol（+）/kg；黏粒含量 15.4%～45.6%；有机碳含量 9.5～49.5g/kg，其中，富啡酸态碳 12.1%～34.1%，胡敏酸态碳 16.8%～50.2%，胡敏素态碳 18.1%～70.8%

定量描述有机质在土-水界面的吸附行为等温式主要以经验方程为主，应用较广的有线性吸附等温式、Freundlich 吸附等温式、Langmuir 吸附等温式、双模式吸附等温式和多端元反应吸附等温式等。

（1）线性吸附等温式　线性吸附等温式是描述线性吸附模型的方程式。学者提出疏水性有机质在土壤中的吸附过程实际是分配过程，由此提出线性吸附模型。线性吸附模型也被称为 Henry 模型，该模型认为不同有机化合物间不存在竞争吸附，在土壤/沉积物中的吸附行为是其在土壤/沉积物固-水两相之间的简单相分配过程，因此吸附作用是可逆的，其吸附容量只与毒害有机化合物在溶液中的浓度有关。

$$Q_e = K_d C_e \tag{8.5}$$

式中，Q_e（mg/kg）为平衡时吸附质在土壤中的吸附量；C_e（mg/L）为吸附质在液相中的平衡浓度；K_d（L/kg）为吸附质在固-液两相中的分配系数。虽然是最为简单的吸附模型，但在土壤环境中，对多种毒害有机化合物的吸附过程均可使用该线性吸附模型进行拟合。

（2）Freundlich 吸附等温式　Freundlich 吸附等温式是描述 Freundlich 吸附模型的方程式。相较线性吸附等温式，Freundlich 吸附等温式认为土壤固体表面是不均匀的，提出了吸附活性中心的概念，不同类型活性中心对毒害有机化合物的亲和力是不相同的。该模型考虑了固体表面的异质性吸附位点，认为毒害有机化合物能够被多个活性中心吸附，可以呈现非线性的吸附特征。

$$Q_e = K_f C_e^N \tag{8.6}$$

式中，Q_e、C_e定义同式（8.5）；K_f［（μg/g）/（mg/L）^{n}］为容量因子，即土壤在某一具体的溶质浓度下的吸附容量；N为指数，是非线性吸附强度的参数，$N<1$ 认为吸附等温线呈 S 形，$N>1$ 则认为吸附等温线为 L 形。由于多数毒害有机化合物对应的N值为 0.7～1.2，所以在实际应用中可使 $N\approx1$，由此可粗略比较不同毒害有机化合物的吸附差异。

（3）Langmuir 吸附等温式　Langmuir 吸附等温式是描述 Langmuir 吸附模型的方程式。线性吸附模型和 Freundlich 吸附模型提出了吸附剂能够提供无限吸附位点的假设。而 Langmuir 吸附模型是根据分子间力随距离增加而迅速降低的事实而提出的，认为吸附是单层的，且一个分子被吸附在一个位点上的可能性与相邻空间是否已经被其他分子占据无关，是典型的化学吸附模型。其假设条件是：各分子的吸附能相同且与其在吸着物表面的覆盖度无关，物质的吸附仅发生在固定吸附点位，与吸附质之间没有作用。如果土壤有机质含量不太高而黏土矿物含量较高时，Langmuir 吸附等温式能较好地描述土壤对一些毒害有机化合物的吸附作用，并求算有机化合物在土壤上的最大吸附量。其公式如下：

$$Q_e = \frac{Q_m K_L C_e}{(1 + K_L C_e)} \tag{8.7}$$

式中，Q_m（mg/kg）为土壤固相中的最大吸附量；K_L（L/kg）为与吸附能量有关的常数；Q_e、C_e同式（8.5）。

（4）双模式吸附等温式　双模式吸附等温式是描述双模式吸附模型的方程式。双模式吸附模型认为土壤有机质以玻璃质态和橡胶态形式存在。橡胶态有机质结构疏松，对毒害有机化合物的吸附以分配吸附为主，速率较慢，表现为线性、非竞争吸附；而玻璃质态有机质结构紧密，内部存在溶解和空隙填充两种吸附点位，吸附速率较快，表现为非线性、竞争吸附。

$$Q_e = K_p C_e + \frac{S^0 b C_e}{(1 + b C_e)} \tag{8.8}$$

式中，K_p（L/kg）为分配系数；S^0（mg/kg）和 b（L/mg）表征空隙填充作用强度，为表面吸附相关的系数。S^0b 为等温吸附线在低浓度段的斜率。

（5）多端元反应吸附等温式　多端元反应吸附等温式是描述多端元反应模型的吸附方程式。多端元反应模型认为土壤对毒害有机化合物吸附区域可分为暴露的矿质区域、无定形有机质区域和致密有机质区域。有机化合物在无定形有机质区域发生分配吸附，吸附等温线表现为线性特质，而在致密有机质区域的吸附，既包括分配吸附作用，也包括发生在其内部的表面吸附作用，等温吸附线表现为非线性特征。同时，由于矿物表面常覆盖有水化层，因此毒害有机化合物在矿物表面也表现为线性吸附。

$$Q_e = K_d C_e + K_f C_e^N \tag{8.9}$$

式中，Q_e、C_e定义同式（8.5）；K_d（L/kg）为各部分线性吸附叠加后的总吸附系数；K_f［（μg/g）/（mg/L）^{n}］为 Freundlich 容量因子；N为 Freundlich 指数因子。

8.3.1.4　吸附影响因素

毒害有机化合物在土壤中的吸附行为受到多种因素共同影响，不仅与土壤性质（土壤 pH、温度和离子强度等）和组分（土壤有机质和土壤黏土矿物含量）密切相关，还与不同种类毒害有机化合物本身的结构和性质（如极性、溶解度等）存在紧密关系。

1. 土壤性质　pH、温度、离子强度是影响土壤中毒害有机化合物的重要环境条件。其中，大部分毒害有机化合物在土壤中的吸附能力随土壤 pH 的升高而呈现下降趋势（图 8.11）。当土壤 pH 升高时，土壤颗粒表面趋于带负电荷，此时有机化合物分子也因离子化而带负电荷。由于同性电荷相排斥作用，因此不利于有机化合物分子在土-水界面进行吸附过程。特别是对离子型有机化合物而言，土壤 pH 升高，其吸附量降低，当 pH 趋近毒害有机化合物的 pK_a 值时，吸附能力最强。

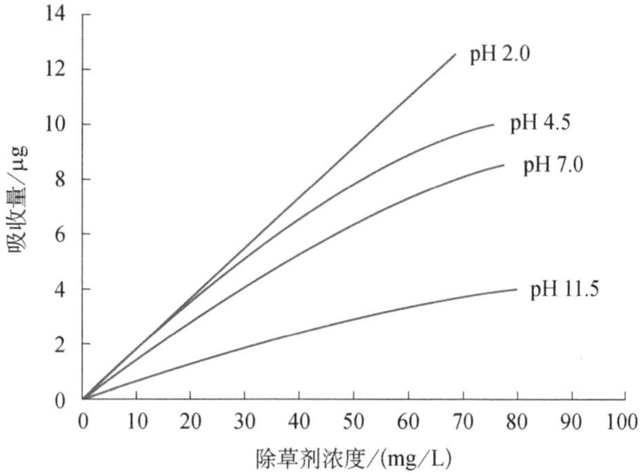

图 8.11　不同 pH 条件下高岭石对草甘膦的吸附作用（Brady and Weil，2019）

环境温度可通过影响毒害有机化合物在土壤溶液和空隙水中的扩散改变其溶解度，进而影响其吸附系数。一般表现为随温度升高，土壤中吸附毒害有机化合物的能力变弱。研究表明，升高温度将提高毒害有机化合物的活性及溶解度。毒害有机化合物的溶解度越大，越难被土壤/沉积物所吸附。土壤颗粒粒径越小，则其比表面积越大、吸附能力越强。因此，纳米颗粒态有机质对毒害有机化合物的吸附比常规粒径土壤黏土矿物更有效。此外，离子强度会导致土壤中形成不同物理构象的有机质的空间构型，进而间接参与土壤对毒害有机化合物的吸附过程。离子强度的增加能够降低毒害有机化合物的溶解度，增强土壤的吸附作用。同时，离子强度还会阻塞土壤中的孔隙结构，使毒害有机化合物被吸附固定于土壤有机质的易解吸点位，促使可逆吸附过程的进行。

2. 土壤组分　土壤组分高度不均一，是由固体、液体和气体三相物质组成的疏松多孔体，其中有机质和矿物共同构成了土壤的固相部分。土壤有机质是指土壤中所有含碳有机质的总称，主要来源于动物、植物及微生物残体，包含大量腐殖质。腐殖质是含有许多极性功能团的无定形胶态天然高分子聚合物，其结构至今还不完全清楚。土壤矿物主要是硅酸盐及其氧化物，以各种晶体或无定形的形式存在。土壤中黏土矿物构成了土壤的“骨骼”，腐殖质呈絮团状包被在矿物表面，占据黏土矿物表面的部分吸附位点，并在黏粒间起到黏结架桥作用。土壤有机质和黏土矿物是有机污染物在土壤中被吸附固持的最主要活性组分。目前普遍认为的土壤中有机污染物的活性吸附域，包括无定形的有机质、聚合态有机质、无机矿物表面，以及有机质和矿物的内部孔隙系统四大区域，每部分主导的吸附作用行为与特征是不同的。图 8.12 以 PCB 为例对比了不同土壤组分对其的吸附作用，发现土壤有机质及比表面积较大的黏粒对毒害有机化合物的吸附率较高。

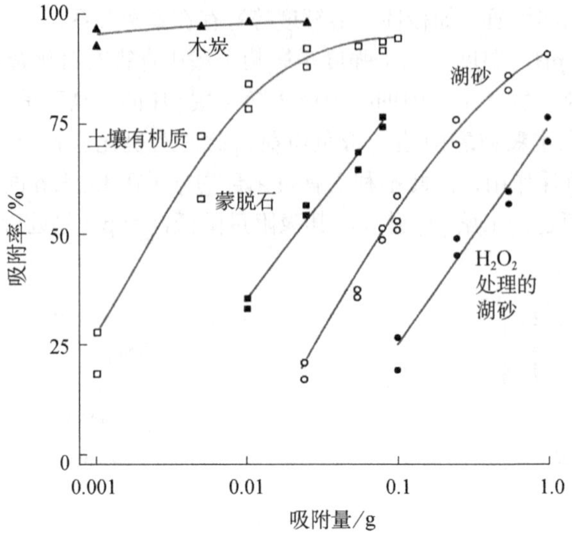

图 8.12 不同土壤组分对 PCB 的吸附（Brady and Weil，2019）

图中土壤组分用量以对数形式表示

土壤有机质和土壤黏土矿物是土壤的重要组成部分，二者密不可分。土壤中毒害有机化合物的吸附过程，既可以与有机质之间进行，也可以与土壤黏土矿物之间进行。大部分离子型有机化合物可通过表面吸附作用被土壤有机质和黏土矿物吸附，但究竟哪种过程占主导地位，目前尚无定论。

（1）土壤有机质　有机质是土壤的重要组成部分之一，由于含有多种疏水基、亲水基、自由基等官能团，其分子结构和化学特性使其对毒害有机化合物具有强烈的溶解和增溶作用。根据酸碱性指标，可将有机质分为腐殖酸（胡敏酸）、富里酸和胡敏素，三者结构不同，对毒害有机化合物的吸附行为也不尽相同。内部腐殖酸提供与有机化合物结合的作用点位，土壤有机质对毒害有机化合物具有表面吸附作用：含羧基、酚羟基多的腐殖酸，由于芳香碳含量较高，对毒害有机化合物有更强的吸附能力；胡敏素中脂肪碳含量高、极性弱，对疏水性毒害有机化合物表现出更高的吸附能力。前人研究表明，吸附试验 48h 后，芘和菲在胡敏素中的含量持续增加，而在富里酸和腐殖酸中则无明显变化。

一般情况下有机质含量越高，吸附能力越强。有研究表明，敌草隆在不同土壤中的吸附能力随土壤有机质含量的增加而增强，土壤对毒害有机化合物的吸附行为与其有机质含量呈正相关。此外，有机质的极性也能显著影响有机化合物在土壤中的吸附行为，通常用极性指数［PI（polarity index）=（N+O）/C）］来评价有机质的极性。一般来说，毒害有机化合物在土壤中的有机碳标准化分配系数（K_{oc}）随 PI 减小而增大。其中，腐殖质作为土壤有机质的主要组成部分，其结构性质与毒害有机化合物的吸附性能更是密切相关。由于非极性毒害有机化合物的吸附受疏水分配机制控制，在腐殖质上的吸附一般随腐殖质极性的升高而降低。许多非离子极性毒害有机化合物与土壤有机质通过形成氢键被吸附，而非离子非极性毒害有机化合物在吸附剂的特定部位通过范德瓦耳斯力被吸附，且作用力一般随吸附原子间距离的减小而增大。例如，低浓度甲草胺与腐殖酸的吸附作用机制主要是形成氢键和电子转移，高浓度时疏水键起主导作用。

（2）*土壤黏土矿物*　土壤中黏土矿物组成复杂，主要包括高岭石、伊利石、蒙脱石、绿泥石等层状硅酸盐黏土矿物，水化程度不等的各种铁、铝氧化物，以及硅的水合氧化物。按成因可将黏土矿物分为原生矿物和次生矿物，各种矿物之间相互作用，共同决定土壤中毒害有机化合物的吸附行为。土壤黏土矿物具有强阳离子交换量和较大的比表面积，研究表明，当土壤有机质含量低于 2%时，黏土矿物含量会显著影响毒害有机化合物在土壤中的吸附/解吸行为及生物有效性。因此，对毒害有机化合物而言，土壤黏土矿物是较强的土壤活性吸附组分。

然而，土壤中黏土矿物与有机质存在紧密的交互作用。在有机质-黏土矿物复合作用下，黏土矿物表面的吸附位点可能会被腐殖质覆盖而无法有效直接吸附有机化合物，也可因黏土矿物占据腐殖质上有效吸附位点而导致腐殖质的吸附作用降低。前人的实验表明，用 H_2O_2 去除黏粒中有机质后的 K_{oc} 值远大于用 H_2O_2 处理前的 K_{oc} 值，这是因为 H_2O_2 去除了大部分与矿物结合并不紧密的有机质，丁草胺吸附在由此暴露出来的黏土矿物表面，增强了吸附量。但黏土矿物表面通常存在水分子层，其赋存可能会对毒害有机化合物在土壤中的吸附固定产生一定的抑制作用。

因而，为定量描述黏土矿物对有机化合物吸附行为的双重贡献情况，有学者引入了矿物质含量与总有机碳含量的比率（ratio of mineral content to total organic carbon content，RCO）这一概念，即土壤中的黏土矿物与总有机碳含量比值，以此作为黏土矿物对有机化合物吸附贡献的重要判断指标。在此基础上，认为当土壤有机碳含量百分比大于 0.1%时，毒害有机化合物吸附主要发生在有机质部分；反之，则须考虑黏土矿物对毒害有机化合物吸附的贡献。他们后续在 609 个土壤样品中筛选出 36 个不同 RCO 的代表性土壤样品，将矿物的吸附贡献与有机质的吸附贡献联合起来进行对比，探索研究了土壤矿物对五氯苯酚和菲的吸附贡献，发现在 ROC 较低的土壤中，吸附作用主要是由矿物外表面和有机质内部孔隙共同决定的；随着矿物含量的增加，过量的矿物会阻碍土壤有机质内的吸附位点，反过来削弱对有机质的吸附能力，降低有机质对五氯苯酚和菲的吸附力。这表明矿物在土壤毒害有机化合物吸附行为中的作用需要得到高度重视。

3. 毒害有机化合物的结构和性质　毒害有机化合物本身的化学结构和理化性质存在差异，使其在土壤中的吸附机制也不尽相同。同类型有机化合物分子量越大，挥发性越弱，则更容易被土壤吸附。有研究通过对 7 种有机氯农药在 3 种类型土壤中吸附特性的观测发现，土壤对毒害有机化合物的吸附作用除了与土壤有机质、阳离子交换量和土壤 pH 相关外，还表现出有机化合物溶解度越大，土壤对其的吸附性越弱。这表明毒害有机化合物自身的理化性质会严重影响其在土壤中的吸附行为。

毒害有机化合物的疏水性，即 K_{ow} 是影响毒害有机化合物在土-水界面吸附性能的重要指标。通常，$\log K_{ow}$ 值大于 2 的非极性有机化合物被称为疏水性有机化合物，K_{ow} 值越大，疏水性越强，有机化合物越容易发生土-水界面吸附行为。有研究通过支持向量回归算法对 PAH 的 K_{ow} 和吸附参数等建立数学模型，证实了两者的相关性，探讨了 12 种芳香族化合物在同一土壤上的吸附情况，发现有机碳标准化分配系数（K_{oc}）和水中溶解度（S_w）与 K_{ow} 分别存在如下方程所示的相关关系：

$$\log K_{oc} = -0.729 \log K_{ow} + 0.001 \ (n = 12, R^2 = 0.996) \tag{8.10}$$

$$\log K_{oc} = 0.904 \log S_w - 0.779 \ (n = 12, R^2 = 0.989) \tag{8.11}$$

8.3.1.5 可逆/不可逆吸附

可逆吸附是指当外界环境条件改变时，吸附和解吸可交替进行的过程。在该过程中，吸附分子的性质不发生变化。其中，化学吸附因为结合形成化学键能作用较强，只有在高温、低压条件下才能发生解吸。根据吸附后解吸过程的可逆性及解吸程度完全与否，毒害有机化合物在土壤中的吸附包括可逆吸附和不可逆吸附两种行为（图 8.13）。一般认为，土壤中活性组分对有机质的吸附同时存在着可逆吸附域和不可逆吸附域。其中，不可逆吸附域在循环吸附-解吸过程中会被逐渐占满，当不可逆吸附域被占满（即达到最大不可逆吸附量）时，后续的吸附过程会转移到可逆吸附域中进行。吸附质被吸附到吸附剂后发生了分子重排是发生不可逆吸附的基本条件，即解吸和吸附在不同的环境中进行。可逆吸附中的吸附质遵从线性吸附等温线，其解吸等温线和吸附等温线完全重合，符合分配理论。诸多现象表明，毒害有机化合物的解吸过程并不是完全意义上的吸附逆过程，已经吸附于土壤固相上的部分毒害有机化合物难以通过解吸作用再完全重新进入液相。因此，不可逆吸附行为（即解吸迟滞现象）对于毒害有机化合物具有普遍性，在极大程度上影响着其在土壤中的生物有效性。

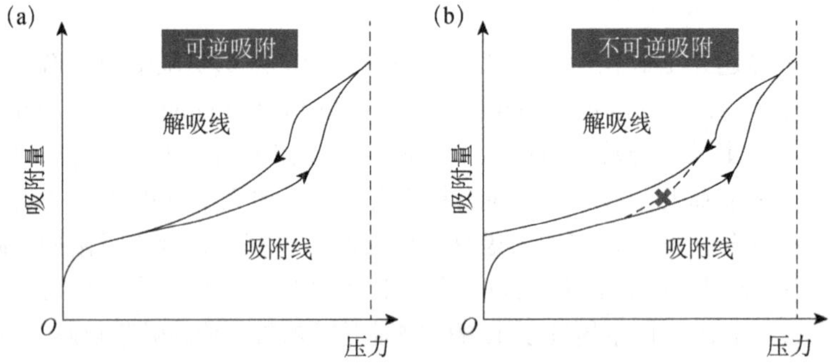

图 8.13 可逆吸附与不可逆吸附（何艳提供）

（a）可逆吸附；（b）不可逆吸附

8.3.2 结合态残留

除了与土壤颗粒吸附，毒害有机化合物进入土壤后，还可通过物理、化学和生物作用被土壤固相不可逆吸附而逐渐老化，成为不能被普通溶剂所提取的残留物，即形成结合态残留（bound residue，BR）（图 8.14）。

8.3.2.1 结合态残留的定义及测定方法

在过去几十年中，关于结合态残留的定义在不断被更新完善。结合态残留的定义最早由美国学者于 1975 年提出：用非极性和极性溶剂提取后仍存在于腐殖质中不可提取的，且不能利用化学方法鉴定的残留物，即结合态残留。随着研究的深入，人们逐渐意识到上述定义忽视了土壤黏土矿物对毒害有机化合物的结合作用。因此，1984 年国际理论和应用化学联合会（International Union of Pure and Applied Chemistry，IUPAC）将土壤中毒害有机化合物的结合态残留定义修改为：采取不会显著改变毒害有机化合物原有化学性质的提取方式仍无法被提取的残留物。而后又将范围扩大到毒害有机化合物及其代谢产物。目前关于环境介质中污染物结合态残留的定义是：提取后以母体化合物及其代谢物存在于土壤、植物或动物等基质中的化合物，提取方法不能够显著改变化合物本身或基质的结构。

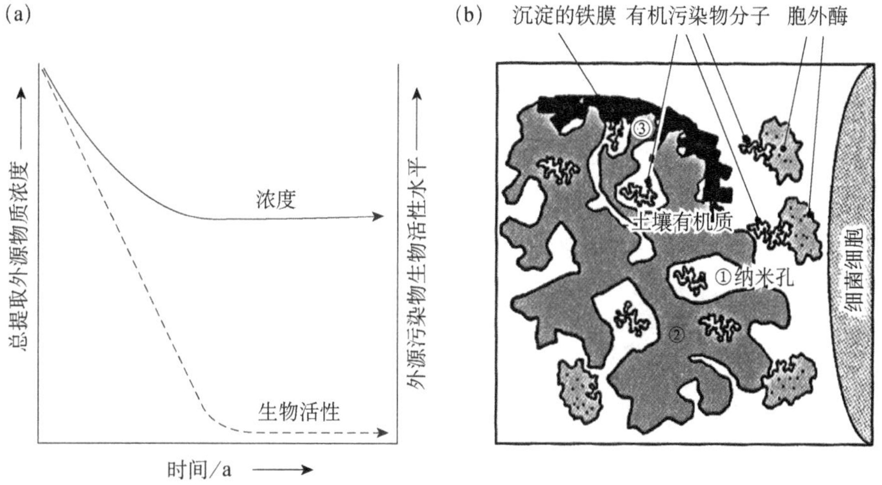

图 8.14　老化过程对土壤中毒害有机化合物的影响（Brady and Weil，2019）

（a）随着时间的迁移，生物有效性持续降低，与土壤胶体的化学和物理老化过程可能会降低微生物对毒害有机化合物的降解；（b）生物有效性的下降主要是由于矿物胶体和腐殖质的化学络合作用导致，但是一些有机污染物分子可能被机械分离在纳米孔隙中，细菌或其他较大的胞外酶分子无法进入

①有机污染物分子被土壤纳米孔捕获；②有机污染物分子扩散或吸附至腐殖质颗粒；③有机污染物分子可能被沉淀的矿物包衣隐蔽或堵塞

放射性和稳定性同位素示踪法可对土壤中有机化合物结合态残留进行精准定量。^{14}C 示踪法是当前国际公认的土壤中毒害有机化合物结合态残留的有效定量方法。该方法主要运用放射性同位素 ^{14}C 作为示踪剂，研究被追踪毒害有机化合物在土壤中的迁移转化规律。在土壤毒害有机化合物降解过程中，来自化合物的碳元素被土壤微生物降解作为能量来源，形成矿化产物（CO_2 和 H_2O）和其他物质。通过放射性 ^{14}C 追踪，矿化产物 $^{14}CO_2$ 可以被精准检测，在此基础上，根据 $^{14}CO_2$ 生成量和标记位置可以探明土壤毒害有机化合物的具体代谢过程。

8.3.2.2　结合态残留的类型划分

结合态残留的环境意义并不仅仅取决于实验室条件下的不可提取性，而在于其较低的生物有效性。由于不易被植物、动物和微生物吸收利用，人们曾一度认为结合态残留的形成能缓解或消除毒害有机化合物本身的生物毒性，是一种有效的解毒机制。但这些有机化合物只是与土壤有机质或黏土矿物形成生物活性相对较低的结合态残留，并没有从土壤中消失。目前普遍认为，土壤中毒害有机化合物形成的结合态残留并不稳定，当环境条件改变时会重新释放到土壤中，从而构成一种迟发性的环境危害，对土壤生态系统造成潜在威胁。

为了正确认识土壤中结合态残留毒害有机化合物的再释放风险，学者经研究提出了结合态残留的不同形态。早期，毒害有机化合物在土壤中形成的结合态残留被分为物理结合态残留及化学结合态残留两种形式。进入环境中的一部分外源毒害有机化合物在降解产生代谢产物的同时也存在被土壤介质吸收或包裹形成物理结合态残留的可能，如被包被固定于有机质、有机–黏土复合物和土壤有机质聚合物的孔隙中（Ⅰ型结合态残留）；另一部分毒害有机化合物及其代谢产物则可能通过共价键与土壤有机质形成化学结合态残留（Ⅱ型结合态残留）；而随着对有机化合物生物降解的进一步探索，发现生物对毒害有机化合物的同化作用会使其形成对环境安全的生物结合态残留（Ⅲ型结合态残留）（图 8.15）。因此，毒害有机化合物及其代谢产物在土壤中形成的结合态残留被扩展为三种类型：物理结合态残留、化学结合态残留和生物质源结合态残留。其中，生物质源结合态残留的实质为生物自身成分，是一种脱毒的形态；化学结合态残留因化学键合作用力强，结构稳定，再释放风险相对降低；物理结合态残留因主要通过物理作用结合，故当土壤环境条件改变时存在不同程度再释放的风险。

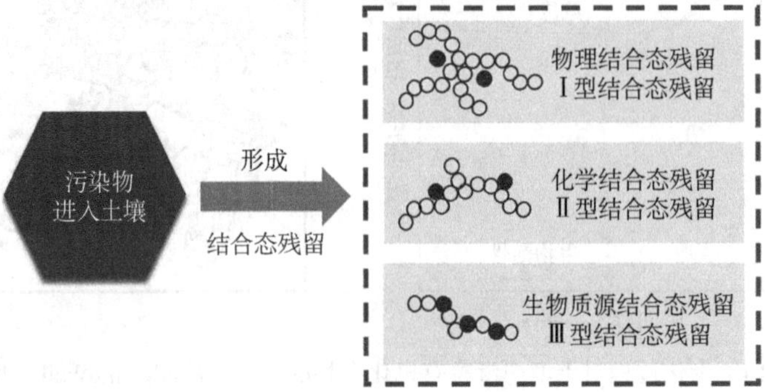

图 8.15 毒害有机化合物在土壤中结合态残留的形成机制（何艳提供）

1. 物理结合态残留 结合态残留中最常见的锁定态结合方式为吸附和包埋，即物理结合态残留，主要影响毒害有机化合物在土壤液相与固相中的分布。这类结合方式通常是可逆的，土壤孔隙或黏土矿物中吸附的污染物可能会在微生物降解或其他环境因素的作用下重新释放。其中，吸附作用被认为是土壤中毒害有机化合物与土壤组分发生相互作用的第一步重要形式，控制着有机化合物在土壤中发挥影响效应的生物有效性浓度。吸附的程度取决于土壤和化合物的特性，包括大小、形状、构造、分子结构、化学功能、极性、电荷分配及酸碱性质。通过吸附进入土壤固相后，毒害有机化合物与土壤之间产生的物理包裹是其与土壤组分形成结合态残留的一种重要途径。受微生物影响，土壤团粒或土壤有机质之间可形成多微孔状结构，毒害有机化合物可进入孔中而被固定。由于分布在微小的孔穴里，毒害有机化合物在土壤中难以被提取和分析。它们在土壤中被包裹的程度由微孔尺寸决定：微孔越小，形成包裹越慢，但包裹强度会随时间增加。包裹过程与吸附过程相比通常需要更长的时间，因为毒害有机化合物吸附到土壤颗粒的表面可能发生在毒害有机化合物进入土壤后的几分钟内，而随接触时间的延长，毒害有机化合物才可逐渐扩散到内部空间（如土壤的微孔）。

2. 化学结合态残留 化学结合是土壤中毒害有机化合物形成结合态残留的另一重要方式。毒害有机化合物及其代谢产物通过化学作用力（>300kJ/mol）与腐殖质之间紧密结合而形成化学结合态残留。当毒害有机化合物及其代谢产物与腐殖质间形成稳定的共价键后，其化学活性将会降低，这是一种不可逆且稳定的结合，导致土壤中毒害有机化合物被牢固锁定。常见的化学键有酯键、醚键、酰胺键等，自然环境中的酶促反应、自由基反应及光化学催化反应均会促进酯键、醚键和酰胺键的形成。尤其是在土壤腐殖化过程中，以共价键结合到腐殖质中的毒害有机化合物会变成土壤有机质的组成部分，且会随着腐殖化过程而发生进一步转化。由于该过程被认为是不可逆转的，因此毒害有机化合物结合态残留不能被轻易地活化或再提取。目前，对化学结合态残留的分析主要通过水解等使化学键断裂来测定其含量。例如，通过加碱水解，使与酯键结合的毒害有机化合物从土壤有机质释放而被提取测定。

3. 生物质源结合态残留 毒害有机化合物降解过程中，微生物可以直接利用污染物及降解产物或通过固定 CO_2 间接使用碳作为能量和碳源构建其生物质组分，当生物体死亡后，生物量组分被固定在土壤有机质中并形成几乎不能被提取的生物质源结合态残留。经研究发现，

2, 4-二氯苯氧乙酸和布洛芬的结合态残留属于生物质源结合态残留，微生物的死生物质对生物质源结合态残留形成至关重要。然而，由于微生物转化酶的存在，毒害有机化合物也可以代谢降解，形成物理或化学结合态残留。生物质源结合态残留主要存在于氨基酸、磷脂脂肪酸和其他生物质上。对于可生物降解的毒害有机化合物来说，其被微生物降解吸收后成为生物质的部分，可能会通过微生物死亡的物理化学因素，进一步成为土壤有机组分。因此，通常来说，这部分的结合态残留是安全且无环境危害的。

8.3.2.3　结合态残留形成机制

土壤组分中有机质、黏土矿物及有机–无机复合胶体等对毒害有机化合物结合态残留的形成均有一定作用，其中以具有多种官能基团、网状结构的土壤腐殖质的结合作用最为显著。毒害有机化合物及其代谢物在土壤中形成结合态残留的作用机制主要包括以下几种方式：氢键作用、范德瓦耳斯力、配位体交换、电荷转移复合体、疏水作用、共价键合作用、螯合作用等。

1. 氢键作用　腐殖质含有大量的含氧和氢氧根的官能团，可与毒害有机化合物分子的对应基团形成氢键。毒害有机化合物分子与土壤中的水分子竞争有机质上的吸附点位，酸性和阴离子型有机化合物，如2, 4-二氯苯氧乙酸、2, 4, 5-三氯苯氧基乙酸、酯及麦草畏等都可与有机质作用而形成氢键。

2. 范德瓦耳斯力　范德瓦耳斯力通过试验已经在大量的化学物质中观察到，包括二吡啶基离子、西维因和对硫磷等。被DDT所污染的土壤中，毒莠定和2, 4-二氯苯氧乙酸也表明具有强的范德瓦耳斯力。

3. 配位体交换　配位体交换引起的吸附结合过程，涉及相对较弱的配位体的替换，如水分子。特别是与土壤有机质作用而被保持的多价阳离子型毒害有机化合物，如*S*-三嗪和阴离子型毒害有机化合物，土壤熵的变化促进了其配位体交换。

4. 电荷转移复合体　电荷转移复合体也形成于腐殖酸，它是取代脲类和杀草强等有机氯农药电子受体的中心，该作用导致自由激发分子浓度的增加。*S*-三嗪和取代脲的分子化学性质，在一定程度上影响着毒害有机化合物与土壤有机质形成电荷转移复合体的效率。

5. 疏水作用　在对土壤中DDT等其他有机氯农药、氧化二嗪磷、双丁乐灵、灭草定、异丙甲草胺、毒莠定、麦草畏及2, 4-二氯苯氧乙酸等毒害有机化合物环境行为的研究中发现，土壤有机质和腐殖质的疏水吸附作用被认为是对一些有机质的重要作用机制，而在*S*-三嗪和脲类除草剂研究中发现，疏水吸附是一种可能的作用机制。

6. 共价键合作用　化合物及其代谢产物与土壤腐殖质之间共价键的形成，受到化学、光化学及酶促反应的调节，从而形成稳定的、不可逆的，能够与土壤相结合的物质。这些物质及其代谢物与土壤腐殖质形成共价束缚的毒害有机化合物。因而，在结构上与酚类化学物相像的毒害有机化合物能以共价方式与腐殖质结合。与此同时，部分化学物，如二硝基苯胺类农药、硝基苯胺类杀菌剂和有机磷杀虫剂等有机化合物，在无须微生物介入的情况下，能与土壤腐殖质进行共价键结合。

7. 螯合作用　非极性和疏水化合物在土壤中延续性存留和在老化过程中能发生螯合作用。螯合与吸收现象存在紧密联系。前人把螯合作用过程看作是较慢的吸附现象，但被螯合的化合物可被有机溶剂从土壤中萃取，尽管与其他吸附机制相比，该过程需要较长的萃取时间。另外，吸附与螯合的动力学特性存在差异。一般情况下，吸附过程发生在毒害有机化合物加入到土壤中的几分钟之后，而螯合作用则可能需要更长的时间。

8.3.2.4 结合态残留的影响因素

土壤性质、土壤生物、土壤种植制度及农事操作等因素对土壤中毒害有机化合物结合态残留的形成及再释放均具有重要影响。

1. 土壤性质 土壤性质（如土壤 pH 和氧化还原状态）的不同将导致结合态残留含量有所差异。土壤 pH 是影响结合态残留形成的重要因素。前人对 ^{14}C-甲磺隆和哌虫啶在 7 种不同土壤中的行为进行了研究，发现其结合态残留量随土壤 pH 的升高而降低。与此同时，自然环境中，季节变化、降水及农业灌溉等均会引起土壤环境氧化还原条件的变化，进而对有机化合物的环境行为产生巨大影响。有研究表明，磺胺二甲嘧啶在好氧条件下消散速率更快，矿化量也更高，所形成的结合态残留量相对较多。进一步比较不同污染浓度（5mg/kg 和 50mg/kg）的处理组中磺胺二甲嘧啶形成的结合态残留量差异，发现其在好氧条件下分别达到初始加入量的 89.0%和 84.5%，而在厌氧条件下分别只有 85.0%和 79.9%，推测可能是由于高浓度的磺胺抑制了微生物的活性，因此磺胺二甲嘧啶浓度越高，结合态残留量越低。除此以外，还需考虑土壤中有机化肥、无机化肥的改良作用。土壤施用有机肥料后，毒害有机化合物的扩散和结合态残留的形成得到了促进。

2. 土壤生物 毒害有机化合物在土壤有机质中的强烈吸附与土壤生物活动有关，土壤生物（土壤微生物、动物及植物）的作用将导致化合物聚合或掺入土壤有机质中，加速结合态残留的形成。

（1）土壤微生物 土壤微生物在有机化合物结合态残留的形成和释放过程中扮演着双重角色。

一方面，在许多情况下，土壤微生物的活动会通过改变土壤的理化性质而对有机化合物的结合态残留产生影响，微生物的作用将导致有机化合物聚合或掺入土壤有机质中，同时微生物的降解产物也能快速地与土壤紧密结合，从而加速生物质源等结合态残留的形成。新近研究表明，微生物活动显著促进了磺胺类抗菌药物的结合态残留的形成。例如，通过与活性土壤组的对比，有研究表明磺胺甲噁唑的结合态残留在活性土壤中的形成量比灭菌组要高出 30%，磺胺嘧啶的结合态残留在活性土壤中的形成量比灭菌组要高出约 43%。微生物转化代谢过程在土壤有机化合物结合态残留的形成中发挥着重要作用。

另一方面，微生物具有降解毒害有机化合物的能力，因此可能会通过降解毒害有机化合物从而降低结合态残留的形成。这种微生物的降解效应一般随着培养时间的延长而逐步增加。新近的研究表明，添加联合降解菌锰氧化菌（*Pseudomonas* sp. DSP-1）和好氧反硝化菌（*Cupriavidus* sp. P2）能够促进黑土中 ^{14}C-毒死蜱开环矿化为 CO_2，降低结合态残留含量。添加降解菌处理土壤的矿化率是未添加降解菌处理土壤的 7～22 倍，添加降解菌的土壤培养 20 天后结合态残留含量大约是未添加降解菌处理土壤的一半。

（2）土壤动物 蚯蚓作为典型土壤动物，其水平迁移或垂直迁移将导致土壤结构等物理性质发生改变，改善土壤通气情况，从而间接影响有机化合物的降解，并进一步影响结合态残留的形成。此外，蚯蚓还能通过消化吸收、分泌生物降解酶及有机质同化等作用途径影响结合态残留的形成。前人利用 ^{14}C 同位素标记法研究了农药结合态残留对蚯蚓的生物有效性，发现莠去津、异丙隆和麦草畏三种农药在土壤中的结合态残留率分别为 18%、70%和 67%；将蚯蚓引入上述土壤中培养 28 天，3 种农药结合态残留在蚯蚓体内有 0.02%～0.2%的检出。蚯蚓可以吸收并在体内积累之前与土壤的结合态残留毒害有机化合物，即土壤中部分结合态残留被蚯蚓生物富集。由于物理结合的过程是可逆的，推测可能是由于蚯蚓的啃食、挖穴、皮肤接触等物理扰动改变或破坏了土壤团聚体的结构，部分被包裹在土壤孔隙中的毒害有机化合物及其可能的代谢产物重新得以释放，物理包裹部分的结合态残留减少。另外，蚯蚓促进了毒害有机化合物共价化学结合的最终形成，可能的原因有，蚯蚓活动促进了微生物的活性及毒害有机化合物代谢路径的改变，使代谢产物更易形成化学结合。

（3）*土壤植物*　植物可吸收富集毒害有机化合物及其降解物，其根系生长及分泌物同样会对土壤理化性质造成影响，从而通过促进土壤中动物和微生物的活动，间接改变有机化合物的分解速率和程度。尤其是在植物根际区，根系活动会调节周围土壤的物理化学特性及微生物群落结构。根系分泌物可能刺激根际微生物，且其与土壤成分之间相互作用产生的溶解有机碳可能改变有机化合物在土壤中结合态残留的形成。

湿生植物可以通过根系向土壤输送氧气，改变土壤的氧化还原状态，提高好氧微生物和过氧化物酶活性，由此，可影响很多有机化合物结合态残留的生成及环境行为。例如，水稻种植土壤在大部分时间都被水淹没，但因水稻根系特殊的泌氧功能，水稻根际存在相邻的好氧-厌氧界面。有研究已证明，这种氧化-还原共存的特殊天然环境会影响磺胺类抗菌药物的结合态残留形成。

不同作物一般多可导致土壤中毒害有机化合物结合态残留被重新释放，且植物可通过自身吸收来降低土壤中毒害有机化合物的结合态残留。植物的种类、种植条件、污染物本身的物理化学性质，以及进入土壤的初始浓度等因素，都会影响毒害有机化合物在植物根际中结合态残留的含量和赋存形态。

3. 土壤种植制度　前已述及，土壤中植物对土壤中有机化合物结合态残留的形成存在影响。不同植物物种对有机化合物的吸收和生物积累特性存在差异，因此不同种植制度对有机化合物的归趋，尤其是结合态残留的形成也会有所差异。经研究发现，不同耕作类型对土壤中 ^{14}C-HCB 和 ^{14}C-DDT 结合态残留存在影响，由于厌氧-好氧交替循环，水稻土中厌氧微生物多样性明显高于甘蔗地土壤，厌氧环境更有利于 DDT 的共代谢矿化降解，甘蔗地土壤中的好氧微生物多样性高于水稻土，有利于降解氯取代基相对较少的氯苯类物质。

轮作是指在固定种植区域上有顺序地在季节间或年间种植不同的作物或复种组合的种植方式。经研究发现，轮作可提高植物对结合态残留的吸收，并降低土壤中结合态残留的形成量。土壤中 ^{14}C-氟乐灵和绿麦隆的结合态残留能够被后茬小麦和黑麦草经根系吸收，并向上运转，且黑麦草对土壤结合态残留的吸收量高于小麦。对同一块农田来说，轮作降低了土壤中农药结合态残留的形成。总的来说，不同种植地点的耕作土壤对同一种有机化合物结合态残留形成的影响是多方面的，这取决于各方面的综合作用。

4. 农事操作

（1）*无机/有机肥料施用*　用秸秆和动物粪便等有机肥料对土壤进行改良，可以改变土壤中有机化合物的扩散和结合态残留的形成。一些研究表明，在土壤中添加有机肥后，土壤中农药结合态残留的形成增强了。例如，在每公顷施 50～100t 牛粪后，被 ^{14}C 标记的五氯硝基苯降解程度更高，结合的土壤残留物中 ^{14}C 浓度更高。

（2）*农药施用方式*　通过耕作，将农药均匀撒入土壤，使其与土壤充分混匀，可显著减少由挥发和径流造成的农药损失，并且倾向于将更多的农药固定在还原条件更为突出的更深土层中，因此有利于形成结合态残留。一般情况下，土壤结合态残留的量随农药施用方法的变化而变化，如果将农药均匀地掺入且能与土壤充分混合，则形成的结合态残留的比例会更高。

8.4 土壤中毒害有机化合物的生物毒性效应

有机氯农药的施用以及各种人工合成毒害有机化合物的输入，对土壤环境造成了不同程度的影响。从生物降解的角度来看，毒害有机化合物的生物有效性是指在土壤环境中，其可被微生物降解的量。毒害有机化合物在水相中的溶解态可被微生物更好利用，而其在土壤中主要以吸附态的形式存在，因此，土壤中毒害有机化合物需从土壤颗粒表面解吸或分配到水相中才可以被微生物更好地利用。土壤溶解性有机质含量及种类将直接影响毒害有机化合物与土壤之间的吸附过程及其生物有效性：当溶解性有机质含量大于 0.01%时，土壤与有机化合物之间的吸附作用会明显增强，进而限制有机化合物的生物有效性。此外，毒害有机化合物在自然环境中的老化过程也会影响其生物有效性，该过程能够增强有机化合物与土壤和沉积物之间的结合，减少其向水相中的解吸和流动，从而降低生物有效性。随着老化时间的延长，毒害有机化合物从土壤表面的快速解吸量逐渐减少，并逐渐处于慢速解吸附阶段，其生物有效性得以降低。与此同时，毒害有机化合物的生物有效性不仅取决于土壤环境中的理化性质和老化进程，还取决于其自身的物化性质。由于大部分毒害有机化合物具有强疏水性和高 K_{ow}，其更易吸附在土壤有机质中，只有极少部分处于溶解态游离于水相体系。

尽管生物有效性较低，毒害有机化合物在土壤环境中除通过复杂的环境行为进行吸附/解吸外，还可以通过挥发、淋滤、地表径流携带等方式在土壤中形成结合态残留，或在好氧/厌氧条件下被土壤动物、植物和作物吸收，对环境质量和农产品安全造成负面影响，并通过食物链进一步积累、放大，损害人体健康。值得注意的是，毒害有机化合物在降解过程中有可能出现比母体化合物毒性更强、环境风险更大的代谢产物，这也是其降解转化过程中需要重点关注的问题。

污染生态毒理学是研究毒害有机化合物对生态系统中生态有机体危害及其作用机制的学科分支。通过在分子水平层面上阐明毒害有机化合物与土壤生物之间的相互作用及其影响变化，以更好地探讨生物毒性效应机制。土壤自身具有独特的生态结构体系，土壤动物和土壤微生物是土壤生态系统的重要组成部分，土壤又是植物生长的物质基础。因此，毒害有机化合物所造成的土壤污染需要由土壤生态系统中不同食物链结构中的敏感代表者（如土壤微生物、暴露在土壤中的动物及陆生植物等）来判定，这些生物都是土壤污染诊断的可靠指标。土壤污染生态毒理诊断集合了土壤中不同食物链生物对化学品的整体毒性效应，可提供土壤污染的全部信息。下面对土壤中毒害有机化合物对微生物、动物、植物毒性效应的相关内容进行简单介绍。

8.4.1 土壤微生物

土壤中毒害有机化合物不仅能被土壤植物、动物吸收累积而表现出显著的生物有效性，还可在吸收累积超过一定阈值后产生各种酶学诱导或毒性效应，危害土壤生态系统安全。具体表现为对土壤质量的影响，造成土壤酶活性、微生物活动与多样性等变化，进而影响土壤生态系统功能。

绝大多数毒害有机化合物在水中的溶解性差，并具有相对稳定的化学结构，不易被生物利用，它们对微生物细胞通常具有强烈的破坏作用，从而抑制普通微生物的生长。一般毒害有机化合物超过一定剂量后便会对土壤微生物丰富度和多样性产生一定的抑制作用，且有机污染胁迫会导致土壤微生物群落结构和功能代谢菌群数量发生改变，从而影响土壤生态系统功能。例如，低浓度 DEHP 虽对土壤细菌和放线菌数量的影响不大，但随着 DEHP 浓度的升高，其对土壤细菌和放线菌活性表现出抑制作用，且抑制效应随 DEHP 浓度的增大而增强。

湿生植物根际存在根际分泌物和根系泌氧的共同作用，会使毒害有机化合物在根际中的微生态毒性效应变得更加复杂。这是因为：一方面，根际分泌物能够为微生物提供碳源，使微生物生长受到促进；另一方面，根系分泌的氧气会抑制厌氧微生物活性。因此，毒害有机化合物的污染胁迫根际效应对微生物的影响是根际空间氧和根际分泌物的影响相互作用平衡后的综合结果。例如，有研究表明，PAH 污染水稻根际中，PAH 降解细菌在距离水稻根系 1～2mm 的根际空间增多，且与 PAH 在根际的削减规律一致。PAH 降解细菌为寡营养细菌，而双加氧酶催化 PAH 氧化为好氧氧化生物降解过程。PAH 降解细菌在水稻根际界面空间中氧气含量高，但养分亏缺的区域会受到促进，从而与其他微生物处于不同的生态位。因此 PAH 降解细菌在根际能够通过生态位错位竞争策略避开与其他细菌的竞争。

毒害有机化合物的胁迫不仅会导致土壤微生物群落的变化，而且打破了土壤生态平衡。其赋存残留，通过食物链进入动植物体或人体，并在其内部逐渐蓄积，当生物体内残留的毒害有机化合物达到一定量时，还将对生物体产生诸多不利影响。近年来，国内外相关学者对土壤中毒害有机化合物的环境来源、转化降解机制和环境现状等进行了较多的研究。虽然现有数据表明，我国土壤中毒害有机化合物污染程度较轻，但考虑到其难降解性和毒性的生物累积，社会公众应加以重视。

关于防治毒害有机化合物的危害问题，世界各国基本都已采取了禁产禁用措施，而对于毒害有机化合物的残留问题应从以下几个方面切入：①开发安全、高效、无污染的替代品，从源头上消除毒害有机化合物进入土壤环境的机会；②研究可靠的高灵敏度分析技术，建立完善的毒害有机化合物标准分析方法，使毒害有机化合物残留分析进入常规分析的范畴；③重视毒害有机化合物在土壤环境中迁移转化、分布模式和微生物降解等方面的研究，提出有效的控制和治理方法，对未进入土壤环境的毒害有机化合物的潜在危害进行分析；④从分子水平上对毒害有机化合物的生态效应进行研究，建立分子片段的生态毒性机制模型；⑤将不同降解毒害有机化合物的技术方法进行有效联合，研究最大限度降解土壤中毒害有机化合物污染的新方法。另外，由于对毒害有机化合物的分析测试能力不足，我国在毒害有机化合物残留方面的研究起步较晚，缺乏相关的环境背景资料，研究基础相对薄弱。因此在今后的工作中，对土壤环境中毒害有机化合物的污染状况应进行普查和长期的动态监测。

8.4.2　土壤动物

作为土壤环境中的关键物种，蚯蚓占土壤总生物量的 60%～80%，对维持生态系统平衡起着至关重要的作用。蚯蚓在环境中与土壤固相和水相自然接触，经常能接触到毒害有机化合物，因此，其可用于评估有机化合物的生态风险。毒害有机化合物对蚯蚓具有神经毒性，能够引起土壤动物的氧化应激反应、组织病变、减少肠道菌群，甚至死亡。目前，关于蚯蚓作为生物标志物的研究主要集中在以下几个方面。

8.4.2.1　氧化应激系统

当面对毒害有机化合物胁迫时，生物体内会产生并积累大量活性氧类物质，而活性氧类物质含量的增加：一方面可破坏土壤动物体内的氧化还原平衡反应，造成脂质过氧化物堆积，引发机体损伤；另一方面可激活包括过氧化氢酶、过氧化物酶、超氧化物歧化酶、谷胱甘肽转移酶等在内的抗氧化酶系统，强化其活性，从而用于清除过多的活性氧类物质。

8.4.2.2 DNA 损伤

毒害有机化合物的胁迫会破坏生物原有的转录与翻译过程，并可能通过加合或氧化等反应途径对土壤动物 DNA 造成损伤。例如，苯并[a]芘可通过单加氧酶细胞色素 P450 的代谢形成二羟环氧苯并[a]芘（BPDE）。单细胞凝胶电泳结果表明，苯并[a]芘及 BPDE 会对蚯蚓的 DNA 造成损伤。

8.4.2.3 热休克蛋白

热休克蛋白（heat shock protein，HSP）被认为是环境监测中潜在的敏感生物标志物。目前常用 HSP70 和 HSP90 作为蚯蚓分子生物标志物。经研究发现，蚯蚓在受到不同浓度的环烷酸胁迫时，HSP70 表达上调。而当暴露于铜或多环麝香时，HSP70 表达下调，表明毒害有机化合物会选择性诱导蚯蚓体内 HSP70 的表达。

8.4.2.4 基因表达与翻译

基因的表达受到毒害有机化合物的胁迫时，同样也会发生改变。据研究报道，蚯蚓暴露于环烷酸污染的土壤中，其体内参与抗氧化的 mRNA 水平会随之发生不同程度的改变。

8.4.2.5 新型生物标志物

随着检测技术的不断发展，相比较于传统的生物标志物，一些新型生物标志物逐渐产生。有学者利用新兴检测技术，发现蚯蚓暴露在砷污染的土壤中，两个新型蛋白质血红素氧化酶 nuclear factor erythroid 2-related factor 2 和 heme oxygenase-1 的表达响应与砷浓度呈正相关。由于物种、代谢、个体和其他特性等差异，毒害有机化合物对生物体造成的毒性效应有所差异，一般多以半数效应浓度（EC_{50}）作为毒性效应指标进行比较。一项针对土壤动物的农药毒性实验研究表明，28℃时毒死蜱对螨虫繁殖率的毒性作用比 20℃时减少 10^4～10^5［EC_{50}（28℃）=2.52mg/kg；EC_{50}（20℃）=10.09mg/kg］；在弹尾虫生理毒性试验中，26℃时毒死蜱对弹尾虫繁殖率的毒性作用低于 20℃［EC_{50}（26℃）=0.018mg/kg；EC_{50}（20℃）=0.031mg/kg］，而溴氰菊酯的情况则截然相反［EC_{50}（26℃）=12.85mg/kg；EC_{50}（20℃）=2.77mg/kg］。这说明不同温度下暴露于相同浓度的毒害有机化合物会导致生物体产生不同的毒性响应。目前，自然界土壤中残留有多种毒害有机化合物，由于存在复杂的协同和拮抗反应，因此，仅以作用方式评估农药的综合毒性效应较为困难。

8.4.3 植物

土壤中毒害有机化合物可以影响蔬菜的生长，导致其品质下降。农膜覆盖具有增温、保湿、除草等多种功能，对促进我国农业发展发挥了重要作用。然而，由于重使用、轻回收，我国地膜残留污染问题日益凸显。尤其是，残留地膜中的增塑剂 PAE 可能释放到土壤中成为毒害有机化合物，对土壤及周围环境造成严重污染。有研究表明辣椒果实中的维生素 C 和辣椒素含量随土壤中 DBP 和 DEHP 施加浓度及 DBP 残留量的增加而减少。而 DEHP 的施用同样能使番茄果实中维生素 C 的含量减少，可能是由于 DEHP 干扰了植物细胞原有的生理生化作用，从而改变了代谢产物并且影响了作物的细胞活性。

植物吸收毒害有机化合物的主要途径是根部吸收。吸附于土壤颗粒上的毒害有机化合物经淋洗及脱附作用进入土壤间隙水和气相，通过分配作用进入植物作物根系。而植物根系分泌的根系分泌物也同样促进了土壤中毒害有机化合物的吸附和增溶过程。与此同时，植物的叶片也能通过气孔吸收空气和灰尘中的毒害有机化合物。经干湿沉降的方式，毒害有机化合物积累在植物叶表皮上，溶解于蜡质，穿过表皮，通过范德瓦耳斯力等作用进入植物韧皮部，传输并累积于植物各组织中。据报道，针对长三角地区农田土壤中 PCB 赋存特征的调查发现，不同利用类型土壤中 PCB 的平均浓度大小关系为：水稻种植土壤>蔬菜种植土壤>未耕作土>森林土。在水稻活体中发现了 PCB 的甲氧基化代谢产物（MeO-PCB），其与 PCB 的羟基化代谢产物（OH-PCB）之间可发生相互转化，代谢转化率随着氯原子数量的增多而降低。对 PCB、MeO-PCB 和 OH-PCB 的作物毒性效应的认识尚处于探索阶段，有必要结合现今的医学手段和分子生物学技术，从个体、细胞和基因水平探讨 PCB 及好氧/厌氧环境条件下代谢产物的作物毒性机制，进而更好地量化 PCB 等毒害有机化合物及其代谢产物的毒性效应。

主要参考文献

Brady N C，Weil R R. 2019. 土壤学与生活. 14 版. 李保国，徐建明译. 北京：科学出版社.

陈怀满. 2018. 环境土壤学. 3 版. 北京：科学出版社.

谷成刚，相雷雷，任文杰，等. 2017. 土壤中酞酸酯多界面迁移转化与效应研究进展. 浙江大学学报（农业与生命科学版），43（6）：700-712.

何艳，李永涛. 2016. 土壤有机污染与修复//宋长青. 土壤学若干前沿领域研究进展. 北京：商务印书馆.

何艳，徐建明. 2021. 土壤有机/生物污染与防控. 北京：科学出版社.

何艳，薛南冬，蒋建东，等. 2020. 国家重点研发计划项目：农田有毒有害化学/生物污染与防控机制研究总结报告. 杭州：浙江大学.

贺纪正，陆雅海，傅伯杰. 2021. 土壤生物学前沿. 北京：科学出版社.

曾军，吴宇澄，林先贵. 2020. 多环芳烃污染土壤微生物修复研究进展. 微生物学报，60（2）：2804-2815.

朱燕婕，何艳，徐建明. 2022. 不同还原条件下多环芳烃厌氧微生物降解研究：基于文献计量的剖析. 土壤学报，59（6）：1574-1582.

Borch T，Kretzschmar R，Kappler A，et al. 2010. Biogeochemical redox processes and their impact on contaminant dynamics. Environmental Science & Technology，44：15-23.

Cheng J，Ye Q，Lu Z J，et al. 2021. Quantification of the sorption of organic pollutants to minerals via an improved mathematical model accounting for associations between minerals and soil organic matter. Environmental Pollution，280：116991.

Chiou C T，Kile D E，Rutherford D W，et al. 2000. Sorption of selected organic compounds from water to a peat soil and its humic-acid and humin fractions：Potential sources of the sorption nonlinearity. Environmental Science & Technology，34：1254-1258.

Dec J，Bollag J M. 1988. Microbial release and degradation of cathecol and chlorophenols bound to synthetic humic acid. Soil Science Society American Journal，52：1366-1371.

Doyle R C，Kaufman D D，Burt G W. 1978. Effect of dairy manure and sewage sludge on ^{14}C-pesticide degradation in soil. Journal of Agricultural and Food Chemistry，26：987-989.

Feng J Y，Xu Y，Ma B，et al. 2019. Assembly of root-associated microbiomes of typical rice cultivars in response to lindane pollution. Environment International，131：104975.

Gevao B，Jones K C，Semple K T. 2005. Formation and release of nonextractable ^{14}C-Dicamba residues in soil under sterile and non-sterile regimes. Environmental Pollution，133：17-24.

He Y，Liu Z Z，Su P，et al. 2014. A new adsorption model to quantify the net contribution of minerals to butachlor sorption in natural soils with various degrees of organo-mineral aggregation. Geoderma，232-234：309-316.

He Y，Xu J M，Wang H Z，et al. 2006. Detailed sorption isotherms of pentachlorophenol on soils and its correlation with soil properties. Environmental Research，101（3）：362-372.

Jia W B，Ye Q F，Shen D H，et al. 2021. Enhanced mineralization of chlorpyrifos bound residues in soil through inoculation of two synergistic degrading strains. Journal of Hazardous Materials，412：125116.

Li F J，Wang J J，Jiang B Q，et al. 2015. Fate of tetrabromobisphenol A（TBBPA）and formation of ester-and ether-linked bound residues in an oxic sandy soil. Environmental Science & Technology，49：12758-12765.

Pignatello J J，Xing B S. 1996. Mechanisms of slow sorption of prganic chemicals to natural particles. Environmental Science & Technology，30：1-11.

Schäeffer A，Käestner M，Trapp S. 2018. A unified approach for including non-extractable residues（NER）of chemicals and pesticides in the assessment of persistence. Environmental Sciences Europe，30：51.

Senesi N，Xing B S，Huang P M. 2009. Biophysico-chemical Processes Involving Natural Nonliving Organic Matter in Environmental Systems. New Jersey：Wiley，Hoboken.

Sun F，Kolvenbach B A，Nastold P，et al. 2014. Degradation and metabolism of tetrabromobisphenol A（TBBPA）in submerged soil and soil-plant systems. Environmental Science & Technology，48：14291-14299.

Wang S F，Ling X H，Wu X，et al. 2019. Release of tetrabromobisphenol A（TBBPA）-derived non-extractable residues in oxic soil and the effects of the TBBPA-degrading bacterium *Ochrobactrum* sp. strain T. Journal of Hazardous Materials，378：120666.

Wang Y，Wu Y，Cavanagh J，et al. 2018. Toxicity of arsenite to earthworms and subsequent effects on soil properties. Soil Biology & Biochemistry，117：36-47.

Xing B，Pignatello J J，Gigliotti B. 1996. Competitive sorption between atrazine and other organic compounds in soils and model sorbents. Environmental Science &Technology，30：2432-2440.

Xu Y，He Y，Egidi E，et al. 2019. Pentachlorophenol alters the acetate-assimilating microbial community and redox cycling in anoxic soils. Soil Biology & Biochemistry，131：133-143.

Xu Y，He Y，Zhang Q，et al. 2015. Coupling between pentachlorophenol dechlorination and soil redox as revealed by stable carbon isotope，microbial community structure，and biogeochemical data. Environmental Science & Technology，49（9）：5425-5433.

Yang X L，Yuan J，Li N N，et al. 2021. Loss of microbial diversity does not decrease γ-HCH degradation but increases methanogenesis in flooded paddy soil. Soil Biology & Biochemistry，156：208210.

Ye Q F，Ding W，Wang H Y. 2005. Bound ^{14}C-metsulfuron-methyl residue in soils. Journal of Environmental Sciences，17：215-219.

Yuan J，Li S Y，Cheng J，et al. 2021. Potential role of methanogens in microbial reductive dechlorination of organic chlorinated pollutants *in situ*. Environmental Science & Technology，55（9）：5917-5928.

Zhu M，Zhang L J，Franks A E，et al. 2019. Improved synergistic dechlorination of PCP in flooded soil microcosms with supplementary electron donors，as revealed by strengthened connections of functional microbial interactome. Soil Biology & Biochemistry，136：107515.

第 9 章 土壤中金属/类金属的生物化学

土壤中存在着多种金属/类金属，如铁、镉、砷等。这些金属/类金属在土壤中发生着物理、化学和生物学反应，对土壤肥力、植物营养及土壤生态环境功能等具有重大影响。此外，部分金属/类金属是农田土壤及农业系统中备受关注的环境污染物，在土壤中的过量积累可导致土壤污染，严重威胁农产品安全与人体健康。不同金属/类金属的赋存形态、有效性及在土壤-植物体系中的迁移转化对其生态环境效应的影响巨大，本章在简单介绍铁、砷等元素的价态与形态赋存特征的基础上，着重讲述土壤中重金属的生物化学过程、生物有效性及其环境效应等方面的内容。

9.1 金属/类金属的价态与形态

金属一般指具备特有光泽而不透明、有延展性及导热导电性的一类物质，包括铁、铜、锌等；类金属即具有金属的某些物理和化学性质，但也有一些非金属性质的元素，主要有砷、硒等。在深入研究金属和类金属迁移与积累的过程中，人们逐渐认识到土壤中金属和类金属的总量可以揭示其富集情况，但不能揭示其存在状态、迁移能力及生物有效性等诸多信息。对重金属污染物而言，其化学形态和结合状态能在很大程度上表征其生物毒性和迁移性，由于重金属在土壤中化学结合形态的复杂性和多样性，其定量的区分十分困难。

9.1.1 金属/类金属的价态

9.1.1.1 金属的价态

土壤中的大部分金属与成土母质有关，岩石的风化使其中的金属释放进入土壤，地质高背景区的重金属污染多由此造成，同时也存在部分金属通过大气沉降、火山运动、人类活动等原因进入土壤。金属在土壤中的价态受 pH 和 Eh 的影响，通常情况下，在高 Eh 条件，金属往往呈现出其最高价态如铁元素（Fe^{3+}）和铬元素（Cr^{6+}），反之则呈现出低价态如 Fe^{2+}和 Cr^{3+}；也有一些金属以氧化物、配合物等形式在土壤中存在而形成不同价态，如锰元素主要以+2、+3、+4 价态存在，锌常以二价阳离子 Zn^{2+}或一价络离子 $Zn(OH)^+$、$ZnCl^+$、$Zn(NO_3)^+$等存在于土壤中，铜元素主要以 0、+1、+2 价态存在，铅元素的价态包括 0、+2、+4 及中间复合价，汞元素主要存在 0、+1、+2 价态；另有部分金属在土壤中存在的价态较为单一，如镉元素和镍元素通常以+2 价态存在。

9.1.1.2　类金属的价态

砷（As）是一种典型的类金属，在自然界中极少以单质状态存在，主要以硫化物或氧化物形式存在，如雄黄（As_4S_4）、雌黄（As_2S_3）、毒砂（FeAsS）、砷铁矿（$FeAs_2$）等。砷在自然界中以 4 种价态（−3、0、+3、+5）存在，可形成多种无机和有机化合物。土壤中的砷主要为无机五价（As^{5+}）和三价（As^{3+}），As^{3+}仅存在于强还原性环境中（如淹水土壤和地下水），此外，淹水稻田中也发现存在较多的甲基砷。土壤中的硒（Se）主要源自岩石含硒物质的风化和堆积，这一过程导致硒在土壤和植物体之间不断地循环，并最终趋向于在土壤表面积累。在土壤中，硒可呈现为−2、0、+4 和+6 价态等，存在形态包括元素硒、硒化合物（硒化物）、硒酸盐、亚硒酸盐及有机硒和挥发性硒等。其中，硒化合物由于其溶解性较差，不易被植物直接利用；亚硒酸盐是植物摄取无机硒的主要形式，在土壤中较为常见；硒酸盐作为化合硒中氧化态最高的形式，在自然土壤环境条件下总量通常比较有限。

9.1.2　金属/类金属的形态

9.1.2.1　金属的形态

金属在环境中以多种化学形态存在，包括水溶态、可交换态、专性吸附态、有机结合态、与铁锰氧化物的结合态及结晶矿物形态等。其中，水溶态和可交换态的金属迁移能力强，容易被植物吸收利用，生物有效性较高。在毒性方面，有机态的重金属毒性较高，专性吸附态和氧化物结合态的重金属迁移能力弱但潜在的生态毒性不可忽视，有助于人们研究自然来源和人为活动对重金属污染的影响，以及它们对生态系统的潜在毒性作用。因此，考察土壤中的重金属化学形态对评估其在环境中的迁移能力及土壤修复策略的选择至关重要。

金属在土壤中的形态受环境因子的影响。例如，土壤中锌的形态与 pH 有关，一般而言，在酸性土壤中存在较多的可交换态锌，而无定形铁结合态锌比例较低；在中性土壤中，有机质结合态和无定形铁结合态锌较多；而在石灰质土壤中，碳酸盐结合态锌、无定形铁结合态锌和松散有机结合态锌的含量较为突出。铜在土壤中的形态包括可交换态铜、有机结合态铜、铁锰氧化物结合态、碳酸盐结合态及矿物残留态等。铅的硫化物残渣态通常是土壤中铅的主要形态，也可通过某些过程转化为交换态铅。镉在土壤中的形态受 pH 和 Eh 的控制，通常情况下，随着土壤 Eh 的降低和 pH 的升高，土壤中可溶性镉的比例减少。汞在土壤中的形态包括金属汞、无机态汞及有机态化合物，除硫化汞外，大多数无机态汞都具有毒性，有机态汞的毒性通常高于无机态汞，特别是甲基汞。铬一般以难溶态存在于土壤中，其形态的迁移和转化受土壤 pH 和 Eh 的约束。

9.1.2.2　类金属的形态

土壤中砷的主要结合形态为可交换砷、与铁相结合的砷（Fe-As）、与钙相结合的砷（Ca-As）、与铝相结合的砷（Al-As），以及难溶的残渣态砷（O-As）等。砷酸盐在酸性条件下易被铁/铝等氧化物固定，与可交换砷相比，这些固定态的砷更为稳定，其毒性也相对较低，属于土壤中的难溶砷形态。相较之下，残渣态砷的稳定性最高，它固定在土壤矿物晶格内，因而不易为生物所利用或被环境过程转化，毒性最弱。在活性铁含量较高的土壤中，砷倾向以 Fe-As 的形式存在；若土壤中活性铁含量较低，而交换性钙或活性铝水平较高，土壤砷主要以 Ca-As 或 Al-As 的形式出现；当这些活性金属离子的含量都较低时，砷可能从土壤中流失。在土壤处于还原条件下时，亚砷酸盐成为土壤中的主要砷形态，而亚砷酸盐由于在土壤中的溶解度较砷酸盐高，具有更强的毒性。土壤中硒形态一般分为有机硒和无机硒，有机硒来源于植物、动物等有机质的分解，包括硒蛋白、硒酵母等，无机硒主要以硒酸盐形式存在。硒在土壤中的存在形态受气候条件、环境 pH 及 Eh 等控制，通常以 H_2SeO_4 和硒酸盐的形式存在于干旱偏碱性地区，可被植物直接吸收利用；也以 SeO_2、H_2SeO_3 或 SeO_3^{2-}形式存在于中性或酸性土壤中，易被铁的氧化物和黏土吸附。

9.2 金属/类金属的生物有效性及其影响因素

生物有效性可以用土壤中金属/类金属的生物有效态含量与其总量的比值进行表征，是评价土壤生物化学及环境效应的有效指标。了解金属和类金属的生物有效性，对环境保护和人类健康至关重要。

9.2.1 金属/类金属的生物有效性及分析方法

土壤中金属/类金属生物有效性常用的分析方法有化学试剂提取法、道南膜技术、薄膜梯度扩散技术和同位素稀释法等。

9.2.1.1 化学试剂提取法

化学试剂提取法根据提取次数分为单级提取法和连续提取法，是研究重金属生物有效性最常用的方法。单级提取法是一种通过使用一种或数种化学试剂与土壤混合提取土壤中重金属的技术。该方法包括一次提取，随后通过离心或过滤来分离提取液，并测量该液体中的重金属浓度。常见的提取剂包括稀释的酸溶液（如乙酸、盐酸、硝酸）、络合剂［如二乙基三胺五乙酸（DPTA）、乙二胺四乙酸（EDTA）］、无机盐溶液（如氯化钙、硝酸钠）和缓冲液（如乙酸铵、磷酸氢铵）。络合剂与土壤金属离子形成稳定络合物，其原理类似于植物根系对重金属的活化作用。单级提取法可以帮助降低土壤中重金属的含量，从而减少对生态系统和人类健康的风险，但单一提取剂也存在对不同重金属的提取效果有限的问题。为了更准确地分析多种重金属的生物有效性，可以考虑使用联合提取剂。联合提取剂是将多种试剂混合，可以一步提取多种重金属，具有操作简单、成本低、分析效率高等优点，并且与传统提取剂提取的结果有较好的相关性，但是联合提取剂的种类选择需要根据具体的研究目的和土壤类型进行确定。此外，不同的联合提取剂可能对不同土壤样品的重金属生物可用性提取效果有所差异。

连续提取法是对土壤中金属进行多级分步提取的一种方法，其目的是增强提取过程中的选择性，这种方法通过使用一系列不同的化学提取液，根据土壤中金属的不同存在形态来逐层分离它们。Tessier 法和 BCR 方法都常被用来分离土壤中金属的不同形态。Tessier 法将土壤中的重金属分为可交换态、与碳酸盐结合态、与铁锰氧化物结合态、与有机质和硫化物结合态及残渣态 5 种形态；而 BCR 方法则将重金属划分为弱酸提取态、还原态、氧化态和残渣态 4 种形态。通过将重金属分为这些不同的化学形态，能更准确地评估其生物有效性、可溶性和迁移性，从而更好地了解其对环境和生物体的潜在风险。

9.2.1.2　道南膜技术

道南膜技术（Donnan membrance technique，DMT）通过使用阳离子交换膜，把含有重金属离子的给体溶液与接收溶液隔离。基于自由形态重金属离子在阳离子交换膜的穿透，并最终进入接收池进行分析的方法，可以计算给体池中自由形态重金属离子的浓度。道南膜技术的主要优点在于可以同时对多种元素进行定量，并且对所测系统的影响较小，因此在许多领域都有广泛的应用。通过这种方法，可以在土壤或其他样品中分析多种重金属的浓度，从而了解其在环境中的存在状况及潜在风险，在土壤污染评估、环境监测和生态风险评估等方面发挥重要作用。然而，需要注意的是，这种方法可能受到操作步骤、样品处理和分析仪器等因素的影响，因此，需要严格控制实验条件，确保结果的准确性和可靠性。

9.2.1.3　薄膜梯度扩散技术

薄膜梯度扩散（diffusive gradients in thin-film，DGT）技术是一种基于水凝胶层分隔离解液和离子交换树脂的技术，利用水凝胶作为控制离子交换的介质，模仿植物对重金属的摄取，从而评估重金属的生物可用性。DGT 装置主要由促进物质扩散的扩散层及用于吸附和稳定目标物质的接收层（结合相）组成，根据在接收层中确认待测物的数量进行浓度计算，因此，扩散层和接收层的效能是 DGT 测量重金属生物有效状态准确性的关键。DGT 技术能够直接在土壤中进行原位测量，即可避免在采样、处理和提取过程中可能导致的金属形态转变，且测试结果基本不受土壤物理化学特性的影响。

9.2.1.4　同位素稀释法

同位素稀释法利用同位素与土壤中可移动及生物可用元素相交换的特性，通过测量特定同位素的富集度变化，推算出可交换态离子的浓度。近年来，稳定性同位素技术结合电感耦合等离子体质谱法（ICP-MS）已经成为测定重金属生物有效态的一种先进方法，对测定污染土壤中重金属的可交换态显示出高的准确度和灵敏度。同时，它还能够在研究土壤与植物系统中金属生物有效性时提供更为精确和直接的结果。虽然这种方法具有很高的技术含量和精度，但在实际应用时仍需注意一些可能的影响因素，如样品处理、分析技术等。此外，在进行重金属生物有效性方面的研究时，综合考虑土壤、植物与微生物等复杂因素对结果的影响也非常重要。总的来说，同位素稀释法结合 ICP-MS 为研究者提供了一种高度精确和可靠的手段，能够更准确地了解土壤中重金属的生物有效性，有助于环境保护和土壤改良等相关领域的研究工作。尽管同位素稀释法等技术在评估土壤环境中的生物有效性方面表现出色，但其对仪器设备和专业技术知识有较高的要求，导致这些方法在我国的广泛应用受限。

9.2.2　影响金属/类金属生物有效性的因素

土壤金属/类金属的生物有效性与土壤理化特性如土壤质地、pH、Eh、土壤有机质等有很大的关系，在评价生物有效性时需要综合考虑各种土壤条件。

9.2.2.1　土壤质地

土壤质地可分为砂土、壤土和黏土三种类型，其土壤特性主要受成土母质的影响，同时耕种、施肥、灌溉等人类活动也对土壤特性产生不同程度的影响。地质高背景的土壤，其重金属含量会偏高，而在黏土中，黏粒所占比例相对较大，由于黏粒非常细小，比表面积大，因此对金属/类金属有一定的吸附作用，比砂土更容易富集金属/类金属。

9.2.2.2 酸碱度

土壤的酸碱度，即 pH，对于土壤中的重金属活性有显著的影响。当土壤 pH 下降时，更容易将处于不稳定结合形态的重金属释放出来，进而增加了这些金属的生物可用性，使植物对重金属的吸收增加。相反，当 pH 提高时，土壤中的氢氧根（OH^-）和碳酸根（CO_3^{2-}）与重金属离子结合，可能形成不溶解的沉淀。大部分重金属随着 pH 降低，它们在土壤溶液中的可溶性会上升，从而减少土壤对这些金属的固定能力，使得它们更易被生物体吸收。例如，研究显示土壤 pH 下降 0.5 个单位，铜的有效态含量能上升 0.5～1.0 倍，锰的有效态含量可能上升 3.0～5.0 倍，而锌的有效态含量可能上升 9.0～15.0 倍。所以，土壤的 pH 是决定重金属生物有效性的关键因素之一。

9.2.2.3 氧化还原电位

土壤中 Eh 升高可能会引起 pH 下降，这常常导致土壤中重金属的生物可用性增加。有研究指出，在沉积物中，如果 Eh 值上升，铜、铅和锌与碳酸盐的结合态可能增加，从而增强它们的生物可用性。而对于可变价的金属，如铁、锰等，由于它们在低价态时溶解度较高，随着 Eh 降低，这些金属的生物有效性也会提高。但是，当还原条件中存在硫化氢时，可能形成难溶的金属硫化物，从而降低金属的生物可用性。例如，对铬来说，六价铬（Cr^{6+}）的溶解度比三价铬（Cr^{3+}）高，而砷的生物可用性则因形态而异，三价砷（As^{3+}）的溶解度高于五价砷（As^{5+}）。

9.2.2.4 土壤有机质

土壤中有机质的来源广泛、成分复杂、官能团种类多，不仅可以改变土壤的基本理化性质，也可改善土壤孔隙结构和金属氧化物活性，通过竞争吸附、络合和氧化还原过程对金属/类金属的形态、移动性和生物有效性产生影响。例如，土壤有机质的增加可以降低土壤 Eh，导致铁氢氧化物的还原溶解，从而释放吸附态砷，增加土壤中砷的移动性。此外，土壤有机质，特别是腐殖质中，胡敏酸和胡敏素可与重金属形成不溶性复合物，而富里酸则形成可溶性复合物，影响土壤中重金属的迁移和转化。

9.2.2.5 其他因素

根际环境是土壤与植物根部紧密相关的微域，它具有独特的物理、化学、生物特性，与土壤其他部分存在显著差异，这些特性会影响金属的形态和活性。植物根系分泌的有机质可促进金属溶解，或还原土壤中的氧化态金属。例如，一些植物可以分泌小分子有机酸，如柠檬酸，这些有机酸可以与重金属形成络合物，减少重金属的溶解度和毒性。此外，施肥措施对土壤中金属的含量和有效性也有重要影响，有研究显示，长期施用含金属的肥料（如磷肥），不仅会增加土壤中的金属总量，还可能提高其有效性。

9.3　土壤中金属/类金属的转化

9.3.1　金属/类金属在土壤中转化的关键过程

由于土壤介质的非均质性，土壤中金属/类金属的转化过程较为复杂，涉及吸附–解吸、沉淀–溶解、络合–离解、氧化–还原等多种物理、化学和生物地球化学过程，并受到多种环境因素的影响。因此，土壤中金属/类金属的转化过程是当前研究的难点和热点。

9.3.1.1　土壤中金属/类金属的非生物转化

1. 吸附–解吸过程　土壤中各种反应过程都是在土壤溶液中进行的，如土壤胶体表面反应、物质运移、植物从土壤中吸取养分等。土壤中的金属/类金属会与土壤中的颗粒物和溶液中的分子发生物理吸附作用，形成介于固体和水之间的平衡状态，这个过程称为吸附–解吸过程。金属/类金属在土壤环境中的吸附一般可用传统的平衡热力学方法进行研究，即吸附等温线法。吸附的速率取决于吸附质向界面的扩散速率，吸附热较低，金属/类金属的化学性质在吸附和解吸过程中基本保持不变。

2. 沉淀–溶解过程　土壤金属/类金属的沉淀–溶解过程是指土壤水溶液中的金属/类金属离子与其他离子结合形成溶解度低的固体沉淀，或已经沉淀的固体重新溶解回水溶液中的过程。金属/类金属在土壤中发生沉淀反应或溶解作用是其迁移的重要形式之一，主要受土壤 Eh、pH、溶液中金属/类金属的浓度、土壤中可交换离子浓度等因素的影响，在特定环境条件下可以依据溶度积原理计算其变化的一般规律。当土壤 pH 上升到氧化物的零点电荷之上时，土壤重金属易发生沉淀反应。例如，针对铅的研究表明，在 pH 为 6.5～8.5 条件下，铅溶出量与 pH 呈正相关。Eh 通过引起金属/类金属价态的变化，从而影响其沉淀–溶解过程。例如，在还原条件下，Fe^{3+}矿物易被还原为 Fe^{2+}，溶解性显著增加，而在氧化条件下则相反。土壤体系中，除单独的重金属溶解–沉淀外，不同重金属之间也存在相互作用的溶解–沉淀过程，如铁、铝、锰氧化物等土壤固有的体系能与其他重金属作用形成金属的共沉淀，对土壤环境重金属的生物有效性和毒性产生影响。

3. 络合–离解过程　土壤中金属/类金属通常以无机盐形式存在，能与土壤中的有机质发生络合反应，形成有机金属络合物，从而减少金属离子在土壤中的生物毒性和生物利用度，影响金属在土壤中的形态。这些有机金属络合物具有不同的化学性质和稳定性，可能会在土壤中发生离解反应释放出金属离子。离解反应的速率和程度取决于络合物的结构和环境条件，当土壤环境改变时，有机金属络合物可以发生离解，释放出可移动性较强的金属离子，由此影响土壤金属形态。有机金属络合物能抑制金属离子（如铜、锌、铅等）的有效性，限制它们在土壤中的迁移和利用，还能与矿物结合固定，获得毒物降解或富集金属离子的效果，因此，土壤中有机金属络合物的稳定性和离解速率非常关键。土壤环境的 pH、温度、水分、孔隙率、生物活性等因素，都能直接或间接地影响有机金属络合物的稳定性和离解速率，从而改变土壤中金属的累积和生物有效性。

4. 氧化–还原过程　氧化–还原过程以电子转移为基础，即还原剂给出电子被氧化，而氧化剂通过得到电子被还原。氧化–还原过程对土壤中金属/类金属的溶解度和生物有效性具有重要影响。一般金属/类金属的低价态化合物具有更大的溶解度和生物有效性。例如，Fe^{2+}、As^{3+}的溶解度和生物有效性均大于其高价态化合物［即 Fe^{3+}、As^{5+}］。土壤 Eh 是影响金属/重金属氧化还原反应过程的关键因素之一。另外，非金属的化合价变化也会影响土壤中重金属的价态和毒性。例如，一般情况下，土壤 Eh 低的硫化物体系中，土壤重金属（如镉、砷、锑等）的沉淀作用增强，重金属溶解度降低，毒性下降。

9.3.1.2 土壤中金属/类金属的生物转化

铁和砷是土壤中常见的金属/类金属，它们在土壤中可进行活跃的价态转化，且大部分转化过程是由土壤生物驱动的，本部分将重点概述土壤中铁和砷的生物转化过程。

1. 铁的生物转化 土壤中的微生物通过吸附、还原、氧化等作用参与铁的生物地球化学循环。其中，微生物对 Fe^{2+}的氧化是铁循环的重要过程。溶解态的 Fe^{2+}可以被 O_2 氧化，同时一些 Fe^{2+}矿物如蓝铁矿、菱铁矿可通过硝酸盐还原亚铁氧化菌的催化作用，形成有一定结晶度的 Fe^{3+}矿物。这些矿物在淡水、海水、潮湿土壤和受采矿活动影响的土壤等不同地球环境中均有分布。例如，在有机质丰富的泥炭土中，铁氧化微生物（*Sideroxydans lithotrophicus* ES-1）能促进水铁矿或针铁矿的形成，湿地植物根系（如水稻根系）附近也能找到铁氧化菌及其诱导形成的砖红色铁氧化物，在厌氧和光照条件下，不产氧光合菌能氧化 Fe^{2+}，并促进结晶度较低的水铁矿的形成。与化学氧化形成的铁矿物相比，微生物介导形成的铁氧化物一般尺寸较小（2～500nm），并含有锰、硅、磷、硫和有机质等。微生物介导铁氧化过程中，Fe^{2+}被氧化为 Fe^{3+}后，容易与其他离子形成络合体，聚集成颗粒状或结核状铁矿物。例如，在中性土壤中，铁氧化菌氧化 Fe^{2+}的产物为结晶度差的水铁矿，硝酸盐依赖型铁氧化菌氧化 Fe^{2+}的产物为结晶度差的磷酸铁。

铁氧化菌介导的铁氧化可简要归纳为以下 4 个步骤。①直接氧化：一些铁氧化菌，如氧化亚铁硫杆菌（*Thiobacillus ferroxidans*），在酸性环境中直接利用氧气将 Fe^{2+}氧化成 Fe^{3+}。同时，某些微氧条件下的无机营养微生物通过特定的铁氧化蛋白将 Fe^{2+}氧化成难溶解的铁氧化物。此外，微生物产生的自由基，如 O_2^-，也能将 Fe^{3+}还原为 Fe^{2+}，而且自由基介导的 Fe^{3+}还原速率大于 Fe^{2+}的氧化速率。②光合固碳：在厌氧条件下，一些光合自养的铁氧化菌（如绿菌属和红假单胞菌属细菌）利用光合作用固定 CO_2，以 Fe^{2+}作为电子供体，参与水铁矿或针铁矿的低晶态或高晶态合成。③微生物矿化：存在于好氧与厌氧交界层的微生物不仅能氧化 Fe^{2+}生成磁铁矿，还能影响环境中矿物的风化作用。④硝酸盐还原：在中性 pH 和厌氧条件下，硝酸盐还原菌通过作用于乙酸将硝酸盐转化成亚硝酸盐，并与溶解态、吸附态或结晶态的 Fe^{2+}发生还原反应生成最终产物如 NO、N_2O 和 N_2。

铁还原菌介导的铁还原主要包括以下机制。①分泌螯合剂：一些产甲烷菌利用 H_2 或 CO_2 将 Fe^{3+}还原为绿脱石中的 Fe^{2+}，从而促进铁矿物溶解。②细菌黏附与电子传递：细菌通过鞭毛和菌毛与铁矿物表面直接黏附，形成生物纳米电线，直接将电子传递至铁矿物。同时，细菌色素和铁还原酶如希瓦氏菌中的外膜 C 型细菌色素和地杆菌中的 OmcE 及 OmcS 可介导电子在菌外的传递，从而将电子从细菌传递至铁氧化物并进行还原。③电子穿梭体：微生物产生一些具有氧化还原活性的电子穿梭体，如核黄素，在微生物和铁矿物之间加速电子传递，或通过天然存在的电子穿梭体如腐殖酸等来实现铁的还原。④生物膜中的辅酶因子：生物膜中存在一些具有氧化还原活性的辅酶因子，用于实现菌外电子传递的多步跳跃，促进长距离电子传输。

2. 砷的生物转化 尽管非生物条件下砷也会发生形态转化，但与微生物介导的砷形态转化过程相比，非生物条件下引起的砷形态转化过程一般比较缓慢。土壤微生物对砷的转化作

用主要体现在对 As^{5+}的呼吸还原和细胞质还原，产生移动性更强的 As^{3+}；对 As^{3+}的氧化，增强砷与土壤矿物的吸附进而影响砷的结合态和生物有效性；对砷的甲基化，产生的甲基砷可能影响作物的生长或砷污染修复。

在厌氧环境中存在一些特殊的微生物，它们能以 As^{5+}为电子受体，以富电子的无机物（如氢气和硫化物）和有机质（如甲酸、乙酸、丙酮酸、柠檬酸、葡萄糖等）为电子供体，将 As^{5+}还原为移动性和毒性更强的 As^{3+}，从而对环境和人体健康构成重大威胁。微生物还原 As^{5+}有两条途径：第一条途径是微生物在厌氧条件下通过呼吸作用进行异化砷还原。这类微生物以富电子的无机物和有机质，如乳酸盐、乙酸盐、芳香类化合物为电子供体，以 As^{5+}为电子受体，在还原 As^{5+}的过程中可以获得供自身生长的能量，被称为异化砷还原微生物。自从 *S. arsenophilum* 和 *S. barnesii* 被发现和确认为异化砷还原微生物以来，人们已经在 γ-变形杆菌、δ-变形杆菌、ε-变形杆菌、革兰氏阳性菌等微生物中分离鉴定了多种异化砷还原微生物。此外，As^{5+}也可以通过与 CH_4 进行厌氧氧化偶联反应生成 As^{3+}，经研究发现甲烷氧化古菌首先通过逆向产甲烷途径活化甲烷并获得电子，随后电子被传递到细胞周质中的砷还原酶或共生的砷还原菌中，实现进一步的砷还原。第二种途径是细胞质砷还原，不同于上述微生物，砷耐受微生物为减轻其细胞内砷毒害，将 As^{5+}还原变换成 As^{3+}并通过膜蛋白泵将其泵出细胞，而并非用于获得能量，此类微生物被称为砷还原解毒型微生物。这些微生物通过其内部 *arsC* 基因所编码的还原酶来完成 As^{5+}还原，并通过细胞膜的通道蛋白来排出还原后的 As^{3+}，使细胞内砷含量及其毒性降低。

As^{3+}氧化是影响土壤中砷地球化学循环的关键过程之一，环境中的 As^{3+}氧化大部分是在砷氧化菌的介导下进行的。As^{3+}氧化菌包括两大类：第一种是化能无机自养型微生物，这类微生物利用 As^{3+}作为电子供体、CO_2 为主要碳源进行生长；第二种是化能无机异养型微生物，这类微生物通过氧化 As^{3+}来降低砷的毒性。此外，在厌氧条件下，其他活跃的电子受体也能被化能无机自养型砷氧化微生物利用，包括硝酸盐、亚硝酸盐、氯酸盐和亚硒酸盐等。最早纯化得到的厌氧自养砷氧化菌为 strain MLHE-1，它可以氧化 As^{3+}获得细胞生产所需的能量，同时还原硝酸根。微生物介导的 As^{3+}氧化是由砷氧化酶催化的，该氧化酶由两个亚基 AioA 和 AioB 组成。编码 AioA 亚基的基因常被用于定量环境中的砷氧化微生物。异养型砷氧化微生物通过胞外基质上所携带的砷氧化酶来推动 As^{3+}向 As^{5+}转化。

土壤中砷的甲基化通常分为两步：首先 As^{5+}被还原为 As^{3+}，然后通过由 *arsM* 基因编码的甲基化酶将 As^{3+}转化为甲基砷。具体而言，As^{3+}在砷甲基转移酶的作用下，以 *S*-腺苷甲硫氨酸（*S*-adenosylmethionine，SAM）或甲基钴胺素（甲基维生素 B_{12}）作为甲基供体，被转化为甲基砷（MeAs），如一甲基砷（MMAs）和二甲基砷（DMAs）化合物，或进一步生成挥发性的三甲基砷化物（TMAsO）等。目前已发现多种微生物能通过甲基化过程使砷挥发到大气中，包括多种真菌、细菌、古菌、真核藻类等。

9.3.2　金属/类金属在土壤-植物系统中的迁移转化

9.3.2.1　金属/类金属从土壤向植物的迁移

土壤中金属/类金属主要通过主动吸收和被动吸收被植物吸收，如植物必需元素铁和锌等以主动吸收的形式进入植物内部，镉、铅等非必需元素以被动吸收形式进入植物内部。同时影响金属/非金属从土壤向植物迁移的因素还有土壤重金属总量、有效态含量、pH、有机质含量和元素之间的相互作用等。土壤中的金属/类金属被根系吸收后，会在植物的不同部位如根、茎、叶、果实中呈现不同程度的分布。植物种类间对金属/类金属的吸收与转移能力存在显著差异。

例如，在水稻中，不同品种泌氧特性的差异会不同程度地影响其对砷的吸收效率；释氧能力较强的品种趋向于在根部附近形成更多的铁膜，而铁膜能有效阻隔砷进入水稻根系，降低对砷的吸收。此外，植物对金属/类金属的吸收还与金属/类金属的类型有关。不同种类的金属/类金属，由于其物理化学行为和生物有效性的差异，在土壤–植物体系中迁移转化规律明显不同。

9.3.2.2 金属/类金属在植物体内的转化

在植物体内，部分金属/类金属可以经过细胞间连通的共质体或越过细胞膜的质外体运输到达茎秆，而在植物叶片与种子中积累的金属/类金属，通常由茎部传输而来。除了根部向上的输送，植物的茎和叶也能通过韧皮部从上向下传导金属/类金属。植物根系从土壤中吸入的重金属离子可能导致植物内毒害，因而植物进化出一些机制来应对这些有害金属离子。这些机制依据金属类型的不同而有所差异，包括螯合作用、还原反应及主动排出等。例如，巨噬细胞蛋白（NRAMP）有助于将液泡中的镉转移至细胞质，其中 AtNRAMP3 蛋白和 AtNRAMP4 蛋白存在类似功能。镉侵入后，植物会促进螯合肽的合成，螯合 Cd^{2+}成非毒性螯合物，进而在液泡内隔离镉。在植物体中，尤其是拟南芥、水稻和番茄中，As^{5+}到达根部后被还原成 As^{3+}，可以通过排出体外或者储存于液泡中进行解毒，同时，As^{3+}也容易与谷胱甘肽（GSH）及植物螯合素（PC）等非蛋白质巯基结合。

9.3.2.3 影响金属/类金属在土壤–植物系统中迁移转化的因素

土壤–植物系统中金属/类金属的迁移和转化受到多种因素的影响，包括非生物因素和生物因素。非生物因素如土壤 pH、土壤有机质含量和土壤类型直接影响了重金属的迁移和转化过程。例如，在酸性土壤中，铅和镉的溶解度增加，这使它们更易被植物吸收；然而，在碱性土壤中，重金属的吸附能力增强，从而降低了植物对其的利用。生物因素包括植物特性、微生物作用和土壤酶活性等，它们对有效管理土壤重金属污染并确保植物健康生长至关重要。首先，植物根系的生长方式、根发达程度和根毛的分布密度等因素都会影响根系与土壤中重金属的接触，进而影响植物对重金属的吸收。其次，植物的根际区域与土壤中微生物的相互作用也对重金属的迁移有一定的影响，一些微生物能够与植物共生，通过菌根共生等方式，提高植物对重金属的吸收和耐受性；植物根系分泌的有机酸和碳酸根离子等物质还可以通过离子交换和络合作用，改变土壤中重金属的形态。此外，土壤中的一些还原酶和氧化酶能够参与重金属的氧化还原反应，改变重金属形态，影响其活性和毒性。例如，铁还原酶可以参与铁离子的还原反应，从 Fe^{3+}还原为 Fe^{2+}，将一些高价态的重金属离子还原为低价态的形式，这个过程可以影响重金属的活性和可溶性；硫还原细菌产生的转硫酶能够促进重金属与硫元素形成络合物，如与镉离子和硫形成硫化镉，降低了镉离子的毒性和迁移性；土壤中的过氧化物酶还可以分解重金属离子诱导的有害自由基，减轻重金属对植物和土壤微生物的毒性。

主要参考文献

甘国娟，刘妍，朱晓龙，等. 2013. 3 种提取剂对不同类型土壤重金属的提取效果. 中国农学通报，(2)：

148-153.
顾国平，章明奎. 2006. 蔬菜地土壤有效态重金属提取方法的比较. 生态与农村环境学报，（4）：67-70.
关天霞，何红波，张旭东，等. 2011. 土壤中重金属元素形态分析方法及形态分布的影响因素. 土壤通报，（2）：503-512.
胡敏，李芳柏. 2014. 土壤微生物铁循环及其环境意义. 土壤学报，（4）：683-698.
胡世文，刘同旭，李芳柏，等. 2022. 土壤铁矿物的生物-非生物转化过程及其界面重金属反应机制的研究进展. 土壤学报，（1）：54-65.
黄巧云，林启美，徐建明. 2015. 土壤生物化学. 北京：高等教育出版社.
马薇，Graeme I. Paton，王夏晖. 2016. 土壤重金属生物有效性评价方法研究进展. 环境保护科学，（4）：47-51.
石浩，胡静敏，陈忻，等. 2020. 矿山土壤镉污染微生物修复技术研究进展. 矿产保护与利用，（4）：17-22.
宋宁宁，王芳丽，赵玉杰，等. 2012. 基于梯度薄膜扩散技术评估黑麦草吸收 Cd 的研究. 中国环境科学，（10）：1826-1831.
汪鹏，赵方杰. 2022. 土壤-水稻系统中镉迁移与阻控. 南京农业大学学报，45（5）：990-1000.
王晓娟，王文斌，杨龙，等. 2015. 重金属镉（Cd）在植物体内的转运途径及其调控机制. 生态学报，（23）：7921-7929.
王寅. 2015. 砷在铁氧化物表面吸附转化及砷微生物再释放机制研究. 合肥：安徽农业大学博士学位论文.
杨洁，瞿攀，王金生，等. 2017. 土壤中重金属的生物有效性分析方法及其影响因素综述. 环境污染与防治，（2）：217-223.
张海强，赵钟兴，王晓飞，等. 2015. 不同提取剂对蔗田土壤中重金属有效态提取效率的研究. 江西农业学报，（8）：96-98，103.
周国华. 2014. 土壤重金属生物有效性研究进展. 物探与化探，（6）：1097-1106.
朱永官. 2013. 农业环境中的砷及其对人体的健康风险. 北京：科学出版社.
朱志勤，孙宏飞，王五一，等. 2008. 土壤中重金属的形态及生物有效性. 现代农业科技，12：178-180.
Bryce C，Blackwell N，Schmidt C，et al. 2018. Microbial anaerobic Fe（Ⅱ）oxidation：Ecology，mechanisms and environmental implications. Environmental Microbiology，20（10）：3462-3483.
Chen C，Shen Y，Li Y H，et al. 2021. Demethylation of the antibiotic methylarsenite is coupled to denitrification in anoxic paddy soil. Environmental Science & Technology，55（22）：15484-15494.
Chen J，Rosen B P. 2020. The arsenic methylation cycle：How microbial communities adapted methylarsenicals for use as weapons in the continuing war for dominance. Frontiers in Environmental Science，8：43.
Crosby H A，Roden E E，Johnson C M，et al. 2007. The mechanisms of iron isotope fractionation produced during dissimilatory Fe（Ⅲ）reduction by *Shewanella putrefaciens* and *Geobacter sulfurreducens*. Geobiology，5（2）：169-189.
Dellisanti F，Rossi P L，Valdrè G. 2009. In-field remediation of tons of heavy metal-rich waste by Joule heating vitrification. International Journal of Mineral Processing，93（3）：239-245.
Dixit S，Hering J G. 2003. Comparison of arsenic（Ⅴ）and arsenic（Ⅲ）sorption onto iron oxide minerals：Implications for arsenic mobility. Environmental Science & Technology，37（18）：4182-4189.
Fortin D，Langley S. 2005. Formation and occurrence of biogenic iron-rich minerals. Earth Science Reviews，72（1）：1-19.
Han J，Juhee K，Minhee K，et al. 2015. Chemical extractability of As and Pb from soils across long-term abandoned metallic mine sites in Korea and their phytoavailability assessed by *Brassica juncea*.

Environmental Science and Pollution Research International，22（2）：1270-1278.

Jia Y，Huang H，Sun G X，et al. 2012. Pathways and relative contributions to arsenic volatilization from rice plants and paddy soil. Environmental Science & Technology，46（15）：8090-8096.

Jiang S J，Duan L X，Dai G L，et al. 2021. Immobilization of heavy metal（loid）s in acid paddy soil by soil replacement-biochar amendment technology under normal wet condition. Environmental Science and Pollution Research International，28（48）：68886-68896.

Kim K J，Kim D H，Yoo J C，et al. 2011. Electrokinetic extraction of heavy metals from dredged marine sediment. Separation and Purification Technology，79（2）：164-169.

Kumarathilaka P，Seneweera S，Meharg A，et al. 2018. Arsenic accumulation in rice（*Oryza sativa* L.）is influenced by environment and genetic factors. Science of the Total Environment，642：485-496.

Lamb D T，Hui M，Mallavarapu M，et al. 2009. Heavy metal（Cu，Zn，Cd and Pb）partitioning and bioaccessibility in uncontaminated and long-term contaminated soils. Journal of Hazardous Materials，171（1）：1150-1158.

Ma F J，Zhang Q，Xu D P，et al. 2014. Mercury removal from contaminated soil by thermal treatment with $FeCl_3$ at reduced temperature. Chemosphere，117：388-393.

McLean J E，Dupont R R，Sorensen D L. 2006. Iron and arsenic release from aquifer solids in response to biostimulation. Journal of Environmental Quality，35（4）：1193-1203.

Medha P，Meetu G. 2022. An insight into the act of iron to impede arsenic toxicity in paddy agro-system. Journal of Environmental Management，316：115289.

Melton Emily D，Swanner Elizabeth D，Behrens S，et al. 2014. The interplay of microbially mediated and abiotic reactions in the biogeochemical Fe cycle. Nature Reviews Microbiology，12（12）：797-808.

Quevauviller P，Rauret G，Griepink B. 1993. Single and sequential extraction in sediments and soils. International Journal of Environmental Analytical Chemistry，51（1-4）：231-235.

Serrano S，Garrido F，Campbell C G，et al. 2004. Competitive sorption of cadmium and lead in acid soils of Central Spain. Geoderma，124（1）：91-104.

Sun J，Ma L，Yang Z G，et al. 2015. Speciation and determination of bioavailable arsenic species in soil samples by one-step solvent extraction and high-performance liquid chromatography with inductively coupled plasma mass spectrometry. Journal of Separation Science，38（6）：943-950.

Wang Y Y，Xu W W，Li J Z，et al. 2021. Assessing the fractionation and bioavailability of heavy metals in soil-rice system and the associated health risk. Environmental Geochemistry and Health，44（2）：301-318.

Wei X M，Zhu Z K，Wei L，et al. 2019. Biogeochemical cycles of key elements in the paddy-rice rhizosphere：Microbial mechanisms and coupling processes. Rhizosphere，10：100145.

Yang Z J，Jing F，Chen X M，et al. 2018. Spatial distribution and sources of seven available heavy metals in the paddy soil of red region in Hunan Province of China. Environmental Monitoring and Assessment，190（10）：611.

Yuan Z F，Pu T Y，Jin C Y，et al. 2022. Sustainable removal of soil arsenic by naturally-formed iron oxides on plastic tubes. Journal of Hazardous Materials，439：169626.

Zhao F J，Ma J F，Meharg A A，et al. 2009. Arsenic uptake and metabolism in plants. The New Phytologist，181（4）：777-794.

Zheng J D，Xie X G，Li C Y，et al. 2023. Regulation mechanism of plant response to heavy metal stress mediated by endophytic fungi. International Journal of Phytoremediation，25（12）：1596-1613.